NUR TOTE BLEIBEN LIEGEN

Anja Förster hat in Deutschland und in den USA Wirtschaftswissenschaften studiert. Nach ihrem MBA-Abschluss hat sie in Deutschland, Österreich und den USA gelebt und war als Managerin für Accenture tätig. Seit 2001 ist sie selbstständige Managementberaterin.

Dr. Peter Kreuz hat in Deutschland und den USA studiert und in Sozial- und Wirtschaftswissenschaften promoviert. Er war Senior-Berater bei Andersen Consulting sowie Assistant Professor für Internationales Marketing und Management an der Wirtschaftsuniversität Wien.

Förster & Kreuz spüren auf allen fünf Kontinenten Unternehmen und Persönlichkeiten auf, die so unkonventionell wie erfolgreich sind. Organisationen, denen sich die besten Talente und Kunden anschließen. Menschen, die dafür brennen, mit ihrer Arbeit einen echten Unterschied zu machen. Die Bestsellerautoren sind Vorreiter einer neuen Generation in Wirtschaft und Management.

Mehr Informationen unter www.foerster-kreuz.com

ANJA FÖRSTER & PETER KREUZ

NUR TOTE BLEIBEN LIEGEN

ENTFESSELN SIE DAS LEBENDIGE POTENZIAL IN IHREM UNTERNEHMEN

CAMPUS VERLAG
FRANKFURT / NEW YORK

FSC
www.fsc.org
MIX
Papier aus verantwortungsvollen Quellen
FSC® C008492

Bibliografische Information der Deutschen Nationalbibliothek:
Die Deutsche Nationalbibliothek verzeichnet diese Publikation in der Deutschen Nationalbibliografie. Detaillierte bibliografische Daten sind im Internet unter http://dnb.d-nb.de abrufbar.
ISBN 978-3-593-39220-2

Umschlaggestaltung: CatworkDesign Andros Link
Umschlagmotiv: Anna McMaster, München
Gestaltung und Satz: tiff.any GmbH, Berlin
Druck und Bindung: Beltz Druckpartner, Hemsbach
Gedruckt auf Papier aus zertifizierten Rohstoffen (FSC/PEFC).
Printed in Germany

Besuchen Sie uns im Internet: www.campus.de

Bücher sind nur dickere Briefe an Freunde.

Jean Paul

INHALT

WIE ALLES BEGANN

Felsen. Geröll, Kakteen. Und die Sonne, die erbarmungslos vom Himmel brennt.

Das Erste, was man hier lernt: Niemals ohne Trinkwasser unterwegs sein. Eine Autopanne könnte ansonsten fatale Folgen haben.

Phoenix liegt im Südwesten der USA, im Valley of the Sun, dem Tal der Sonne mitten in der Sonora-Wüste. Und es ist heiß dort, sehr heiß. Von Mai bis September liegen die Temperaturen bei weit über 30 °C. An den heißesten Tagen des Jahres kann das Thermometer sogar bis auf 50 °C ansteigen.

14 Jahre ist es her, seit wir in Phoenix, am Rand der Sonora-Wüste, lebten. Kürzlich, beim Durchstöbern einer alten Fotokiste, fielen uns die Fotos in die Hand. Eines der Fotos schlägt uns noch heute in seinen Bann, wenn wir es betrachten und uns erinnern…

Jedes Jahr im Frühjahr passiert dort nämlich etwas ganz Außergewöhnliches: Es regnet. Nicht lange, meist nur für ein oder zwei Tage. Und kurz darauf verwandelt sich die Wüste in ein buntes, absolut überwältigendes Blumenmeer. Gelb, lila, weiß und orange leuchten die Blüten. Die Menschen kommen von überall her, um dieses atemberaubende Naturereignis zu sehen. Auch wir konnten uns der fast schon surrealen Magie dieses Kurzzeit-Paradieses nicht entziehen – und so entstand das Foto, das wir nun, nach all den Jahren, wieder in den Händen hielten.

Die Wüste lebt. Direkt unter der Oberfläche liegt die Saat der Möglichkeiten und wartet auf die passenden Voraussetzungen. Und wenn die richtigen Voraussetzungen da sind, ist Wachstum unvermeidbar. Dann explodiert das Leben. Die Saat der Möglichkeiten ist immer da und wartet nur darauf, wieder wachsen zu können. Wachstum lässt sich nie aufhalten, wenn die Voraussetzungen stimmen.

So bunt, so lebendig, so einfallsreich, so fruchtbar, so begeisternd wie das Blütenmeer im Valley of the Sun kann auch Wirtschaft sein. Wenn auch so manche Branche und so manches Unternehmen eher einer Wüste gleicht, wo Vorschriften, Bürokratie und Machtpyramiden die Trostlosigkeit des alltäglichen Einerlei zementieren, so schlummert doch das Leben allerorten im Verborgenen.

Manchmal ist es ein kleiner Angestellter, der kündigt, sich selbstständig macht und mit seinem eigenen Unternehmen die Branche aufmischt. Manchmal ist es ein Chef, der plötzlich aufhört das zu tun, was er schon immer getan hat. Manchmal ist es ein Unternehmer, der die Spielregeln in seiner Organisation ändert und plötzlich extrem erfolgreich ist. Manchmal ist es ein Mitarbeiter, der plötzlich eine grandiose Idee hat, manchmal einer, der plötzlich seine Kunden versteht, manchmal einer, der plötzlich das Produkt mit anderen Augen sieht. Und in all diesen Fällen explodiert plötzlich das Leben, wo vorher nur Wüste war.

Wir sind fest davon überzeugt: Genau das gleiche wie für die Sonora-Wüste gilt auch für unsere Unternehmen. Für unsere Schulen. Für unsere Familien. Überall dort, wo Menschen zusammenkommen: Wenn die Voraussetzungen stimmen, lässt sich Wachstum nicht aufhalten.

Vielleicht sind SIE das Saatkorn in Ihrem Unternehmen?

Vielleicht tragen Sie die Antriebskraft, das Talent, die Ideen in sich, die sich entfalten müssen, um Ihr Umfeld zum Erblühen zu bringen? Genau dazu möchten wir Sie ermutigen: Nutzen Sie all das, was Ihnen mitgegeben wurde!

Ihr Beitrag ist wertvoll. Wir hoffen, dass Sie aufstehen und sich entscheiden, die Saat aufgehen zu lassen und dort draußen einen Unterschied zu machen. Wir hoffen, Sie davon überzeugen zu können, dass es eine riesige Chance für Sie gibt. Eine Chance, Ihr berufliches und privates Leben in eine Richtung zu entwickeln, die Sie erfüllt. Nicht, indem Sie etwas tun, das sehr leicht für Sie ist. Oder etwas, das man Ihnen im letzten Führungstraining beigebracht hat. Nein. Die Veränderung zum Besseren beginnt damit, dass Sie verstehen, wie sich die Spielregeln unserer Wirtschaft grundsätzlich ändern. Und dann diese Veränderung für sich nutzen. Indem Sie Ihr volles Potenzial entfalten. Tag für Tag.

Alles beginnt damit, dass Sie sich entscheiden.

Und was für jeden einzelnen gilt, gilt genauso für Unternehmen und für unsere Gesellschaft als Ganzes. Wir alle müssen uns entscheiden. Statik oder Dynamik? Auf welcher Seite wollen wir stehen? Um uns herum verändert sich alles so schnell wie noch nie. Selbst führende Wirtschaftsmächte und marktführende Unternehmen müssen sich immer wieder neu erfinden, um ihre Position zu sichern. Sie werden sonst entweder von neuen Entwicklungen hinweggefegt oder von aufstrebenden Konkurrenten kopiert – und schließlich überrannt.

Wir alle haben die Wahl. Entweder machen wir so weiter wie bisher, dann werden viele von uns ins Abseits gedrängt. Ein ehemals hoch geschätzter Spezialist – morgen im Unternehmen herumgeschubst. Die ehemals wichtigste Abteilung – morgen ausgelagert. Ein ehemals marktführendes Unternehmen – morgen in der Bedeutungslosigkeit versunken. Eine ehemals dominierende Branche – morgen vergessen. Ein Land, das mal Exportweltmeister war – morgen abgehängt, erstarrt, überschuldet, überaltert, grau und abgehalftert.

Oder wir nehmen die Herausforderung an, dann wetteifern wir mit unseren Wettbewerbern weltweit um Imagination, Inspiration, Einfallsreichtum und Initiative – und übertreffen sie.

Das geht nur, wenn wir bei uns selbst beginnen. Und unsere Eigeninitiative, unsere Kreativität und unser Engagement einbringen. Jeden Tag aufs Neue. Diese Eigenschaften mögen in der Vergangenheit optional gewesen sein. Heute sind sie so ziemlich alles, worum es geht.

Um dieses Potenzial zu entfesseln, reicht es nicht, traditionelle Managementpraktiken zu verbessern oder einfach nur besser umzusetzen. Es geht um etwas anderes: Um eine fundamental andere Art des Managements. Um ein anderes Denken und Handeln. Anders? Wie genau? Das wollten wir wissen. Darum haben wir dieses Buch geschrieben.

Die amerikanische Schriftstellerin Erma Bombeck schreibt: „Wenn ich am Ende meines Lebens vor Gott stehe, hoffe ich, dass nicht das kleinste bisschen Potenzial übrig geblieben ist und ich sagen kann: Ich habe alles genutzt, was mir mitgegeben wurde."

Also? Worauf warten Sie noch?

Nur Tote bleiben liegen.

1. VERSTEHE DEN WANDEL! NUTZE DIE MÖGLICHKEITEN!

Stellt euch eine heiße Asphaltstraße vor, auf die es gerade geregnet hat und auf der ein Glas Blaubeermarmelade zu Bruch gegangen ist ... so riecht dieser Wein!“ – Gary Vaynerchuk hat das gesagt. Er spricht so, weil er die Barrieren, Stereotype und Missverständnisse beseitigen will, die die breite Masse der Menschen daran hindern, Wein wirklich zu genießen. Wie? Er spricht und schreibt über Wein. Im Internet. Sein täglicher Videoblog „Wine Library TV“ ist Kult, er wird jeden Tag von über 80.000 Nutzern gesehen. Jeder neue Videocast erhält innerhalb kürzester Zeit hunderte Kommentare. Also ist Vaynerchuk ein herausragender Experte? Ja! Und nein. Nein, er ist kein Experte im klassischen Sinn, keiner der mit Diplomen und Zertifikaten zu beeindrucken wüsste. Ja, natürlich hat er eine Menge Ahnung von Wein. Aber das haben andere auch. Was also macht ihn so einzigartig?

Es gibt einen Grund, warum Gary Vaynerchuk als der „Social Media Sommelier“ so bekannt und einflussreich wurde. Warum er so erfolgreich ist. Der Grund liegt in seiner Virtuosität, mit der er die Klaviatur des Web 2.0 spielt, in seiner Authentizität, in seiner Leidenschaft, in seinem unkonventionellen Auftreten. Kurz: In seiner Persönlichkeit. Dieser Typ isst Gras, leckt an Steinen, schmiert sich unterschiedlichen Dreck auf die Zunge und kaut Holz – um seine Geschmacksknospen zu trainieren! Als Kind und Teenager hielt er sich täglich im Weingeschäft seiner Eltern auf, er dachte, sprach, roch Wein jeden Tag in seinem Leben. Wenn man Wein leben kann, dann tut er es! Dieser „leading grape guru of the Internet“ hat eine glasklare Mission: „Die Weinwelt verändern!“ Und – er ist so frei, das einfach zu tun.

Vaynerchuck kommt in seinem Videoblog als ziemlich aufgedrehter Freak rüber, dessen Sprache und Auftreten so gar nicht zum üblichen Bild eines Weinconnaisseurs passen. Sein unkonventionelles Gebaren ist gepaart mit einem ausgeprägten Sinn fürs Geschäft – den Umsatz des Familiengeschäfts steigerte er innerhalb weniger Jahre von 4 auf 60 Millionen Dollar. Sein Erfolg macht Mut. Er zeigt uns den Weg, der zu einer neuen Wirtschaft führt. Einer Wirtschaft, die bunt ist. Aufregend. Ansteckend. Energiegeladen. Die Basis dieser Wirtschaft sind Talent, Inspiration, Ideen. Ihr Motor sind Leidenschaft, Begeisterung, Spaß. Ihr Lohn sind Erfüllung, Freude, Sinn.

Aber ohne Einsatz ist das nicht zu haben. Wer in dieser Wirtschaft dabei sein will, muss Verantwortung übernehmen. Er muss den Antrieb haben, außergewöhnliche Dinge anzupacken, und die Ausdauer, sie umzusetzen. Und das wiederum erfordert die Bereitschaft zu permanentem Wandel und zu neuem Denken. Die Fähigkeit zu maximaler Innovation. Den unbedingten Willen, etwas Besonderes zu schaffen.

Solche Organisationen gibt es. Sie funktionieren anders als gewohnt. Solche Menschen gibt es. Sie denken anders als die übrigen. Es gibt auch die Praktiken und die Werkzeuge, die es diesen Menschen ermöglichen, so zu handeln. Sie sind von anderer Art. Wir sehen all das schon heute. Im Internet. Sehen Sie es auch?

DAS WAR DER DEAL

Bad Homburger Kreuz, die Skyline von Frankfurt taucht auf. Wir sitzen im Auto und fahren heim. Nachdenklich. Könnten wir im Kloster leben? Abwegiger Gedanke! Aber Peters ehemaliger Mitschüler Wolfgang macht genau das. Wir haben ihn gerade dort besucht. Gleich nach dem Abitur ist Wolfgang einem katholischen Orden beigetreten. Und jetzt lebt er hinter hohen Mauern aus klobigen Sandsteinen mit winzigen Bogenfenstern, die auch an sonnigen Tagen kaum Licht hereinlassen. Überall dieser Geruch nach Kerzen und altem Holz. Sein Tagesablauf ist genau festgelegt. Vor den kleinen Fenstern ist es mal Sommer, mal Winter, mal irgendwas dazwischen. Sonst ändert sich nicht viel. Innerhalb der Mauern gibt es sehr klare Regeln, die das Zusammenleben und die interne Organisation der geistlichen Gemeinschaft bestimmen. Der Abt sorgt dafür, dass jeder sie befolgt.

SIND SIE? SIND SIE WIRKLICH? SIE SIND ES NICHT!

Eine mittelalterliche Insel mitten im Gewimmel unserer Zeit. Total exotisch, sich heute für solch einen Weg zu entscheiden. Klöster sind heute schließlich nicht mehr die geistigen Zentren unserer Welt, was vor Jahrhunderten noch ein gutes Argument war, ins Kloster zu gehen. Aber heute? Andererseits: Es ist ja auch so eine Art Deal. Du gibst deine Freiheit ab, ordnest dich in die Gemeinschaft ein, triffst keine Entscheidung mehr alleine. Dafür verspricht die Ordensgemeinschaft dir Sicherheit. Es ist immer für alles gesorgt, es gibt keine Überraschungen, keine tiefgreifenden Veränderungen, sondern Gemeinschaft, Beständigkeit und Ordnung. Tauschhandel: Unfreiheit gegen Sicherheit.

Wir fahren über die Mainbrücke, links hinter uns die Bürohochhäuser, Fassaden aus Glas und Stahl. Wie weit sind die Leute in diesen glitzernden Türmen doch vom Leben im Kloster entfernt! – Sind sie? Sind sie wirklich? Wir sehen uns an und wissen, dass wir in diesem Augenblick dasselbe denken. Sie sind es nicht! Auch in den Büros heute gilt der Handel: Einordnung in die Gemeinschaft und deren Regeln im Ausgleich gegen Arbeitsplatz und festes Gehalt. Das Prinzip, dass Menschen ihre Individualität dem kollektiven Willen und der Autorität einer Organisation unterordnen, gilt ebenso für Klöster wie auch für Betriebe. Der einzige Unterschied: In den Betrieben wacht über diese Regeln kein Abt, sondern ein Chef.

Und genau wie im Kloster wird Opferbereitschaft verlangt: Im Namen der Karriere werden Autonomie, Selbstbestimmung und Freiheit aufgegeben – Erlösung versprechen der Feierabend, das nächste Wochenende oder der langersehnte Urlaub.

Auch das ist ein Deal. Auch hier heißt die versprochene Gegenleistung zunächst: Sicherheit. Sie heißt dann auch: Einordnung in das Kollektiv und dessen festes Regelwerk, im Ausgleich werden Stabilität, Ordnung, monatliches Gehalt sowie weitere Annehmlichkeiten in Aussicht gestellt. Aber wie lange funktioniert dieser Handel noch? Reformation und Aufklärung haben die Klöster an den Rand gedrängt. Es gibt sie noch, aber sie sind bedeutungslos. Was, wenn es heute Veränderungen auf der Welt gäbe, die für die Wirtschaft ähnlich gravierend sind wie Reformation und Aufklärung damals? Was würde es für das soziale Modell in den Betonklöstern des 21. Jahrhunderts bedeuten, wenn gerade eine neue Welt entstünde?

Als wir Frankfurt hinter uns lassen, taucht die untergehende Sonne die Fassaden der Hochhäuser in tiefes Rot.

HEUTE IST SCHON MORGEN

Die neue Welt ist hier und jetzt. Gestern ist vorgestern, heute ist schon morgen. Sicherheit? Vergessen Sie's! Beständigkeit? Das war einmal! Die Karten werden neu gemischt, die alten Deals werfen keinen Gewinn mehr ab. Arbeitsplatzsicherheit als Ausgleich für Abhängigkeit wird inzwischen zum Tageskurs gehandelt.

Alles verändert sich rasend schnell. Mit der Gemütlichkeit ist es vorbei. Es geht ums Überleben. Sonst sind ruckzuck die Kunden weg. Und dann die Gewinne. Und dann die Arbeitsplätze. Und was geschieht? Change Management? Lächerlich! Das ist wie der Versuch, in den Schlössern die Monarchie zu reformieren, während draußen die Revolutionäre schon schießen.

Das Problem liegt darin, dass sich gesteuerter Wandel in Unternehmen viel zu selten dauerhaft und chancengetrieben vollzieht. Zu oft ist er punktuell und krisengetrieben.

Es wird mit der sprichwörtlichen Axt gekürzt: Das bestehende Führungsteam wird zur Hölle geschickt, Kündigungswellen entsorgen selbst die tadellosesten Mitarbeiter und endlose Restrukturierungsorgien machen aus einer ehemals lebendigen Organisation eine Ansammlung von Untoten. Das alles löst die zugrunde liegenden Probleme nicht! Aktionismus als Antwort auf die tiefgreifenden Veränderungen im Umfeld ist sinnlos. Bevor sie hektisch drauflosballern, sollten die Führungsriegen erstmal die Lage begriffen haben. Die Veränderungen im Außen stellen den Unternehmen die richtigen und wichtigen Fragen.

Was wir brauchen, sind Antworten. Antworten, wie Organisationen veränderungsfähig werden können. Antworten darauf, wie Menschen in Zukunft zusammenarbeiten. Antworten, wie sie Erfolg definieren. Antworten, Antworten, Antworten. Zu den Gewinnern werden diejenigen Unternehmen zählen, die Antworten finden. Und zwar schnell.

WER DAS NICHT SCHAFFT – BLEIBT LIEGEN.

Wenn das Marktumfeld bunt, schnell, lebendig ist, sich laufend verändert und erneuert, dann haben Unternehmen nur eine einzige Chance: Sie müssen ihr lebendiges Potenzial entfesseln! Sie müssen selbst bunt und lebendig werden, sie müssen selbst in der Lage sein, sich ständig auf sinnvolle Weise zu verändern und zu erneuern. Wer das nicht schafft – oder nicht will –, bleibt liegen.

Das bedeutet erstens: Unternehmen müssen so veränderungsfähig sein wie die Veränderung selbst. Das bedeutet zweitens: Unternehmen müssen maximale Innovationsfähigkeit auf allen Ebenen ermöglichen. Das bedeutet drittens: Unternehmen müssen Freiraum für die Initiative, Kreativität und Leidenschaft ihrer Mitarbeiter schaffen.

Um das zu erreichen, muss sich bei uns allen zuerst eine Stellschraube im Kopf lösen: Es genügt nicht mehr, das Gleiche wie bisher zu machen, nur vielleicht ein wenig besser. Im Klartext: Traditionelle Managementpraktiken zu verbessern oder einfach nur besser umzusetzen reicht nicht mehr aus! Wenn die Flut kommt und Ihnen das Wasser bis zum Hals steht, genügt es nicht, schneller zu laufen. Das ist das falsche Konzept. Sie müssen schwimmen!

Uns geht es um nicht weniger als um eine fundamental andere Art, Unternehmen zu führen. Um neues Denken. Das gelingt nur denjenigen Unternehmen, die aus der Fülle des verfügbaren menschlichen Wissens schöpfen, Freiraum gewähren und die Initiative und Kreativität jedes einzelnen Mitarbeiters fördern. Firmen, die so handeln, haben verstanden, wie technologischer Wandel und sozialer Wandel heute ineinandergreifen und sich gegenseitig verstärken.

Fest steht: Das geschlossene, hierarchisch organisierte Unternehmen mit seinen starren Arbeitsverhältnissen hat in einem solchen Umfeld keine Chance mehr!

WO FINDEN SICH DIE ANTWORTEN?

Wenn Unternehmen wissen wollen, was auf sie zukommt, brauchen sie keine Glaskugel, sondern einen Internetanschluss. Im Internet offenbart sich eine Welt, in der die Spielregeln von morgen schon heute gelten. Das Web ist der Reality-Check für jedes Zukunftsszenario. Die Strukturen im Internet sind die Blaupause für zukünftige Entwicklungen.

Warum ist das so? Unweigerlich? Unausweichlich? Weil bereits die meisten derjenigen Mitarbeiter, die das Rückgrat jedes Unternehmens bilden, heute schon mit dem Web vertraut sind. Der Widerspruch zwischen der Realität im Internet und der Realität in ihren Unternehmen fällt ihnen auf wie eine E-Gitarre im Streichquartett.

DER WIDERSPRUCH FÄLLT AUF WIE EINE E-GITARRE IM STREICHQUARTETT.

Ein Beispiel: In ihrer Freizeit bewegen sich die Mitarbeiter in einer Online-Kultur, in der alle Ideen gleichberechtigt sind. Jeder kann zum Web-Lexikon Wikipedia beitragen, egal ob Professor oder Azubi. Was zählt, ist die Qualität der Aussage. Was taugt, bleibt stehen. Unausgegorenes dagegen wird von den anderen Nutzern gnadenlos gelöscht, auch wenn dessen Autor den Nobelpreis gewonnen hat. Im Internet kann niemand eine unbequeme Meinung unterdrücken oder eine ärgerliche Debatte abwürgen.

Im Unternehmen erleben Mitarbeiter dann oftmals etwas komplett anderes. Nicht die Idee zählt, sondern wer sie hatte. Zwar gilt prinzipiell die Gleichheit der Ideen – allerdings mit einem klitzekleinen Zusatz: Einige Ideen sind gleicher. Und das sind diejenigen, die die Unterstützung der mächtigen Alphatiere haben. Ideen, die nicht in dieses Machtgefüge passen, werden schnell unter den Teppich gekehrt und Abweichler mundtot gemacht.

Das Problem dieser real existierenden Parallelwelten: Mitarbeiter sind nicht blöd. Mitarbeiter merken das. In Zukunft werden Mitarbeiter darum immer weniger bereit sein, die Existenz dieser Parallelwelten zu akzeptieren. Was im Web möglich ist, muss dann auch im Unternehmen möglich sein. Oder das Unternehmen macht sich unmöglich.

Hinzu kommt, dass jetzt eine neue Generation ins Arbeitsleben eintritt. Die jungen und ambitionierten Mitarbeiter der „Net Generation" bewegen sich im Internet wie Fische im Wasser. Für sie sind die Gepflogenheiten im Internet eine Art Geburtsrecht, das sie selbstverständlich auf ihre Arbeitsplätze übertragen.

Peer Production und Kooperation finden dann nicht nur in Online-Communitys statt. Sondern auch in der Firma. Mitarbeiter wollen nicht nur in ihrer Freizeit bloggen, an Chatbörsen partizipieren, Wikis vervollständigen und per Mausklick über jede vorhandene Information verfügen können. Sondern auch in der Firma.

Uneingeschränkte Transparenz, gleichberechtigte Zusammenarbeit aller, das Teilen von Informationen und Ressourcen sowie die globale Perspektive bei jeder wichtigen Entscheidung sind die Kennzeichen dieser neuen Arbeitskultur. Wer als Arbeitgeber bei den jungen Top-Talenten aus der Net Generation überhaupt noch den Hauch einer Chance haben will, muss sich auf diese Realitäten einstellen.

Und zwar schnell. Diese Menschen sind keine Geiseln mehr einer Bruderschaft alter Männer in weißen Hemden. Management mittels Kommando-und-Kontrolle vertreibt diese Generation schneller, als der Chef „Aufstiegschancen“ sagen kann. Wer nicht selbstbestimmt arbeiten darf, wird sich einen anderen Ort suchen, an dem er es darf. Geografisch oder virtuell. Denn für wen es dank Internet, W-LAN und Flatrate egal ist, ob er seine Arbeit in Berlin, Barcelona oder Bridgetown macht, der braucht schon gute Argumente, wenn es Bietigheim-Bissingen sein soll.

SIE SIND KEINE GEISELN EINER BRUDERSCHAFT ALTER MÄNNER IN WEISSEN HEMDEN.

Sich vorschreiben zu lassen, was wann wie zu tun ist, das akzeptieren talentierte, kreative und intelligente Menschen nicht mehr. Auch die Form der Zusammenarbeit verändert sich massiv, getrieben durch neue Technologien wie Social Networking und Web 2.0. Wenn ein Unternehmen heute einen 25-jährigen Universitätsabsolventen einstellt, sind für ihn Plattformen wie Facebook oder selbst organisierte Communitys ein ganz normaler Teil seiner sozialen Umgebung. E-Mails und Telefonkonferenzen, die heute noch einen Großteil des traditionellen Arbeitsalltags bestimmen, sind für ihn dagegen hoffnungslos altmodisch. Die Folge ist, dass die Community-Kultur zwangsläufig in immer mehr Unternehmen Fuß fassen wird. Muss!

Und das passiert ja auch, jeder kann es sehen. In vielen Unternehmen arbeiten bereits heute globale Teams ganz selbstverständlich mit Wikis und anderen Kooperations-Tools an Forschungsvorhaben und Entwicklungsprojekten. Und das nicht nur in ausgesuchten Pilotprojekten. Sondern auf breiter Basis. Globale Integration und Web 2.0 werden in den nächsten Jahren die gesamte Organisation prägen. Das ist absehbar. Was noch?

WER HAT WAS ZU SAGEN?

20

Das Web ist flach, offen und demokratisch. Das bedeutet nicht, dass es im Web keine Hierarchien gibt. Ganz im Gegenteil. Es gibt tausende von Hierarchien im sozialen Gefüge des Internets. Es sind bloß keine formalen, sondern natürliche Hierarchien. Sie ergeben sich aus dem, wie Menschen tatsächlich kommunizieren und wie andere darauf reagieren. Wer beispielsweise die Blogosphäre durchsucht, merkt schnell, dass zwar rein äußerlich alle Blogger gleichberechtigt sind, es aber sehr wohl eine Einflusshierarchie gibt. Einige Blogger genießen hohe Aufmerksamkeit, andere werden maximal von ihren Freunden beachtet. Einige Blogger sind Meinungsführer, andere schreiben in erster Linie für sich selbst.

Seth Godin behauptet von sich, den meistgelesenen Marketingblog der Welt zu schreiben. Vermutlich hat er recht. Godin ist überaus präsent im Web und vertritt klare Standpunkte jenseits des Mainstreams. Über die Anhänger von Persönlichkeiten im Internet hat er sogar ein Buch geschrieben. Es nennt diese Gruppen von Anhängern „Tribes“, weil sie wie archaische Stämme einem charismatischen Anführer folgen. Eine wichtige Botschaft des Buches von Seth Godin lautet: Jeder und jede kann diese Führungsrolle erlangen. Entscheidend ist allein, was du sagst, was du tust und wer dir folgt.

Niemand, der im Web einen herausgehobenen Status besitzt, hat diesen von einer höheren Autorität verliehen bekommen. Immer ist es die breite Basis der Nutzer, die Einfluss verleiht.

Das Internet kennt keinen Chef. Entscheidend ist, ob jemand etwas zu sagen hat, einen Wertbeitrag liefert und damit genügend andere Menschen überzeugt.

Und wer einmal einen bestimmten Status hat, kann ihn ganz schnell wieder verlieren. Hierarchien verändern sich ständig. Vererbbare Privilegien oder auch nur für längere Zeit erworbene Machtansprüche gibt es nicht mehr. Allein der Nutzen für alle im Hier und Jetzt zählt.

Im Web gilt: Natürliche Hierarchie schlägt formale Hierarchie.

Wann gilt das in Unternehmen?

Wenn auch in Unternehmen die Chefs nicht mehr von einer nächsthöheren Instanz ernannt und auf unbestimmte Zeit in einer Machthierarchie installiert werden. Zunehmend sind Führungsrollen auch in Unternehmen das Produkt einer natürlichen Hierarchie. Diese kann sich von Projekt zu Projekt wieder ändern. Und dann gilt: Die Führungsrolle und die damit verbundene Anerkennung seitens der Mitarbeiter muss sich eine Führungskraft Tag für Tag neu erarbeiten. Wer sich nur auf seinen vergangenen Lorbeeren ausruht, dem folgt keiner mehr.

DIE MITARBEITER STIMMEN MIT DEN FÜSSEN AB.

Bei dem Technologie-Unternehmen W.L. Gore & Associates hat man das schon begriffen. Hier gibt es bis auf wenige Ausnahmen weder Hierarchien noch Jobtitel, weder Chefs noch Abteilungsleiter oder Manager. Trotzdem gibt es Führungskräfte. Wie die zu ihrer Rolle kommen? Die Mitarbeiter stimmen mit den Füßen ab. Jeder darf zum Beispiel ein Meeting einberufen.

Aber nur derjenige, zu dessen Besprechungen auch Leute erscheinen, hat tatsächlich eine Führungsrolle. Aber auch die ist nicht dauerhaft, sondern temporär und an den geleisteten Wertbeitrag geknüpft. Aber der CEO von Gore kam doch sicher wie üblich auf seinen Sessel? Nein. Wie kann das denn an der Spitze funktionieren? Ganz einfach: Eine repräsentative Gruppe von Mitarbeitern wurde gefragt, wem sie am meisten zu folgen bereit wäre. Heraus kam der Name des neuen Firmenchefs.

FÜHRENDE DIENER

Im Web hat niemand die Macht, irgendetwas einfach zu befehlen oder zu sanktionieren. Während die Leittiere im Unternehmen sich auf das klassische Belohnungs-Bestrafungs-Repertoire verlassen können, steht dieses Instrumentarium im Web nicht zur Verfügung. Wer andere Menschen für eine Sache einspannen will, der braucht überzeugende Argumente, ausgewiesene Expertise und muss sich uneigennützig verhalten. Wenn diese Prinzipien außer Acht gelassen werden, ist man im Web ganz schnell einsam.

Will beispielsweise jemand Moderator einer Gruppe beim Businessnetzwerk Xing werden, sollte er sich mit dem Thema auskennen, am besten sogar einigen in der Gruppe ein Begriff sein. Das ist aber noch lange nicht alles. Der Moderator muss jede Diskussion genau verfolgen. Läuft da irgendetwas aus dem Ruder, ist Fingerspitzengefühl gefragt. Drohungen wie: „Wer hier nicht in meinem Sinne mitzieht, fliegt raus! Bums, aus, Nikolaus!“, funktionieren nicht. Kluges Vermitteln ist angesagt. Und wer meint, immer ein bisschen schleimige Werbung für sein eigenes Business in seine Moderatorenbeiträge einflechten zu können, ist bald auch weg vom Fenster. Führen heißt hier: überzeugen.

Im Web gilt: Anführer präsidieren nicht, sondern dienen der Gemeinschaft.

Wann gilt das in Unternehmen?

Wenn der Chef nicht mehr Chef ist, weil er Statusrechte reklamieren, Anordnungen erteilen oder Sanktionen verhängen kann, sondern weil er die überzeugendsten Argumente hat. Die Chefs der Zukunft stellen sich in den Dienst der Gemeinschaft. Sie haben eine Vision, von der sie zutiefst überzeugt sind und mit der sie andere begeistern und mitreißen. Wie Alberto Alessi zum Beispiel, der Inhaber der bekannten italienischen Designschmiede. Seinen rund 300 Designern gibt er keine Anweisungen, sondern er macht ihnen Vorschläge. Wenn ein Designer Interesse hat, ein vom Chef vorgeschlagenes Projekt zu verfolgen, fängt er einfach an. „Künstler sind wie Federn in der Luft", hat Alberto Alessi einmal gesagt, „Man muss sie schweben lassen. Sobald man Wirbel verursacht, ist alles vorbei." Das ist die Überzeugung von Alessi. Und diese Überzeugung lebt er auch.

„MAN MUSS SIE SCHWEBEN LASSEN."

Alessi definiert seine Rolle als die eines Koordinators. Er vergleicht sich dabei gern mit einem Museumsdirektor oder einem Filmproduzenten, dessen Aufgabe es ist, Talente so zusammenzufügen, dass ein einzigartiges Gesamtresultat entsteht. Im Fall des Produktdesigns muss ein Gegenstand dabei herauskommen, der Menschen begeistert. Der Koordinator muss selbst begeisterungsfähig sein, um diese Begeisterung zu erzeugen. Oder kann sich jemand einen Museumsdirektor vorstellen, dessen ganze Leidenschaft nicht der Kunst gilt? Einen Filmproduzenten, der bei der Oscarverleihung nicht mit schweißverklebten Händen mitfiebern würde? Wohl kaum.

Chefs, die sich als Koordinatoren von Talenten verstehen, sind auch nicht jene Testosteronvulkane, bei denen nur eine Meinung zählt – nämlich ihre eigene. Bei den Anführern neuen Typs mischt sich Leidenschaft für die Sache mit bewusst kooperativem Verhalten. Statt auf aggressives Nichtzuhören setzen sie auf intensive Kommunikation. Kommando und Kontrolle haben sie gar nicht nötig. Sie verstehen

sich als „soziale Architekten“, denn sie sind Integratoren, konzeptionelle Denker, kreative Problemlöser und bringen unterschiedliche Meinungen zusammen. Der Einfluss, den sie dazu brauchen, basiert weniger auf ihrer Rolle als auf ihrer Persönlichkeit.

WOLLEN ODER SOLLEN?

Im Internet entscheiden die User, ob sie sich an der Lösung einer Aufgabe beteiligen wollen, oder aber nicht. Ob sie bloggen, an einer Open-Source-Software mitprogrammieren oder interessante Informationen anbieten – wie und wo sie sich online einbringen, ist ihre Sache. Jeder ist frei, Arbeitskraft anzubieten, nachzufragen oder sich selbst mit seinen Interessen zu verwirklichen. Projekte, die auf freiwilliger Mitarbeit beruhen, sind ein lebendiger Beweis für diesen Trend: Wikipedia ist längst nicht nur das umfassendste, sondern auch das erwiesenermaßen aktuellste und beste Lexikon der Welt. Hatte Open-Source-Software vor zehn, fünfzehn Jahren noch das Image eines Randgewächses, so ist der Browser Firefox zum Beispiel heute in den meisten Ländern Marktführer. Und seit Apple seine iPhone-Software für die Programmierer von Applikationen – kurz: Apps – geöffnet hat, gibt es mehr solcher Miniprogramme als ein Mensch überhaupt auf sein Smartphone laden könnte.

Im Web gilt: Aufgaben werden gewählt, nicht verteilt.

Wann gilt das in Unternehmen?

Wenn mündige und selbstständige Mitarbeiter immer öfter selbst entscheiden, an welchen Projekten sie sich beteiligen möchten. Wenn Mitarbeiter initiativ und kreativ an neuen, wertschaffenden Lösungen arbeiten und dabei selbst ganz genau wissen, was das Besondere an der Idee ist, die sie gerade verfolgen. Dabei handelt es sich zunehmend um Projekte, die aus der Sicht eines einzelnen Mitarbeiters sinnvoll und erfüllend sind.

Das sind die Aufgaben, für die sich diese Mitarbeiter mit all ihrer Leidenschaft engagieren werden. Der Rest interessiert sie nicht wirklich. Sie wissen aber auch, dass sie sich diese Mitspracherechte verdienen müssen. Wer nur einen Job abarbeiten will, wird auch weiterhin das tun müssen, was der Chef ihm aufträgt. Und wird austauschbar. Die anderen werden ihre Wahlfreiheit begreifen und nutzen. So wie die Mitarbeiter von Ideo. Bei dem legendären Beratungsunternehmen für Produktdesign aus dem kalifornischen Palo Alto haben sich die Vorstellungen der jungen Mitarbeiter in den letzten Jahren stark verändert. „Die große Mehrheit der jungen Bewerber hat kein besonderes Interesse mehr daran, den Innovationsstau bei den großen Konzernen auflösen zu helfen", verrät CEO Tim Brown. „Was sie wirklich interessiert, ist der Innovationsstau der Landwirtschaft in Afrika, sind sauberes Wasser und bezahlbare Gesundheit für alle Menschen in Indien oder die Probleme des Bildungssystems hier in Nordamerika."

Unternehmen wird es nicht gelingen, diese Top-Talente allein mit hohen Gehältern und der Aussicht auf Projekte für schillernde Größen aus Dow Jones oder DAX zu locken. Bei Ideo hat man verstanden: Nicht die junge Generation muss sich den Gepflogenheiten des Unternehmens anpassen – sondern das Unternehmen muss sein Geschäftsmodell den Erwartungen der jungen Generation anpassen! „Wir müssen uns so verändern, dass wir die Dinge tun können, denen die Leidenschaft unserer Leute gilt", sagt Tim Brown. Auf diese Herausforderung werden immer mehr Unternehmen überzeugende Antworten finden müssen.

FRAGEN, WEN ES BETRIFFT

Im Web sehen sich immer mehr Kunden auf Augenhöhe mit den Anbietern. Sie wollen nicht bloß irgendetwas konsumieren, sondern nehmen sich das Recht, Angebote aktiv mitzugestalten und weiterzuentwickeln. Sie geben Feedback, regen neue Produkte an und vernetzen sich mit anderen Kunden. Facebook beispielsweise hat diese Entwicklung bereits produktiv genutzt. Als eine spanische und eine

deutsche Version erstellt werden sollte, sorgte man nicht selbst für die Übersetzungen, sondern schuf eine Plattform und übertrug die Aufgabe den Nutzern, die sie erledigten. Der Konsument wird zum Prosument.

Facebook profitierte gleich mehrfach davon, denn man konnte sich noch weiter ausbreiten und gab damit den Usern noch mehr Anlass, Zeit mit dem sozialen Netzwerk zu verbringen und es weiterzuempfehlen. Allerdings hat ein solches Vorgehen auch einen Preis: Facebook musste im Gegenzug seine Infrastruktur öffnen und einige bis dahin wohl gehütete Interna preisgeben, denn nur so konnten Außenstehende auf der Plattform ihre Programmierungen auf Spanisch beziehungsweise Deutsch vornehmen. Facebook ging sogar noch einen Schritt weiter und nahm ein paar Anwendungen wieder heraus, die von eigenen Programmierern bereits entwickelt worden waren. Man war der Meinung, die Community könne das besser.

MAN WAR DER MEINUNG, DIE COMMUNITY KÖNNE DAS BESSER.

Im Web gilt: Kunden sind Partner auf Augenhöhe.

Wann gilt das in Unternehmen?

Wenn Unternehmen verstanden haben, dass Kunden nicht mehr bloße Konsumenten sind und ihnen auf allen Ebenen Möglichkeiten geben, mitzumachen und mitzugestalten. Wenn Veränderungen von Produkten nicht mehr von Rechtsabteilungen als Urheberrechtsverletzungen verfolgt, sondern von Managern als erster Prototyp einer möglichen Produktinnovation verstanden werden.

Kunden entlarven deshalb heute schon jedes leere Markenversprechen und akzeptieren nicht länger den Allgemeingültigkeitsanspruch der strategischen Markenführung. Ein Unternehmen, das sein Markenversprechen nicht hält, wird im Internet gnadenlos an den Pranger gestellt. Der wichtigste Grundsatz in der Kundenbeziehung lautet heute: Die Marke gehört den Kunden! Unternehmen, die das begreifen, haben die Chance, eine sehr loyale Community aufzubauen. Der amerikanische Outdoor-Ausrüster Backcountry zum Beispiel verzichtet auf eigene Produktbeschreibungen und lässt diese von seinen Kunden verfassen. Damit gibt das Unternehmen einen

Teil der Verantwortung für die Marke an die Kunden ab. Dieses Vertrauen und diese Offenheit honorieren Kunden mit sehr hoher Loyalität.

DER VORTEIL DER VIELEN

Im Internet entstehen die besten Ergebnisse, wenn eine möglichst große Zahl von Menschen sich mit möglichst vielen Ideen beschäftigt und diese gemeinsam weiterentwickelt. Das Web hat eines unserer hartnäckigsten kulturellen Vorurteile längst widerlegt, nämlich dass es die „gottbegnadeten Genies" sind, die mit ihren genialen Eingebungen den Fortschritt der Menschheit vorantreiben. Das Internet ermöglicht es erstmals Menschen, die an ähnlichen Ideen arbeiten, sich in großem Stil weltweit zu vernetzen, sich auszutauschen und Ideen kooperativ weiterzuentwickeln. Und das Web eröffnet die Möglichkeit, diese Menschen mit klugen Köpfen aus komplett anderen Bereichen zusammenzubringen, die aus ihrer Randperspektive oft den entscheidenden Zündfunken beitragen.

Im Web gilt: Ideen kursieren frei und die Masse ist intelligent.

Wann gilt das in Unternehmen?

Wenn die Herrschaft der Experten beendet wird und alle verstanden haben, dass eine Vielzahl unterschiedlicher Menschen zu Innovationen beitragen kann. IBM hat das bereits verstanden. Im Jahr 2006 veranstaltete das vor seiner Transformation als bürokratischer „Big Blue" verschriene Unternehmen den „IBM Innovation Jam". Dabei galt es, die „Intelligenz der Vielen" systematisch zu nutzen. Mehr als 140.000 Menschen aus 104 Ländern tauschten online ihre Ideen aus. Das waren Mitarbeiter und deren Angehörige, aber auch Kunden oder Wissenschaftler. Aus alledem entstanden schließlich konkrete Innovationsprojekte. Natürlich gab es bei diesem „Jam" auch jede Menge kontroverse Diskussionen und unbequeme Meinungen. Das alles wurde aber nicht als unerwünscht unterdrückt, sondern als produktive Grundlage für eine kluge Strategie betrachtet.

Wer die Intelligenz der Vielen nutzen will, muss die Klostermauern um sein Unternehmen einreißen. In dem Maße, in dem durch das Internet jedermann Werkzeuge zugänglich sind, um Informationen, Ideen und Meinungen weltweit zu verbreiten, verschiebt sich die Macht von Organisationen hin zu Individuen. Ein einzelner unzufriedener Kunde oder frustrierter Mitarbeiter kann heute ein mittleres PR-Erdbeben lostreten. Die klassische Unternehmenskommunikation ist dagegen chancenlos. Hier gibt es nur eins: Unternehmen müssen nicht nur transparent kommunizieren, sondern auch transparent sein.

VERSUCH ES EINFACH!

Bei Photoshop kann jeder seine Fotos online bearbeiten und über Flickr kann er sie der ganzen Welt zeigen. Mit vielen Handys lassen sich heute Videos aufzeichnen und auf Videnio dann schneiden, um sie schließlich auf YouTube zu posten. Mit Snappages kann jeder online eine eigene Website erstellen. Bei Pandora Radio können Laien ihr eigenes Radioprogramm machen. Software ermöglicht allen Menschen heute, Dinge zu tun, die noch vor einem Jahrzehnt Profis vorbehalten und nur mit entsprechend kostspieligem Equipment zu verwirklichen waren. Wir sind die erste Generation in der Geschichte, die von sich sagen kann, dass ihre Grenzen die Grenzen ihrer Vorstellungskraft sind.

Die Qualität der Inhalte, die Millionen jeden Tag ins Netz stellen, erstreckt sich über die volle Bandbreite von qualitativ hochwertigen Inhalten und fruchtbaren Diskussionen bis hin zu echtem Schrott. Nichtigkeiten und anrührend intime Neuigkeiten, die wir eigentlich gar nicht wissen wollen. Gerade in der Blogosphere ist das Mitteilungsbedürfnis schier grenzenlos, der Nutzwert der Informationsflut allerdings eher grenzwertig. Banalitäten vom Typus *„Bin Krank. Heute dritter Tag – liege im Bett und fühl mich schlapp. Wieder Durchfall. Nachbarn erschrecken, wenn sie mich im Schlafanzug zum Müll schlurfen sehen“* setzen schon ein echtes Interesse am Absonderer dieser Informationen voraus – oder ein Zuviel an Tagesfreizeit.

Uns geht es hier um etwas anderes: Entscheidend ist, dass jeder Mensch die Chance hat, sich kreativ zu betätigen. Er kann Autor sein. Fotograf. Filmer. Designer. Musiker. Grafiker. Die Hilfsmittel sind vorhanden. Die globale Plattform zur Verbreitung der Ergebnisse der kreativen Arbeit ist vorhanden. Wichtig ist, dass dabei jede Stunde, ja jede Minute Millionen von kreativen Experimenten stattfinden. Und neu ist, dass dafür allen die geeigneten Werkzeuge zur Verfügung stehen.

Im Web gilt: Jeder Mensch ist kreativ und experimentiert permanent.

Wann gilt das in Unternehmen?

Wenn Unternehmen aufhören, Kreativität nur den „Kreativen" zuzutrauen und Innovation als Domäne der Abteilung Forschung und Entwicklung zu betrachten. Aufgrund dieser Denkblockaden nutzen Unternehmen heute nur einen Bruchteil des Erfindungsreichtums ihrer Mitarbeiter und sind deshalb weit davon entfernt, ihr lebendiges Potenzial zu entfalten. Diese Ressourcenverschwendung wird sich in Zukunft kein Unternehmen mehr leisten können. Es genügt aber nicht, wenn Unternehmen Mitarbeiter einfach auffordern, doch mal kreativ zu sein und ein bisschen zu experimentieren. Mitarbeiter brauchen professionelles Training sowie die erforderlichen Werkzeuge. Außerdem brauchen sie Freiräume für „ernsthaftes Spiel". Und das funktioniert nur auf der Basis von Vertrauen, Offenheit und Experimentierfreude.

HIER GEHT ES NICHT UM KUSCHELECKEN MIT BUNTEN KNAUTSCHWÜRFELN

Niemand kann heute mit absoluter Gewissheit sagen, wie die richtigen Antworten einzelner Unternehmen auf die bevorstehenden Umwälzungen aussehen werden. Fest steht nur, dass Unternehmen bereits jetzt tiefgreifende Veränderungen umsetzen müssen, um zu überleben. Die Zeit drängt. Diese Situation ist Fluch und Segen zugleich. Fluch, weil wir zwangsläufig Rückschläge erleiden werden. Segen, weil wir die Freiheit haben, unseren eigenen Weg auszuloten. Experimentieren heißt Risikostreuung durch Variation, heißt sämtliche Möglichkeiten nach geeigneten Entwürfen zu durchsuchen und nur das weiterzuverfolgen, was tauglich ist. So hat übrigens schon Microsoft sein Betriebssystem Windows entwickelt. Windows war nicht das Ergebnis eines genialen Masterplans des Software-Superhirns Bill Gates. Sondern Windows war das Resultat von sechs ergebnisoffenen strategischen Experimenten, die das Unternehmen in den 1980er-Jahren parallel verfolgt hat.

SCHLACHTET DIE HEILIGEN KÜHE!

» *Na ja, ist ja alles schön und gut. Web-2.0-Gedöhns und so. Kann ja alles sein. ABER IN UNSEREM UNTERNEHMEN FUNKTIONIERT DAS NICHT! Nie und nimmer! Natürliche Hierarchien, Führungskräfte, die sich in den Dienst der Gemeinschaft stellen, Mitarbeiter, die selbst entscheiden, welchen Projekten sie sich anschließen wollen – das ist doch, als ob die Tiere im Zoo den Zoodirektor ablösen wollten. Das ist völliger Irrsinn. Wie soll das denn gehen?* «

Ja, ja. Die Stimme im Kopf Ihres Chefs, die Stimme im Kopf Ihres Kollegen ... oder die Stimme in Ihrem Kopf? Alle Killerphrasen, Ausreden, Bedenken, Widerstände, Einwände und Abwehrreaktionen helfen nicht. Tut uns leid. Es ist kein unumstößliches Naturgesetz, dass Mitarbeiter wie unmündige Kinder behandelt werden müssen, dass Informationen abgeschottet werden müssen, dass immer Recht hat, wer auf dem Affenberg weiter oben sitzt oder dass Kunden minderschlau sind. Das alles sind doch nur alte Dogmen, eine humpelnde Herde altersschwacher heiliger Kühe, unumstößlich erscheinende Glaubensgrundsätze, an denen wir unreflektiert festhalten.

EINE HUMPELNDE HERDE ALTERSSCHWACHER HEILIGER KÜHE.

Diese Veränderungen, dieses Amalgam aus technologischem und sozialem Wandel findet nicht in einem Paralleluniversum statt, sondern entfaltet sich gerade mit voller Kraft – mitten unter uns. Sie können das momentan vielleicht noch als Phänomene des Internets betrachten. Wenn Sie möchten. Aber nur noch wenige Jahre, dann haben auch die trägsten der trägen Organisationen die Prinzipien der neuen Wirtschaftswelt, die im Internet quasi als Trailer laufen, verinnerlicht – oder existieren nicht mehr.

Ungläubige Skeptiker, die Revolutionen selbst dann noch leugnen, wenn sie fast schon vor dem eigenen Fenster angekommen sind, hat es zu allen Zeiten gegeben. In dem Buch „The Future of Work" von Thomas Malone gibt es dazu eine schöne Geschichte. Leicht abgewandelt geht sie so:

Sie sind ein Schneider im Preußen des Jahres 1795. Ihr König heißt Friedrich Wilhelm II. und genießt das Leben in den Gärten von Potsdam. Anders als die alten Ägypter und die alten Römer glauben Sie zwar nicht mehr, dass Ihr König ein Gott ist, der auf Erden lebt. Aber Sie glauben sehr wohl, dass er das göttliche Recht hat, Sie zu regieren. Es sprengt Ihre Vorstellungskraft, dass es irgendwo ein Land geben könnte, das auch ohne einen König, der die Leute beschützt und über sie wacht, gut regiert werden könnte.

Sie haben da von der merkwürdigen Rebellion in Nordamerika gehört, in der die britischen Kolonisten einfach behauptet haben, dass sie sich selbst regieren könnten – ganz ohne einen König. Lachhaft! Sie haben auch von einer blutigeren Revolution gehört, die es in Frankreich gegeben haben soll. Diese Revolution endete damit, dass eine Gruppe selbsternannter Revolutionäre ihren König getötet hat und über Nacht viele gesellschaftliche Errungenschaften einfach vernichtet wurden. Schrecklich, schrecklich. Sie können darüber nur den Kopf schütteln, denn diese Ereignisse sind aus Ihrer Sicht schwerwiegende Fehler, törichte Experimente, die garantiert schief gehen werden.

Das macht doch alles keinen Sinn, sagen Sie sich. Die Leute können sich nicht selbst regieren. Das ist doch ein Widerspruch in sich. Das ist doch so, als würde man behaupten, dass Kinder sich selbst erziehen oder die Tiere auf dem Bauernhof selbst das Gehöft bewirtschaften könnten. Demokratie? Das ist doch verrückt!

2. AGIERE SELBSTBESTIMMT! VERZICHTE AUF SICHERHEIT!

Christoph Grandpierre möchte nie wieder einen eigenen Schreibtisch. Unter seiner Ägide arbeiten Mitarbeiter bei IBM Deutschland schon seit Jahren einfach wo sie wollen. Grandpierre ist Geschäftsführer Personal und Verfechter einer neuen Arbeitskultur, in der Menschen nicht dafür bezahlt werden, einen bestimmten Job auszufüllen, sondern dafür, anspruchsvolle Aufgaben mit hoher Eigenverantwortung und Selbstbestimmtheit auszuführen.

Deshalb entscheiden Mitarbeiter bei IBM selbst, WO und WANN sie arbeiten. Sie erledigen ihre Aufgaben mal im Büro, mal von daheim, mal von unterwegs oder mal beim Kunden. Wer im Büro arbeitet, sucht sich einen freien Platz und räumt ihn am Abend wieder. Gleiches gilt übrigens auch für die Geschäftsleitung. Chefs, die Anwesenheit und Arbeitszeiten kontrollieren, sucht man vergebens.

WAS DER MITARBEITER TAGTÄGLICH SO MACHT, IST DEM CHEF EGAL, ER WEISS ES NICHT EINMAL.

Ist IBM eine seltene Ausnahme? Ein Irrläufer der Evolution? Kann es so viel Freiheit, Selbstbestimmtheit und Vertrauen in der Arbeitswelt tatsächlich geben? Ja, kann es! „The Big Blue“ ist ein besonders prägnantes Beispiel für den Wandel der Arbeitswelt, weil das Unternehmen selbst schon eine fundamentale Wandlung durchlaufen hat: Das Traditionsunternehmen, das einst Mainframe Computer in der Größe von Übersee-Containern herstellte und bei dem blauer Anzug und weißes Hemd oberste Pflicht waren, zählt heute zu den innovativsten Unternehmen der Welt. Technologie spielt immer noch eine Rolle, aber spezialisiertes Wissen und Beratungsdienstleistungen sind mindestens ebenso wichtige Werttreiber für die global aufgestellte Organisation.

Für Anwesenheit zahlt IBM niemandem mehr auch nur einen Euro. Zeiterfassung? Kann jeder Mitarbeiter gerne für sich machen, wenn er das nachverfolgen möchte. Was ist überhaupt Arbeitszeit? Auch die Idee morgens unter der Dusche? Auch die E-Mail aus dem Straßencafé, die über den Blackberry versendet wird? Wenn ja, wie will man das noch sinnvoll „erfassen“? Hier geht es längst nicht mehr um Kontrolle. Die wäre schlicht unmöglich. Jeder ist selbst für seine Ergebnisse verantwortlich.

„Für mich ist diese Form der Arbeit extrem angenehm“, sagt Christoph Grandpierre. „Bei uns kommt es auf das Erreichen von Zielen und Lösungen an – ich muss nicht dauernd wissen: Was macht mein Mitarbeiter?“ Stattdessen sagt der Chef seinem Mitarbeiter genau, was er braucht – mehr nicht. Er sagt also nicht, was der Mitarbeiter tun soll, sondern lediglich, welches Ergebnis er braucht. Was der Mitarbeiter tagtäglich so macht, was er tut, um das Ziel zu erreichen, ist dem Chef egal, er weiß es nicht einmal. Aber am Ende muss das Ergebnis auf den Tisch. Und dafür gibt es dann auch klare Beurteilungskriterien, wie überall sonst auch.

Daraus ergeben sich völlig andere Anforderungen als in der alten Arbeitswelt: Einerseits ist es für Mitarbeiter natürlich gut, frei und mobil zu sein und sich die Arbeit so einzuteilen, wie es für sie jeweils am besten ist. Andererseits erfordert das lauter „Selbst"-Fähigkeiten: Selbstdisziplin, Selbstorganisation, Selbstverantwortung, Selbsteinschätzung, Selbstkontrolle, Selbstsicherheit, Selbstvertrauen.

Ganz schön anstrengend auf die Dauer! Und es erfordert ein klares NEIN zu einer weiteren „Selbst"-Fähigkeit – der Selbstausbeutung. Wer ständig erreichbar ist und seinen Schreibtisch quasi überall spontan aufschlagen kann, muss lernen, Grenzen zu ziehen und für sich zu entscheiden, wann es an der Zeit ist, das Handy auszuschalten und den Computer herunterzufahren. Das hat wiederum eine Menge mit einem gesunden Trieb zur Selbstbehauptung und Selbsterhaltung zu tun. Und die Chefs müssen lernen, diese Grenzen als Selbstverständlichkeit zu akzeptieren.

Mit der neuen Freiheit müssen viele erst mal umgehen lernen. Und Freiheit hat immer zwei Seiten: Sie kann gut oder schlecht sein. Allerdings ist die Abwesenheit von Freiheit immer schlecht.

Und das sehen die jungen Mitarbeiter auch so: „Wir merken auf Recruiting-Veranstaltungen, dass unsere Kultur bei jungen High Potentials sehr gut ankommt", sagt Christoph Grandpierre. „Wir stellen nur Hochschulabsolventen ein, und die sind es von der Uni gewöhnt, eigenverantwortlich zu arbeiten. Denen vorzuschreiben, was sie wann wie zu tun haben, mit einer Kernarbeitszeit von neun bis fünf, wäre ein gigantischer Rückschritt."

In dem Moment, in dem der Chef nicht mehr der „Wächter" ist, der seine Mitarbeiter kontrolliert und ihnen Aufgaben zuweist, ändert sich für jeden einzelnen dramatisch viel. Führungskräfte, die auf ihre natürliche Autorität bauen und Freiheit gewähren, brauchen Mitarbeiter, die diese Freiheit annehmen.

Eine solche Arbeitskultur, die Mitarbeitern Freiräume gewährt, ist übrigens nicht nur auf die am besten ausgebildeten Berufe, Akademiker und Experten beschränkt. Ganz und gar nicht. Mehr Freiräume zu gewähren, um schöpferische Leistungen zu entwickeln, gilt in allen Berufen, die zur Wissensgesellschaft gehören. Die kreative Revolution ist kein Elitenprogramm.

DER HANDEL „SICHERHEIT GEGEN DIENSTBARKEIT" HAT AUSGEDIENT

„Ich zeige euch mal was", sagt Parissa. „Wo die Salary Men abends hingehen, das müsst ihr gesehen haben!" Wir sind in Tokio. Parissa, Peters ehemalige Kollegin an der Wirtschaftsuni Wien, ist heute Professorin in Japan. Alle haben wir Hunger. Und Parissa macht wie immer Programm. Sie kennt da einen dieser typischen Läden, wie japanische Büroangestellte sie lieben. Dort trifft man sich zum Nomikai, dem geselligen Zusammensein mit Kollegen nach Feierabend. Etwas voll und verraucht sei es dort zwar, aber die Küche dafür sehr gut. Wir sind gespannt.

Schuhgarage im japanischen Restaurant

Im Restaurant fallen uns gleich neben dem Eingang die Schuhboxen auf. In ein kleines hölzernes Schließfach mit Metallbeschlag packt jeder Gast seine Schuhe. Dicht gedrängt sitzen die Angestellten an langen Tischreihen, uniform in dunklen Anzügen und weißen Hemden – und in Socken. Mit Chef und Kollegen abends auszugehen gehört zum Arbeitsalltag des japanischen Angestellten, lernen wir an diesem Abend. Zwischen Arbeit und Feierabend gibt es keine Zäsur. Alkohol fungiert als sozialer Klebstoff.

UNIFORM IN DUNKLEN ANZÜGEN UND WEISSEN HEMDEN – UND IN SOCKEN.

„Der soziale Konformitätsdruck in Japan ist immer noch sehr hoch", erklärt uns Parissa. „Nach mindestens zehn Stunden im Büro geht es nicht sofort nach Hause zur Familie, sondern oft noch mit den Kollegen zum Essen. Es gilt der Grundsatz: Tagsüber lernst du ein paar Fakten, nachts erfährst du den Hintergrund dazu. So arbeitest du an deiner Karriere."

Ein weiterer karriereförderlicher Grundsatz lautet, dass Meinungen, die von denen des Chefs und des Teams abweichen, nicht direkt geäußert werden, weiß Parissa. Es sei denn, es ist später Abend wie jetzt und alle sind mehr oder minder alkoholisiert. Man bezeichnet das als „nomunication", abgeleitet vom japanischen Wort „nomu" für trinken und dem englischen „communication". Das gemeinsame Trinken ist also oft der einzige Weg, mal Dampf abzulassen oder die eigene Meinung zu vertreten.

Ein langer Arbeitstag, dann Nomikai. Da kann es leicht eins oder zwei werden, bis man erschöpft ins Bett fällt. Und um halb fünf geht es dann wieder von vorn los. Da sich ein Normalverdiener mit zwei Kindern die Mieten in Tokio kaum leisten kann, müssen die Angestellten oftmals Anreisewege von zwei oder sogar drei Stunden Dauer in überfüllten Vorortzügen in Kauf nehmen. Der feste Monatslohn, gegen den diese Menschen ihre Arbeitskraft verkaufen, erscheint uns als eine Art Maschinenmiete.

Während wir mit Parissa weiter diskutieren, wird uns klar, dass der Deal „Sicherheit gegen Dienstbarkeit" selbst in Japan nicht mehr funktioniert. Insbesondere für die jüngere Generation hat sich sehr viel geändert. Ihr Vertrauen in das Prinzip der lebenslangen Beschäftigung ist erschüttert, seit vor allem Großunternehmen die Zahlen der Neueinstellungen drastisch zusammengestrichen haben. Hinzu kommt, dass lineare Lebensläufe nach dem Muster „Universität-Toyota-Rente" immer mehr der Vergangenheit angehören. Fast ein Drittel aller Hochschulabsolventen muss sich heute mit befristeten Arbeitsverträgen begnügen.

Die Arbeitswelt befindet sich in einem gewaltigen Umbruch. Nicht nur in Japan, sondern auch in anderen führenden Volkswirtschaften.

Warum? Weil die lebenslangen Arbeitsplätze verschwinden. Menschen genießen kein automatisches Bleiberecht bis zum Erreichen der Pensionsgrenze, nur weil sie mit ameisenhaftem Fleiß ihre Aufgaben verrichten.

Warum? Weil es sich kein Unternehmen mehr leisten kann, mehrheitlich menschliche Arbeitsroboter zu beschäftigen.

Warum? Weil in einem Wettbewerb, in dem nur die besten Konzepte und innovativsten Produkte sich durchsetzen, ganz sicher diejenigen Unternehmen auf den Abstiegsplätzen landen, die ihre Mitarbeiter nach den gleichen Prinzipien halten wie ihren Fuhrpark.

Die erfolgreichen Organisationen sind jetzt schon und erst recht in Zukunft diejenigen, denen es gelingt, das volle menschliche Potenzial zu entfesseln. Sie mobilisieren die Fülle menschlichen Wissens und heben den Schatz der Kreativität jedes Individuums. Und sie übersetzen beides in neue, nützliche und wertschöpfende Anwendungen. Das kann nur gelingen, wenn der Einzelne Raum zur Entfaltung besitzt. Willkommen in der Kreativitätswirtschaft. Für den „Salary Man" gilt: Er ist nicht nur in Japan ein Auslaufmodell. Er ist global gesehen der „Dead Man" des neuen Zeitalters.

GEISTIGE REPRODUKTION VERSUS KREATIVE WERTSCHAFFENDE LÖSUNGEN

„Warum kommt dauernd ein Gehirn mit, wenn ich nur um ein paar Hände gebeten habe?" Henry Ford soll sich mal mit diesen Worten über seine Mitarbeiter „beschwert" haben. Nun wissen wir nicht, ob ihm diese Aussage einfach nur untergeschoben wurde, oder ob er es tatsächlich so gesagt hat. Aber das ist auch gar nicht der Punkt.

Der Satz sagt klipp und klar, was im Industriezeitalter galt: Gute Mitarbeiter sind diejenigen, die die Anordnungen des Chefs ohne Murren umsetzen, ihre Aufgaben zuverlässig ordentlich und fleißig erledigen. Wer früher als seine Kollegen am Schreibtisch saß oder an der Werkbank stand, hatte das erste Rennen des Tages schon gewonnen. Wer auf die Mittagspause verzichtete,

hatte heimlich weitere Paybackpunkte beim Chef gesammelt. Die drei entscheidenden Eigenschaften, die einen Mitarbeiter in der Industriegesellschaft zu einem guten Mitarbeiter gemacht haben, waren GEHORSAM, SORGFALT und FLEISS. Mehr nicht.

Im Industriezeitalter konnte man am Fließband tatsächlich keine selbstständig denkenden Menschen mit dem Willen zur Entfaltung ihres kreativen Potenzials gebrauchen. Das Geschäftsmodell der Industrieunternehmen war auf serielle Massenproduktion mit arbeitsteiligen Prozessen und Produktionsformen ausgelegt, es setzte auf Standardisierung und geistige Reproduktion. Man brauchte menschliche Roboter, die nur einige wenige Handgriffe beherrschen mussten – die aber wirklich gut.

Die Zeiten haben sich geändert. Wir leben nicht mehr im Industriezeitalter. Das hat sich schon herumgesprochen. Und so hören die Mitarbeiter heute die frohe Botschaft: „Ab morgen dürft ihr auch euer Gehirn mit zur Arbeit bringen." Ist das nicht eine wunderbare Neuigkeit?

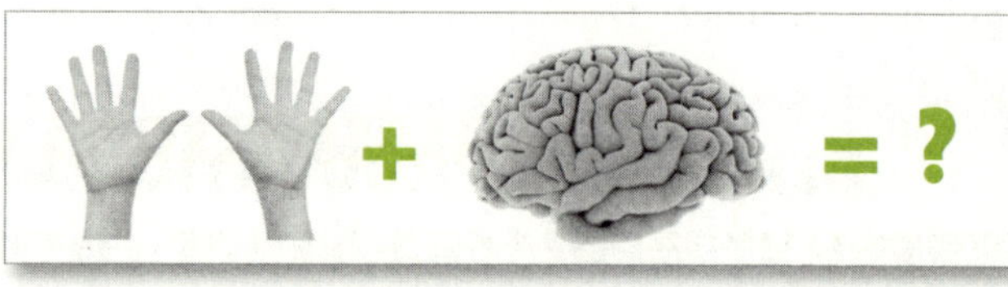

Hm. Ein Gehirn und zwei Hände. Reicht das aus, um im globalen Wettbewerb vorn mitzuspielen? Haben denn nicht auch die Menschen in Mexiko, Brasilien, Russland und China zwei Hände und ein Gehirn? Heute können wir überall auf der Welt Menschen finden, die nicht nur sorgfältig und zuverlässig arbeiten, sondern auch gut ausgebildet und intelligent sind. Wo ist da also der Wettbewerbsvorteil? Ist es nicht eher so, dass der Einsatz von Intelligenz am Arbeitsplatz, der vor hundert Jahren dem frisch erfundenen „Management" noch lästig war, heute weltweit eine Grundvoraussetzung ist, ohne die niemand mehr anzutreten braucht?

Zwei Hände und ein Gehirn – notwendig allemal. Aber nicht ausreichend. Das ist so, als würden Sie uns mit stolz geschwellter Brust erzählen: Wir haben jetzt auch Telefon! Klasse. Herzlichen Glückwunsch auch! Absolut notwendig, keine Frage. Aber nicht ausreichend, um Ihnen einen nachhaltigen Wettbewerbsvorteil gegenüber der Konkurrenz zu verschaffen.

Wenn Intelligenz am Arbeitsplatz also globaler Standard ist: Was ist dann der Schlüssel zum nachhaltigen Erfolg? Was macht den Unterschied?

HERZLICHEN GLÜCKWUNSCH! AB MORGEN DÜRFT IHR AUCH EUER GEHIRN MIT ZUR ARBEIT BRINGEN!

Was den Unterschied ausmacht, sind drei Eigenschaften: EIGENINITIATIVE. KREATIVITÄT. LEIDENSCHAFT. Eigeninitiative – die Bereitschaft, die Initiative zum Handeln immer wieder selbst zu ergreifen. Kreativität – die Fähigkeit, neue Antworten auf bestehende Fragen zu finden. Leidenschaft – Hände, Hirn und Herz bilden hier eine Einheit: Wir arbeiten, weil das Arbeiten selbst etwas Befriedigendes ist und weil das, was dabei herauskommt, für uns sinnvoll ist.

ASSEMBLED IN CHINA

Intelligenz, Tatkraft, Leidenschaft, Kreativität, Eigeninitiative – Hand, Herz und Hirn. Klingt richtig gut. Aber was heißt das konkret? Die Antwort darauf findet sich in jenen acht Worten, die auf der Rückseite jedes iPods oder iPhones eingraviert sind. Und diese acht Worte lauten: „Designed by Apple in California. Assembled in China."

Der immense Erfolg von Apple leitet sich aus dem ersten Satz ab: „Designed in California". Das bedeutet nichts anderes, als dass im kalifornischen Cupertino Menschen mit einer gehörigen Portion Kreativität an neuen wertschaffenden Lösungen tüfteln. Hierin steckt der Wert des Geschäftsmodells von Apple.

Der zweite Satz „Assembled in China" lässt sich mit vier Attributen übersetzen: Gehorsam, Sorgfalt, Fleiß und Intelligenz. Das sind alles wünschenswerte Eigenschaften, keine Frage. Aber sie sind nichts Besonderes. Sie sind die Eintrittskarte, um im Markt mitspielen zu dürfen – mehr nicht. Überall auf der Welt gibt es Menschen, die sorgfältig, gehorsam, fleißig ihrer Arbeit nachgehen. Okay, aber was ist mit der Intelligenz? Ist die Fähigkeit zur Verrichtung anspruchsvoller und intelligenter Arbeit nicht etwas, das dank guter Bildungsinfrastruktur in den „entwickelten" Volkswirtschaften sehr viel präsenter ist als in den weniger entwickelten Volkswirtschaften? Das war einmal. Tempi passati.

Fakt ist: Nicht nur die fleißigen Hände, sondern auch die intelligenten Köpfe werden zunehmend zu einem globalen Massengut. Gut ausgebildete Menschen, die in der Lage sind, anspruchsvolle Tätigkeiten zu verrichten, sind längst kein Monopol der G7-Staaten mehr. Ein kleines Beispiel gefällig? Indien. Laut der Unternehmensberatung McKinsey verfügt das Land über insgesamt 14 Millionen junge Universitätsabsolventen aller Fachrichtungen mit bis zu sieben Jahren Berufserfahrung. Indien bildet, so der langjährige Spiegel-Redakteur Olaf Ihlau, pro Jahr 500.000 Informatiker, Techniker und Ingenieure aus, Deutschland gerade einmal 40.000. Noch Fragen?

Sie können heutzutage überall auf der Welt Menschen finden, die gut ausgebildet und intelligent sind. In Indien. In China. In der Ukraine. Wo auch immer. Und deshalb haben die auf der Rückseite des iPhones eingravierten Worte einen solch symbolischen Charakter: Designed in California. Diese Leistung ist nicht so schnell austauschbar. Was sich hingegen leicht substituieren lässt, ist der zweite Satz: Assembled in China. Assembled in Vietnam. Assembled in Indonesia. Und wer weiß, vielleicht schon bald: Assembled in Kenya.

KNOW-HOW IST NICHT MEHR DER ENGPASS.

Und das ist der entscheidende Punkt: Wenn Gehorsam, Sorgfalt, Fleiß und Intelligenz alles ist, was Mitarbeiter eines Unternehmens jeden Tag mit zur Arbeit bringen, dann hat dieses Unternehmen ein dickes Problem: Es ist AUSTAUSCHBAR. Und Austauschbarkeit ist eines der schlimmsten Schimpfworte im heutigen Wett-

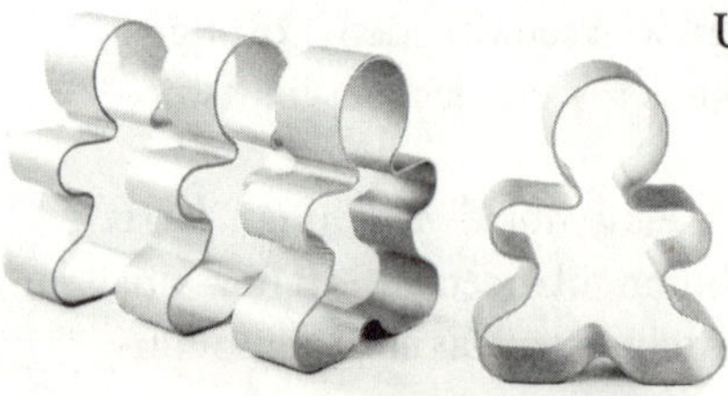

bewerb. Für Individuen, die austauschbar sind, gilt: Sie werden ausgetauscht werden. Für Unternehmen, deren Produkte austauschbar sind, gilt: Sie werden ausgetauscht werden. Vorher dürfen sie noch ein paar Jahre im Wettbewerb um den niedrigsten Preis mitspielen. Viel Spaß!

Zurück zum ersten Satz. Designed in California. Es lohnt sich, einen Blick auf die Ursachen des enormen Erfolgs von Apples iPhone zu werfen, um die Treiber des Erfolgs im Wettbewerb der Zukunft noch besser zu verstehen. Kurze Rückblende: Als das Unternehmen im Juni 2007 mit dem ersten Gerät auf den Markt kam, war das eine Sensation, denn Apple war ein IT-Unternehmen mit keinerlei Erfahrung im Marktsegment „Smartphones“. Und es trat gegen Platzhirsche wie Nokia oder Research in Motion (RIM) an. Ein echt mutiger Schritt.

Belächelt wurde Apple von den Platzhirschen aber nicht lange, denn Apple verkaufte nicht nur enorm viele Einheiten, sondern definierte den Markt komplett neu, machte die Marktführer in kürzester Zeit zu Nachzüglern. Wie war das möglich? Wie ist es Apple gelungen, so schnell in einem komplett fremden Markt Fuß zu fassen?

Die beiden Managementvordenker Jonas Ridderstrale und Kjell Nordström treffen den Nagel auf den Kopf. Sie sagen: „Wir leben in einer Welt, die durch techno-ökonomische Gleichheit gekennzeichnet ist.“ Es gibt so gut wie keine Technologien, Erkenntnisse und Verfahrensweisen, die nicht für Unternehmen überall auf der Welt zugänglich sind – ob in Cochabamba, Casablanca oder Cupertino. In einer global vernetzten Wirtschaft gibt es keine langfristigen Wissensmonopole mehr.

Know-how ist nicht mehr der Engpass. Das erklärt, warum Apple die Tür zu diesem neuen Markt so schnell aufstoßen konnte. Es erklärt aber noch nicht, warum Apple mit dem iPhone so enorm erfolgreich ist. Der Ökonom Paul Romer hat es einmal so beschrieben: „Es gewinnt derjenige, der das beste Rezept hat.“ Und das beste Rezept gelingt immer dann, wenn die besten Ideen und Konzepte kombiniert werden, neue Zutaten hinzugefügt werden und das Ergebnis einmalig genug ist, dass es die Aufmerksamkeit der Kunden auf sich zieht. Einmaligkeit als erfolgsentscheidender Unterschied. Das iPhone ist deshalb eine Gewinnmaschine, weil es Apple gelungen ist, die besten Konzepte und Ideen in Kombination mit neuen Zutaten in das Produkt zu injizieren und es so mit einem Portfolio einmaliger Funktionen und Softwareapplikationen auszustatten.

Vielleicht gibt es jetzt den ein oder anderen von Ihnen, der denkt: Na ja, ist ja alles schön und gut. iPhone und so. Kann ja alles sein, aber wenn ich mir unsere Produkte so ansehe: Bei uns funktioniert das nicht. Einspruch! Es ist egal, welche Produkte Sie anbieten. Es ist unerheblich, ob Sie das Unternehmen Apple mögen oder nicht. Es ist irrelevant, wo Sie mit Ihrem Unternehmen in der Branchen-Wertschöpfungskette stehen. Es ist gleich, ob Sie horizontal oder vertikal integriert sind. Oder ob Sie an Endverbraucher oder Industriepartner liefern. Was zählt, ist der EINMALIGE WERT, den Sie mit Ihrem Produkt oder Ihrer Serviceleistung schaffen und die KOSTEN, die für Sie entstehen, um diesen Wert zu schaffen.

Wir reden hier und auch im weiteren Verlauf des Buchs sehr bewusst vom „Erschaffen von Werten“ – nicht aber von „Gewinn machen“ oder „Profit maximieren“. Das ist uns wichtig. Nicht weil wir naive Gutmenschen sind, die denken, dass Profite etwas zutiefst Verabscheuungswürdiges sind. Das ist ganz und gar nicht unsere Meinung. Wir finden Profite prima. Worum es uns geht, ist die saubere Trennung von Ursache und Wirkung. Das Schaffen von echten Werten ist die Voraussetzung, um Gewinn zu realisieren. Man könnte es auch so ausdrücken: Das Erschaffen von Werten ist das Eigentliche – der Profit das, was folgt. Der Profit ist die Währung, die man zum Lohn für das Erschaffen von Werten ausgeben darf.

KOMMANDIEREN, KOPIEREN, KOMMODITISIEREN

Schauen Sie sich mal um: Heute sieht beinahe jedes neue Handy aus wie eine iPhone-Adaption. Telefone von LG, Samsung, SonyEricsson – alles lauter iPhone-Verschnitte mit allen wesentlichen Produktmerkmalen. Der Wettbewerbsvorsprung von Apple mit seinem Touchscreen-Handy ist also innerhalb weniger Monate wieder zusammengeschmolzen. Die Ursache dafür liegt auf der Hand: Wem es gelingt, einen einmaligen Wert zu schaffen, kann sicher sein, dass er damit eine Menge an Aufmerksamkeit auf sich und sein Produkt zieht. Aufmerksamkeit nicht nur von Kunden, sondern auch von Wettbewerbern. Erfolg weckt Begehrlichkeiten im Markt und den Nachahmungstrieb der Konkurrenz. Und das bedeutet, dass ein solcher einmaliger Wert immer nur TEMPORÄRER NATUR ist. Er existiert exakt so lange, bis die Wettbewerber ihn kopiert haben.

AB MORGEN SEID IHR VERDAMMT NOCH MAL LEIDENSCHAFTLICH!

Darüber ließe sich jetzt ein langes Klagelied anstimmen: Elende Kopisten, allesamt! Diese Abschreiber und Plagiatoren gehören verklagt! Aber egal, wie wir es drehen und wenden: Dass erfolgreiche Konzepte kopiert werden, ist eine Tatsache. Es ist nicht gut oder schlecht. Es wird zu dem, was wir daraus machen. Und das bedeutet als Konsequenz für jedes Unternehmen, das Anführer und nicht Nachahmer ist: Die Taktzahl erhöhen! Bereits mit neuen Angeboten auf den Markt kommen, während die Nachahmer in ihren Büros noch über die beste Strategie zur Einführung der kopierten Idee beratschlagen.

Genau das ist Apple mit seiner nächsten Innovation gelungen – den iPhone Apps. Es gibt fast keine Situation mehr, für die es nicht auch eine passende App gibt. Jobsuche, Handybanking, Fitnesstest oder einfach nur Wünsche ans Universum senden… „There's an App for that", verspricht uns Apple. Was diese Entwicklung so spannend macht:

Das iPhone ist nicht zuletzt deshalb so erfolgreich, weil Apple das Kunststück vollbracht hat, mithilfe der Gemeinschaft der Nutzer einen vielfachen Mehrwert für sein Produkt zu schaffen.

So gelingt es, das iPhone auch nach dem Kauf immer weiter zu entwickeln. Für Apple ist daraus ein riesiges Geschäft entstanden und ein Ende der Wachstumskurve ist noch lange nicht in Sicht. Und dann kam der nächste Streich: das iPad, das auf denselben App-Marktplatz in iTunes zugreift ... einfach clever!

Was bedeutet diese Entwicklung für Organisationen und die Menschen, die in ihnen arbeiten? In einer Welt, in der Kunden jeden morgen aufwachen und fragen „Was gibt's Neues? Was ist anders? Was ist faszinierend?“ zählt die Fähigkeit, sehr schnell neue Erkenntnisse zu gewinnen und neue Rezepte zu generieren, die für Kunden einzigartigen Wert schaffen. Um der zunehmenden Kommoditisierung zu entkommen, bei der ruckzuck Massengut wird, was gestern noch außergewöhnlich war, müssen Unternehmen das Spielfeld immer wieder verändern. Und das geht nur mit Mitarbeitern, die eigeninitiativ, kreativ und engagiert sind. Diese Attribute mögen in der Vergangenheit optional gewesen sein. Heute sind diese Eigenschaften so ziemlich alles, worum es geht.

Was das Ganze so herausfordernd macht: Mitarbeiter können vom Chef aufgetragen bekommen, sorgfältig und zuverlässig zu arbeiten. Und bitte auch das Gehirn anzuschalten. Das lässt sich ganz einfach über das alte Kommando-Kontrolle-Prinzip bewerkstelligen. ABER: Chefs können keine Kreativität anordnen. Chefs können auch nicht die versammelte Mannschaft auffordern: Ab morgen seid ihr verdammt noch mal leidenschaftlich! Ansonsten gibt's Saures! Initiative, Kreativität und Leidenschaft sind Geschenke, die die Mitarbeiter entweder jeden Tag mit zur Arbeit bringen – oder eben nicht. Das Gleiche gilt übrigens auch für die Chefs. Und das bedeutet: Heute schon, und zukünftig noch mehr, kommt es darauf an, ein Umfeld zu schaffen, das für mündige und selbstständig denkende Mitarbeiter attraktiv ist.

BORN TO BE FREE

Selbstbestimmte Arbeit bedeutet Selbstverantwortung und Verzicht auf Sicherheit. Das erste kann anstrengend sein. Das zweite ist immer schmerzhaft, denn das Streben nach Sicherheit hat die Evolution dem Menschen in die Wiege gelegt. Die meisten Menschen fühlen sich auch heute noch in der Höhle wohler als in der offenen Steppe, auch wenn die Höhle heute Mietwohnung, Einzelbüro oder Reihenhaus heißt. Und doch heißt menschliche Entwicklung immer Aufbruch zum Neuen, auch wenn es riskant, anstrengend und entbehrungsreich ist.

Wer immer noch glaubt, sein Schulabschluss, sein Diplom, sein Arbeitsvertrag, die Größe oder Altehrwürdigkeit seiner Firma, der Betriebsrat, die Arbeitsschutzgesetze, der Aufschwung oder sonst irgendwas oder irgendwer würden ihm die Sicherheit geben, dass er auch morgen noch durch dasselbe Werkstor geht oder denselben Kollegen freitagnachmittags ein schönes Wochenende wünscht, der hat leider nicht mitbekommen, wie weit sich die Welt schon längst weitergedreht hat.

Und andersrum: Wer verstanden hat, dass die einzige Instanz, auf die er im Berufsleben noch vertrauen kann, er selbst ist, nur er selbst und sonst keiner, der wird trotz guter Ausbildung, wachstumsstarker Firma, fairem Vertrag und demokratisch gesinntem Chef keine Sicherheit mehr in irgendwelchen äußeren Bedingungen suchen. Diese Menschen verstehen, dass auch sie so wandlungsfähig sein müssen wie der Wandel, der draußen in Gesellschaften und Märkten permanent stattfindet. Sie wissen, dass es einheitliche Lebens- und Erwerbsbiografien zunehmend nicht mehr geben wird. Sie entdecken die Freiheit, sich selbst als produktive und kreative Wertlieferanten zu positionieren.

Und machen wir uns nichts vor: Natürlich gibt es die Menschen, die ein hohes Maß an Freiheit und Selbstverantwortung überhaupt nicht wollen. Die innerlich dazu nicht bereit und in der Lage sind. Die sich das nicht zutrauen und die sich vielleicht auch nicht so sehr anstrengen wollen. Vielleicht hat Immanuel Kant Recht, der die Ursachen für den Unwillen mancher Menschen so erklärt:

„Faulheit und Feigheit sind die Ursachen, warum ein so großer Teil der Menschen, nachdem sie die Natur längst von fremder Leitung frei gesprochen, dennoch gerne zeitlebens unmündig bleiben; und warum es anderen so leicht wird, sich zu deren Vormündern aufzuwerfen."

FREIHEIT IST DER SCHLÜSSEL ZU MAXIMALER WERTSCHÖPFUNG.

Mehr Freiheit bedeutet eben auch mehr Verantwortung: Verantwortung für das eigene Leben zu übernehmen und damit Entscheidungen selbst fällen zu können. Das heißt zugleich aber auch, dass die Verantwortung für eigene Entscheidungen nicht delegiert werden kann. Das sind schlechte Nachrichten für alle, die gern Freiheit hätten, aber nicht die Verantwortung für die eigenen Entscheidungen tragen möchten. Und es sind noch schlechtere Nachrichten für diejenigen, die sich erst gar nicht entscheiden möchten:

Wenn Sie keine Entscheidung treffen, treffen andere die Entscheidung für Sie. Und Sie können sicher sein, dass dabei nicht besonders darauf geachtet wird, ob es Ihnen auch gut geht.

Die Welt hat sich gedreht: Ideen sind heute wertvoller als Produkte. Sicherheit? Stabilität? Lebenslange Beschäftigung? Vergessen Sie's! Der Unternehmer Jost Stollman hat einmal ebenso drastisch wie treffend gesagt: „Arbeitsplatzsicherheit wird heute zum Tageskurs gehandelt." Und er hat in einem anderen Zusammenhang auch die nötige Antwort auf diese Tatsache formuliert: „Ein dramatischer Umbau in allen gesellschaftlichen Bereichen ist überfällig."

Es geht also nicht darum, Mitarbeitern Freiheit zu versprechen, nur weil das schön und angenehm wäre und zudem einen ziemlich guten Eindruck in der bunten Rekrutierungsbroschüre macht.

Es geht um ein anderes Denken. Und um ein anderes Handeln. Und dieses andere Denken und Handeln gilt nicht nur für diejenigen, die mehr Freiheit in der täglichen Arbeit gewähren – sondern auch für diejenigen, die diese Freiheit annehmen.

Der Schlüssel zum Tor der Zukunft heißt: Freiheit. Die Freiheit VON Bevormundung, engen Vorgaben und anschließender Kontrolle. Und die Freiheit ZU erwachsenem zielgesteuertem Arbeiten. Deshalb ist Freiheit auch der Schlüssel zu maximaler Wertschöpfung. Die Geschichte der Wirtschaft in Europa und den USA zeigt den Zusammenhang zwischen Freiheit und Kreativität sehr deutlich. Es gibt schlicht keine Basisinnovation, die jemals von oben angeordnet worden wäre.

WARTE NICHT AUF JEMANDEN, DER DIR ANWEISUNGEN ERTEILT!

Uns ist klar, dass all das einen tiefgreifenden kulturellen Wandel bedeutet. Der seine Zeit braucht. Freiheit, komplexes Denken, Selbstverantwortung – das will gelernt sein. Eine Kultur der Freiheit und Selbstverantwortung kann man nicht mal eben hopplahopp im Wochenendseminar einführen. Eine Kultur, die von allen eine erwachsene Haltung einfordert, muss sich entwickeln dürfen, sie kann nicht verordnet werden. Ohne faire Honorierung von Leistung, ohne Transparenz und ohne gegenseitiges Vertrauen würde jeder sein Ding durchziehen. Wenn es funktionieren soll, muss der freiheitliche Gedanke tief im Unternehmen verwurzelt sein.

Auch so etwas gibt es schon Made in Germany, nämlich zum Beispiel bei SAP in Walldorf. Keine Arbeitszeiterfassung, es gilt Vertrauensarbeitszeit. Keine Kontrollen, wie ein Ziel erreicht wird – es geht darum, dass es erreicht wird – und das wird am Ende auch bewertet. Keine feste Kopplung von Arbeit an Ort und Zeit. Es gilt, dass der Kopf des Mitarbeiters arbeiten und sich mit anderen Köpfen vernetzen können muss – aber wo die Fäden dieser globalen Expertennetzwerke zusammenlaufen, im Büro oder zuhause oder unterwegs, ist egal. SAP zeigt aber auch, was mündige und selbstständig denkende Mitarbeiter für das Management bedeuten. Beurteilt wird nämlich hier immer in

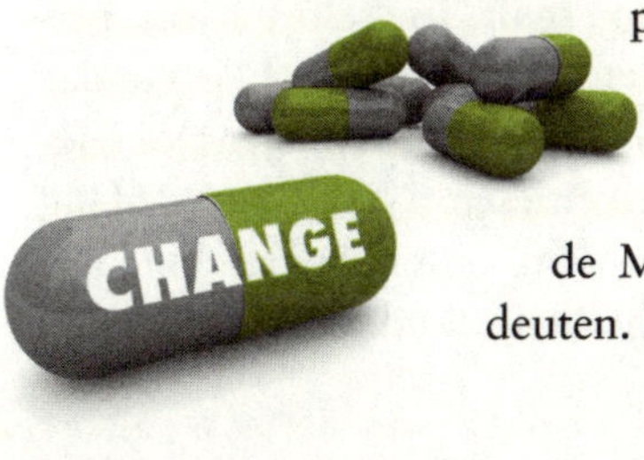

beide Richtungen. So musste mit Léo Apotheker erstmals in der Firmengeschichte ein Vorstandschef vorzeitig seinen Sessel räumen, nicht zuletzt weil Zufriedenheit und Identifikation der Mitarbeiter mit dem Unternehmen auf dem Tiefpunkt waren. Dieser Vorgang offenbart, welche Härte vermeintlich „softe" Personalthemen erlangt haben. Themen wie Mitarbeiterzufriedenheit und Identifikation mit dem Unternehmen werden zu einer Managementherausforderung, die eine Schlüsselstellung in der strategischen Aufstellung von Unternehmen in der Wissensgesellschaft einnimmt.

Doch zurück zu den Mitarbeitern. Für sie gilt: Es gibt kein Pflichtenheft mehr! Mitarbeiter werden nicht dafür bezahlt, Tätigkeiten zu verrichten, sondern Ziele zu erreichen. Es geht nicht mehr darum, einen bestimmten Job auszufüllen, sondern darum, anspruchsvolle Aufgaben mit hoher Eigenverantwortung und Selbstbestimmtheit auszuführen. Und das bedeutet: Die Verantwortung für die Ergebnisse abzugeben ist keine Option mehr. Ausreden wie „Ich hab' ja alles gemacht, was ich machen sollte! Ich bin nicht schuld!" funktionieren nicht mehr. Mitarbeiter suchen sich stattdessen ihre Aufgaben und Projekte. Es ist Teil des Jobs, den Job jeden Tag mit Leben zu füllen. Es ist auch jeder selbst dafür verantwortlich, am Abend mit dem zufrieden zu sein, was er den ganzen Tag gemacht hat. Da ist kein Chef mehr, der ständig sagt: „Super Leute! Ich bin so stolz auf euch!" Wenn ich sechs Stunden nur herumgedaddelt habe, kann ich nicht zufrieden sein. Es sei denn – ich brauchte einen Daddeltag, um am nächsten Tag die Kollegen mit einem absolut genialen Konzept zu verblüffen. Wie er's braucht, kann nur jeder selbst entscheiden. Und die Wartezeit auf Ergebnisse muss für die anderen tragbar sein.

Verstecken jedenfalls kann sich keiner mehr. Es gilt das, was Mutter Teresa einmal so ausgedrückt hat: „Warte nicht auf jemanden, der dir Anweisungen erteilt. Tue selbst etwas, persönlich, von Mensch zu Mensch." Genau das hat Kasey Jarvis gemacht, ein junger Designer beim Sportartikelriesen Nike. Am Anfang seiner Idee zu dem ersten Sportschuh aus Produktionsabfällen stand eine Asienreise.

Genauer gesagt war es eine Dienstreise zu den Produktionsstätten von Nike in Asien. Kopfschüttelnd stand Jarvis vor den Müllbergen einer Schuhfabrik in Vietnam und sah all die Lederstücke und Kunststoffteile, die da weggeworfen wurden. Der Werksleiter erklärte ihm, dass bei der Produktion jedes Schuhpaares Abfall in derselben Menge anfällt. Alltäglicher Wahnsinn und ein ökologisches Desaster!

WAS KASEY JARVIS ERREICHT HAT, TAUGT ALS VORBILD FÜR ALLE.

Damit wollte Jarvis sich nicht abfinden. Und hatte noch auf der Reise eine Idee: Was, wenn man aus all diesen Abfällen einen neuen Schuh zusammennähen könnte? Einen umweltfreundlichen Schuh! Ein hundertprozentiges Recycling-Produkt aus Abfällen! Begeistert stellt Jarvis die Idee seinen Vorgesetzten vor. Mit wenig Erfolg: Öko gehöre nicht zur Markenidentität von Nike, so das Gegenargument. Aber Jarvis gibt nicht auf, er ist überzeugt: Umweltfreundliche Produkte passen zu Nike und haben das Potenzial, den Markt zu erobern.

Das will Jarvis jetzt beweisen. Auf eigene Faust treibt er sein Projekt einfach weiter. Und das überaus clever. Er baut einen Prototypen und überzeugt den Basketballstar Steve Nash, den auffälligen Schuh zu tragen. Die Rechnung geht auf. Plötzlich wollen tausende Kids die gleichen coolen Schuhe aus Lederfetzen wie Steve Nash. Nike wird mit Bestellungen überrollt und muss schnell eine Serienproduktion auf die Beine stellen. Und jetzt sind natürlich auch die Chefs im Boot.

Menschen wie Kasey Jarvis halten wir für die wichtigsten Leute im Unternehmen der Zukunft. Sie arbeiten nicht nur ihre Aufgaben ab, sondern suchen sich selbst ihre Projekte. Entwickeln von sich aus Ideen. Machen Produkte daraus. Und wenn sie damit auf Widerstände stoßen, finden sie Verbündete und machen ihr Spiel so intelligent und trickreich wie ein Basketballprofi. Was Kasey Jarvis erreicht hat, taugt als Vorbild für alle, die in verstaubten Organisationen mit ihrem Wunsch nach Innovation und Nachhaltigkeit noch auf wenig Gegenliebe treffen. Weil Nike ein Unternehmen des 21. Jahrhunderts ist, konnte die Idee eines einzelnen Mitarbeiters ein voller Erfolg werden. Als „Nike Trash Talk“ ist der Schuh ganz regulär auf dem

Markt – und hat geschafft, was keiner für möglich gehalten hätte: das Image von Nike in Richtung Ökologie und Nachhaltigkeit zu erweitern, ohne den Markenkern zu verwässern.

OPEN SPACE ÜBERALL

Voraussetzung für geniale Ideen – so wie bei Nike – ist Offenheit. Kasey Jarvis war nicht dazu verdammt, acht Stunden täglich am Zeichentisch in Oregon zu sitzen, sondern konnte um die Welt reisen und an allen Produktionsstandorten Informationen einholen. Dieser Zugang zu Informationen erhöht aber auch den Anspruch an jeden einzelnen, die Informationen zu ordnen und daraus etwas zu machen.

Mitarbeiter müssen in der Lage sein zu filtern, welche Information brauchbar ist und welche nicht. Sie müssen Geschwätz von wesentlichen Punkten unterscheiden können. Wo der Chef Informationen vorenthält, da filtert er auch. Wo es diese Art Chef nicht mehr gibt, muss jeder Mitarbeiter selbst filtern. Na klar sagen da einige, kein Problem. Okay, dann schauen wir uns mal deren E-Mail-Posteingang an. Alles im Griff? Alles klar priorisiert? Dann herzlichen Glückwunsch! Wer aber schon Probleme hat, mit der E-Mail-Flut klarzukommen, wird erst recht seine Grenzen kennen lernen, sobald es seine Aufgabe ist, die für seine Arbeit nötigen Informationen aus dem Wissensspeicher des Unternehmens selbstständig zu sammeln und zu interpretieren. Da hilft nur tägliches Training. Unser Tipp: Mit den E-Mails kann jeder schon mal anfangen.

In einem System der Anordnung und Kontrolle kann jeder erfolgreich sein, der seinen direkten Chef irgendwie zufrieden stellt – selbst wenn er denkt: Was für ein triefäugiger Trottel! Aber in einem Unternehmen, das die Wächter entlassen hat, gibt es womöglich gar keinen direkten Chef mehr. Und die indirekten Chefs, die es gibt, lassen sich nur durch Ergebnisse beeindrucken. Schlechte Nachrichten für die Zeitgenossen, die Politik machen mit Arbeiten verwechseln. Wer nicht integrativer, wertschöpfender und sympathischer Teil seines Netzwerks ist, bekommt keine Informationen mehr und ist damit kalt gestellt. Networking bekommt eine ganz neue Bedeutung.

BURNOUT-FREIE ZONE

Ist das alles nicht unglaublich anstrengend? Wahnsinnig stressig? Ungesund? Mörderisch? Hierzu gibt es große Mengen an wissenschaftlichem Material, Studien aus England, den USA oder Schweden beispielsweise. Über Jahre hinweg wurden der Gesundheitszustand, die Arbeitsumgebung und die Lebensumstände von zehntausenden Menschen mittleren Alters untersucht. Die Forscher wollten herausfinden, wen in der Arbeitsgesellschaft die Stresskeule am häufigsten zu Boden streckt.

Wozu das alles, könnte man meinen. Ist doch klar, wer die Stresskandidaten sind: Die Manager, die öfter mit ihrem Blackberry im Bett liegen als mit ihrer Frau. Die Vertriebsprofis mit den Terminen im Stundentakt und dem Killerblick auf der Autobahn. Die Vielflieger und Wenigesser. Die Projektmanager, die erst nachts zum Tagesgeschäft kommen. Oder: Die Freiberufler, die sich permanent selbst ausbeuten, weil nur das persönlich erbrachte Ergebnis auch Geld bringt. Die kleinen Selbstständigen, die sich um die Jobs wie flüchtige Beute reißen müssen und täglich im harten Wind des Wettbewerbs stehen. Kurzum: Diejenigen, die ständig im Hamsterrad drehen, weil sie zu viel Verantwortung und zu wenig Zeit, zu viel oder zu wenig Aufträge und nie mal Pause haben.

Doch weit gefehlt. Nicht Top-Manager oder leitende Angestellte, nicht Selbstständige und Freiberufler stehen an der Spitze der Belastungsskala, sondern Angestellte auf dem unteren Level. Ihr Arbeitstag ist vielleicht kürzer als der ihrer Vorgesetzten, aber Aufgaben, Termine, Arbeitseinteilung und Arbeitstempo sind ihnen vorgeschrieben – Freiheit und Flexibilität kommen in ihrem Berufsleben kaum vor. Je geringer die Kontrolle über das eigene Handeln und je kleiner der Entscheidungsspielraum, desto größer der Stress und desto gravierender irgendwann seine gesundheitlichen Folgen. Im Umkehrschluss heißt das: Freiheit ist nicht stressig! Wer sein volles Potenzial entfesselt, dem geht es dadurch nicht schlechter, sondern besser.

Mihaly Csikszentmihalyi, emeritierter Professor für Psychologie, Bestsellerautor und durch seine ungarischen Wurzeln mit einem unaussprechlichen Namen gesegnet, hat bei seinen Studien festgestellt, dass Menschen, die selbstbestimmt agieren dürfen und von niemandem kontrolliert werden, besonders zufrieden mit ihrem Leben sind. Darunter sind Leute, die davon überzeugt sind, jede Minute ihres wachen Lebens zu arbeiten – egal, ob sie gerade duschen, Auto fahren oder eine Spaghettisauce zubereiten. „In Gedanken setzen sie sich ständig mit irgendeinem Problem auseinander, wälzen es hin und her, untersuchen es aus immer wieder anderem Blickwinkel“, erklärt Csikszentmihalyi. „Allerdings erscheint ihnen diese intensive Tätigkeit so mühelos wie das Atmen.“ Leben und arbeiten verschmilzt bei diesen Menschen zu einem einzigen Kontinuum. Solchen Menschen geht es erwiesenermaßen besonders gut.

DIE MANAGER, DIE ÖFTER MIT IHREM BLACKBERRY IM BETT LIEGEN ALS MIT IHRER FRAU.

FREIHEIT ZU WAS?

Traditionell sind diese glücklichen Menschen, die sehr viel Spaß und Freude bei ihrer Arbeit empfinden, Künstler, Schriftsteller, Wissenschaftler, Erfinder und Unternehmer. Für solche Kopfarbeiter, die ihre Ziele und ihr Schrittmaß selbst bestimmen, ist das, was sie tun, um ihren Lebensunterhalt zu verdienen, so sehr Teil ihrer Persönlichkeit, dass es kaum mehr als eine gesellschaftliche Konvention ist, wenn man es als „Arbeit“ bezeichnet. Neu ist, dass auch ganz normale Angestellte in diese Liga aufsteigen.
Unser Freund Steffen zum Beispiel gehört dazu. Er arbeitet für ein IT-Unternehmen, das vor drei Jahren seine Arbeitsprozesse vollkommen umstrukturiert hat. Das hat zur Konsequenz, dass die Angestellten selbst entscheiden, wann und wo sie arbeiten. Das Unternehmen verzichtet auf Kontrolle. Seitdem ist Steffen regelrecht aufgeblüht. Allerdings, so sieht er es selbst im Rückblick, ist ihm die Umstellung vom traditionellen Arbeitsumfeld auf selbstbestimmtes Arbeiten anfangs nicht leicht gefallen. Er hat gemerkt: Das braucht eine Weile!

Die Umstellung sieht in bestimmten Phasen dann so aus: Wecker um 9.00 Uhr. Mann, bin ich müde! Wecker neu gestellt, rumgedreht, weitergeratzt. 10.00 Uhr, neuer Versuch. Na gut. Aufgestanden, dann im Schlafanzug vor den PC gehockt. Die neueste Folge der Simpsons angeschaut. Man muss ja nicht gleich ernst machen. Dann angezogen. Was jetzt tun? Was liegt überhaupt an? Was hat Priorität? Erst mal 'nen Kaffee in der Bäckerei um die Ecke. Dann mal so langsam angefangen, sich mental auf die Aufgaben vorzubereiten. Aufgeräumt. Dann Hunger bekommen. Dann *Spiegel Online* gelesen. Anschließend noch schnell bei *Bild*, *Stern* und *Bunte* vorbeigesurft. Hier gibt es das neueste Allgemeinwissen und auf dem Laufenden bleiben muss man ja schließlich auch. Dann ein paar Dateien geöffnet. Mal im Büro angerufen. Und so weiter.

Steffen musste erst lernen, sich selbst zu managen. Was nicht bedeutet, dass er heute nie mehr im Schlafanzug vor seinem Laptop sitzt oder mal bei den Simpsons vorbeischaut – aber er musste lernen, die Fähigkeit zur Selbstdisziplin zu entwickeln. Niemand hat ihm gesagt, was er bis wann zu tun hatte. Er war plötzlich frei, das selbst zu entscheiden. Das Leben und die Arbeit in Freiheit muss man erst lernen. Das wird oftmals geflissentlich in der Freiheitsdebatte übersehen.

Und noch ein Punkt fällt uns immer wieder auf: Für mehr Freiheit sind praktisch alle. Ist doch toll, wenn mein Chef nicht immer alles kontrolliert. Wenn ich zu Hause im Schlafanzug meine Arbeit machen kann ... Das ist die Freiheit VON ETWAS. Frei von hierarchischen Zwängen, von Bevormundung durch den Chef, aber auch frei von Verantwortung für sich selbst, frei von eigenem Willen. Aber echte Freiheit ist immer Freiheit FÜR ETWAS. Freiheit für Kreativität, für neue Erfahrungen, für den Aufbruch zu unbekannten Ufern. Wenn wir nicht wissen, WOFÜR wir frei sein wollen, ist jeder Kampf sinnlos. Freiheit im Alltag bedeutet frei für sich zu sein.

3.

SEI EIN FÜHRER! ENTLASSE DIE WÄCHTER!

„Habe ich richtig gehört? Trainings mit LAMAS?“ Peter glaubte, sich verhört zu haben.

„Ja! Mit Lamas!“

„Diese störrischen Tiere aus den Anden? Die einen anspucken?“

Genau. Beate Pracht und Andrea Eikelmann strahlten Peter an. Nach einem seiner Vorträge kamen sie auf ihn zu und erzählten ihm von ihrer

außergewöhnlichen Geschäftsidee: Mitten im Ruhrpott in Gelsenkirchen zeigen die beiden Trainerinnen Führungskräften, was Führen eigentlich ist. Besser gesagt: Die Lamas zeigen es ihnen.

Lamas im Ruhrpott! Das interessiert uns. Wir verabreden uns mit Beate Pracht, Andrea Eikelmann und ihren Lamas und besuchen sie auf ihrem Hof an einem klaren Wintertag. Und wir staunen: Lamas sind hoch intelligente, wache, sensible Tiere. Wer innerlich gefestigt ist und „natürliche“ Autorität besitzt, so lernen wir, der kommt mit einem Lama bestens klar und kann es stundenlang spazieren führen. Die fünf Wallache wirken absolut gesellschaftsfähig. Und ihre warmen, sanftmütigen Augen!

Aber sie können auch anders. Beate Pracht schmunzelt. Hier ist schon so manche Führungskraft aus der dicken Limousine gestiegen und glaubte, ihre Lamas mal eben zum Tanz auffordern zu können. Schließlich tanzen in der Firma auch alle nach seiner Pfeife. Und dann rührt sich der Vierbeiner nicht vom Fleck. Lamas halten es überhaupt nicht für nötig, sich von selbstgefälligen und arroganten Alphatieren der Gattung Mensch herumkommandieren zu lassen. Kommt jemand mit Machtgehabe und meint, so ein Tier mal eben von A nach B zerren zu können, schaltet es einfach auf stur.

LAMAS IM RUHRPOTT!

Und hier können uns – ausgerechnet – Lamas die Augen öffnen. Sie sind nämlich unbestechliche Detektoren für „natürliche“ Führungsfähigkeiten. Dafür, was Menschen überhaupt zu Führungskräften macht: Es führt nur der, dem Menschen freiwillig folgen.

Übrigens: Lamas bespucken keine Menschen.

TALENTMAGNETISMUS

Sie sind intelligent und engagiert. Sie sind bereit, sich einer Führungspersönlichkeit anzuschließen, die sie mit ihrer Persönlichkeit, ihren Werten und ihrer Leidenschaft überzeugt. Sie sind mit guten Argumenten zu beeinflussen und in diesem Sinn auch zu „führen“. Kommt ihnen aber jemand mit autoritärem Gehabe, schalten sie auf stur.

Nein, wir sprechen jetzt nicht mehr von den Lamas. Die Rede ist von der neuen Generation von Mitarbeitern in Unternehmen. Sie sehen sich das Statusgepränge eine Weile an, dann verlassen sie die Firma. Das Mittel ihrer Wahl heißt: Brain Drain. Also Abwanderung der Intelligenzia.

Ja, diese Generation ist anstrengend. Wer als Chef aber glaubt, dass die Führungsarbeit mit diesen Menschen zu stressig sei und sich stattdessen lieber eine Horde hochgradig angepasster Ausführungsaffen ins Haus holt, der wird einen hohen Preis dafür zahlen: Den Absturz in die eigene Bedeutungslosigkeit. In einem Wettbewerb, bei dem Erfolg aus der Erforschung des Unbekannten und der Realisierung von Ideen entsteht, brauchen Unternehmen Mitarbeiter, die es wagen, ein Risiko einzugehen, Regeln zu brechen und neue aufzustellen. Und diese Menschen sind per Definition keine angepassten Unternehmenssoldaten, sondern Menschen, die sich in kein Schema pressen lassen, kreativ denken und keine Angst davor haben, die Initiative zu ergreifen. Und wie bekommt man diese Mitarbeiter, wie hält man sie? Ganz schlicht: Mit Führung. Sie kommen und folgen freiwillig. Oder gar nicht. Nur meint Führung heute eben etwas anderes als noch vor zwanzig Jahren. Die Lamas haben uns Hinweise gegeben. Schauen wir genauer hin.

Wer die Mitarbeiter haben will, die er in Zukunft brauchen wird, um mit den rasanten Veränderungen im Markt Schritt zu halten, der muss sich intensiv damit beschäftigen, was diese Menschen erwarten und welche Macht sie haben. Die einzige Art, diese oft hochbegabten Menschen für traditionelle Unternehmen zu interessieren ist nicht, sie umzuerziehen – das würde auch gar nicht funktionieren. Vielmehr müssen Führungskräfte ihre Rolle neu definieren.

WER SICH LIEBER HOCHGRADIG ANGEPASSTE AUSFÜHRUNGSAFFEN INS HAUS HOLT, WIRD EINEN HOHEN PREIS ZAHLEN.

Die neue Generation von Mitarbeitern ist von der offenen und demokratischen Kultur des Internets geprägt und stellt traditionelle Autoritätsstrukturen selbstbewusst infrage. Wer mit Instant Messaging, Chatgroups, Playlists, Tauschbörsen und Online-Multiplayer-Spielen aufgewachsen ist, fragt sich an seinem neuen Schreibtisch zu Recht, warum das kooperative Element – auch über betriebliche Grenzen hinweg – in der betrieblichen Realität immer noch absoluten Seltenheitswert hat. Im Web tauscht man Songs und

Videos, schreibt gemeinsam an Wikis oder stellt anderen Programmcodes zur Verfügung. In Unternehmen soll es mit Freiheit, Offenheit und gleichberechtigter Zusammenarbeit dann schlagartig vorbei sein? Das macht keinen Sinn.

MILLIONEN KRITIKER, ABER KEINEN BOSS.

Das klassische Belohnungs-Bestrafungs-Führungsrepertoire funktioniert bei der Net Generation nicht mehr. Glitzernde Incentives beeindrucken sie kaum noch. Klar werden Boni und Dienstwagen mit Lederausstattung für leistungsorientierte Aufsteiger noch eine ganze Weile attraktiv bleiben. Aber spätestens die Komödie „Up in the Air“ mit George Clooney hat gezeigt, wie lächerlich die Welt der Vielfliegerprogramme und Senator Lounges heute auf viele wirkt. Diese Leistungsträger haben andere Werte als die Befriedigung von Bedürfnissen – sie brauchen keine Fluchtprogramme, um die innere Leere zu vertuschen. Ob jemand einen klangvollen Jobtitel hat, einen teuren Anzug trägt oder über einen Stab von vier persönlichen Assistenten verfügt, von denen einer ausschließlich für seine Garderobe zuständig ist, interessiert diese Menschen wenig. Auch mit dem klassischen Karrierepfad sind sie immer weniger zu locken. Für sie ist es eine abschreckende Vorstellung, sich in einem großen Unternehmen langsam durch die Hierarchiestufen hochzuarbeiten. Was sie wollen, ist ein Arbeitsumfeld, das durch hohe Transparenz, Freiräume und sinnstiftende Aufgaben geprägt ist. Sie verabscheuen eine ausgeprägte Präsenz- und Meetingkultur und wollen stattdessen eine Arbeit, die sie ortsunabhängig erledigen können.

Arbeit als Mittel zum Zweck, um den nächsthöheren Status zu erreichen? Vergiss es! Aufgeschobene Lebensplanung, frei nach dem Motto: „Wenn ich erst die Beförderung im Sack habe, ja dann....“ „Wenn ich erst pensioniert bin, ja dann....“ – funktioniert nicht!

Der Wunsch vieler Mitarbeiter, das 65. Lebensjahr zu erreichen – und das auch noch möglichst lebendig –, um dann ihre langgehegten Pläne von der Weltreise endlich verwirklichen zu können, ist für sie unsinnig. Sie wollen den Sinn hier und jetzt.

Die selbstreflektorische Frage „Warum mache ich das eigentlich?" wird für sie zu einem permanenten Prüfstein für oder gegen den Verbleib in einer Organisation. Das Konzept der langjährigen Unternehmenszugehörigkeit und der unbedingten Mitarbeiterloyalität wird äußerst skeptisch von ihnen betrachtet. Zu viele Kompromisse für einen nur scheinbar sicheren Job einzugehen, ist nicht ihr Ding. Klingt ganz schön selbstbewusst? Vielleicht sogar ein wenig zickig? Vielleicht. Aber ihre Einstellung reflektiert auch das Wissen um ihre Marktmacht. Und die basiert auf einer grundlegenden Machtverschiebung, die wir gerade beobachten können. Die Ursachen dafür: Innovations-, Effizienz- und Produktivitätsdruck einerseits und ein grundlegender demografischer Wandel andererseits. Es gibt schlichtweg immer weniger junge Arbeitnehmer in wissensintensiven Berufen. Deshalb haben die Leistungsträger dieser neuen Generation die Macht. Oder um es mit Thomas Sattelberger, Personalvorstand der Deutschen Telekom, auszudrücken: Die Digital Natives sind „Vorreiter neuer Lebens- und Arbeitsmodelle … Talente müssen sich nicht den Strukturen eines Konzerns unterordnen, sondern der Konzern muss sich an den Bedürfnissen seiner Talente ausrichten." Gut und richtig gebrüllt Löwe – aber da wartet noch ziemlich viel Arbeit auf die Unternehmen. Auch auf die Deutsche Telekom.

Diese Situation mündet in einen grundlegenden Kulturwandel. Die neue soziale Realität verschiebt den Fokus und ändert die Prioritäten. Es geht immer mehr um vernetztes und ortsunabhängiges Arbeiten. Um das Entwickeln von Lösungen im Rahmen von Projektstrukturen, bei denen räumliche und zeitliche Grenzen immer mehr verschwimmen. Um den Einsatz kollaborativer Werkzeuge. Und das bedeutet für Führungskräfte radikale Veränderungen: dezentralisierte Entscheidungsprozesse – das heißt aber, dass die Musik nicht unbedingt im Chefzimmer spielt. Peer-to-Peer-Kommunikation –

das heißt aber, dass der Chef nicht unbedingt dabei ist, wenn über Projekte, Prozesse und Produkte Tacheles geredet wird. Der Einsatz neuer Technologien, die es allen Mitarbeitern ermöglichen, schnell und offen mit anderen Menschen innerhalb und außerhalb des Unternehmens Informationen auszutauschen und Feedback zu geben – das heißt aber, dass der Chef keine Kontrolle mehr über die Informationen hat.

ONLINE HAT JEDER MILLIONEN KRITIKER, ABER KEINEN BOSS.ODER ANDERS GESAGT: DIE MILLIONEN KRITIKER SIND DER BOSS.

Wer damit groß geworden ist, dass er jedem Menschen auf der Welt übers Internet eine Frage stellen und jede Äußerung eines anderen in Foren kommentieren kann, wird nicht mehr vor dem Büro seines Chefs die Hacken zusammenschlagen und um die Gnade einer Audienz bitten, während der ihm dann die Welt erklärt. Die natürlichen Hierarchien des Web werden sich über kurz oder lang auch in Unternehmen finden. Das Web ist nämlich kein hierarchiefreier und vor allem kein kritikfreier Raum. Ganz im Gegenteil! Auch im Internet wird kritisiert, bewertet und hierarchisiert. Fünf Sterne oder zwei, „cool", „sehenswert" oder „langweilig", „Top-Rezensent" oder Nobody – alles hängt an der Aktivität des Einzelnen und dem permanenten Feedback, das er von den vielen anderen bekommt. Online hat jeder Millionen Kritiker, aber keinen Boss. Oder anders gesagt:

Die Millionen Kritiker sind der Boss.

Querdenkergipfel mit Gunter Dueck

„Ihr habt noch gar nichts gesehen." – sagte uns vor kurzem ein schmunzelnder Gunter Dueck, IBM Distinguished Engineer und Querdenker – Codename „Wild Duck". Dueck ist ein Mann, der die technische und die gesellschaftliche Entwicklung gleichzeitig auf dem Schirm hat. Was wir gerade erleben, sind erst die zarten Sprösslinge der Entwicklung. Vielleicht schmunzeln wir auch in fünf Jahren über das, was wir heute in diesem Buch schreiben ... Aber eines ist sicher: Umdenken müssen Führungskräfte bereits heute.

FÜHRER ODER WÄCHTER?

„Mr. Chambers, in der *Wirtschaftswoche* war zu lesen, dass Sie keinen Arbeitsvertrag haben. Ist das wirklich wahr?" Schwer vorstellbar, aber wahr. John T. Chambers, Chef des Netzwerkausrüsters Cisco, führt einen Konzern mit knapp 70.000 Mitarbeitern und einem Jahresumsatz von 40 Milliarden US-Dollar ganz ohne Arbeitsvertrag.

Chambers ist der Meinung, dass er sich als Firmenchef tagtäglich aufs Neue beweisen sollte. Er verzichtet auf die (scheinbare) Sicherheit, die ihm ein Arbeitsvertrag bieten könnte, denn diese Sicherheit passt nicht zu seinem Selbstverständnis. Das Prinzip ist einfach, aber nicht leicht: Wer die Chefrolle will, muss den höchsten Wertbeitrag leisten. Wer die Chefrolle auf Dauer haben will, muss diesen Beitrag jeden Tag aufs Neue leisten.

Sich täglich zu beweisen bedeutet, sich täglich auf den Prüfstand stellen zu lassen – von den eigenen Mitarbeitern. Wie das geht? Heute erstellen Chefs „Mitarbeiterbeurteilungen" – in Zukunft werden Mitarbeiter „Chefbeurteilungen" erstellen. Und zwar permanent. Die Mitarbeiter honorieren die Führungsleistung ihres Chefs, indem sie auf „Gefälllt mir" klicken. Oder eben auf „Gefällt mir nicht", wenn der Wertbeitrag über einen gewissen Zeitraum unterdurchschnittlich ist.

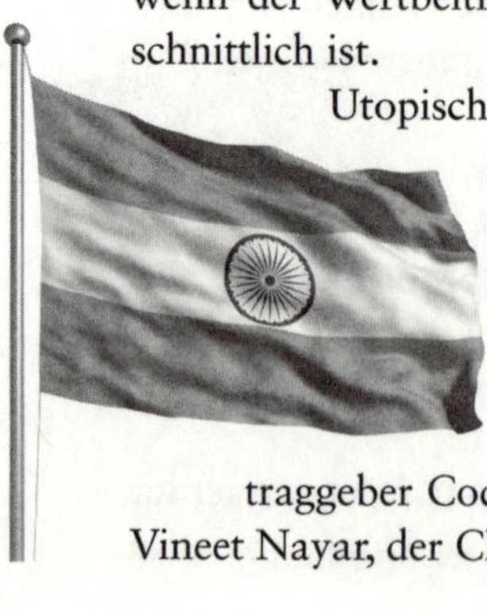

Utopisch? Keineswegs. Es gibt Unternehmen, bei denen Chefbeurteilung längst Standard ist. Eines davon heißt HCL Technologies und befindet sich ausgerechnet in dem Land, von dem einige immer noch glauben, dass dort billige Programmiersklaven in Software-Galeeren sitzen und im Takt der Trommel für ausländische Auftraggeber Codes schreiben. Richtig, wir sprechen von Indien. Vineet Nayar, der CEO des IT-Unternehmens HCL, setzt gerade das

Management des 21. Jahrhunderts in die Tat um, während von Sankt Gallen bis San Francisco auf Symposien noch eifrig darüber diskutiert wird. Bei HCL beurteilen die Mitarbeiter ihre Chefs nicht nur regelmäßig, sondern auch öffentlich – für jeden Mitarbeiter sichtbar. So können alle sehen, dass das Zeitmanagement von CEO Vineet Nayar in den Augen seiner Mitarbeiter mit 3,6 von 5 möglichen Punkten kein Ruhmesblatt ist. Nayar nimmt die Herausforderung souverän an. Es spornt ihn an, als erstes an sich zu arbeiten, bevor er mit dem Finger auf die Mitarbeiter zeigt. Und diese Haltung erwartet er auch von allen seinen Führungskräften.

SIE LAUFEN MIT KLIRRENDEM SCHLÜSSELBUND DURCH LANGE FLURE UND SPIONIEREN DURCH SCHLÜSSELLÖCHER.

HCL ist weder Exot noch Versuchslabor für eine Wir-haben-uns-ganz-dolllieb-Unternehmenskultur, sondern Vorreiter. Und das bedeutet: Chefs, in deren Monologen immer noch das Wort „ich“ dominiert und die es für unter ihrer Würde halten, von ihren Mitarbeitern Feedback anzunehmen, haben es schon heute schwer – und sie werden in Zukunft keine Chance mehr haben. Die Verlierer des sozialen Wandels in den Unternehmen sind diejenigen, die kontrollieren und anordnen wollen. Sie sitzen auf Wachtürmen und beobachten ihr Revier. Sie laufen mit klirrendem Schlüsselbund durch lange Flure und spionieren durch Schlüssellöcher. Mit anderen Worten: Sie sind die perfekten Aufseher für Gefangene.

Ach was, jetzt übertreibt ihr wohl ein bisschen. Aufseher für Gefangene – so was gibt's in meinem Unternehmen schon lange nicht mehr! Der moderne Manager ist doch eher primus inter pares, Spielemacher und Coach in Personalunion. Begriffe wie „Dienstanordnung“, „Weisungsbefugnis“ oder „Überwachung“ kommen ihm nicht über die Lippen.

Das freut uns, wenn Sie so denken. Aber bedeutet das, dass die Wächterfunktion damit abgeschafft ist? Nicht zwangsläufig! Vielleicht wird die Rolle des Aufsehers heutzutage nicht mehr so offensichtlich gelebt – das würde auch gar nicht mehr funktionieren. Stattdessen bedient man sich sehr viel subtilerer, aber nicht weniger wirksamer Methoden.

Fakt ist: Wächter brauchen immer ein Regelwerk – ob nun explizit oder implizit. Sie finden ihre Gewissheit in vorgegebenen Wegen, nicht in sich selbst. Sie brauchen die Insignien der Macht, brauchen Uniformen und Waffen – und holen jeden, der vom Weg abweicht, mit der Trillerpfeife zurück. Unmenschlich war das schon immer. Aber es hat Zeiten gegeben, in denen es für Unternehmen genügte, roboterähnliche Wesen an ein Fließband zu stellen und zu beaufsichtigen, um auf dem Markt zu bestehen. Das war im Industriezeitalter der Fall, als es darum ging, Produkte und Dienstleistungen in großen Mengen her- beziehungsweise bereitzustellen. Das wiederum erforderte Mitarbeiter, die Routinearbeiten zuverlässig, sorgfältig und effizient ausführten, und ein Management, das auf den Grundprinzipien der Standardisierung, Spezialisierung, Hierarchie und Kontrolle basierte. In einem solchen Umfeld gelten für jeden Mitarbeiter präzise Rollendefinitionen und genau zu befolgende Regeln und Prozesse. Dieses Zeitalter liegt gefühlte hundert Jahre zurück, in Wahrheit ist es aber noch gar nicht so lange her, dass Management by Command and Control Normalität war.

Dieses Erfolgsmodell ist heute aber vollkommen überholt. Die Veränderungsgeschwindigkeit in Wirtschaft und Gesellschaft hat seitdem rapide zugenommen. Korrekturen und neue Anforderungen brechen schlagartig über Organisationen herein, sie müssen anpassungsfähig, flexibel und effizient sein.

Mit der richtigen Mischung aus Schnelligkeit und Kühnheit müssen sie dafür sorgen, dass sie auch morgen noch relevant und profitabel bleiben.

Diese enorme Herausforderung lässt sich nicht mit den Managementmethoden des Industriezeitalters lösen. Keine Chance!

Deshalb geht die Entwicklung weg vom geschlossenen, hierarchisch organisierten Unternehmen mit starren Regeln. Es wird abgelöst durch zunehmend selbst organisierte, dezentrale und kooperative Netzwerke, die Wissen und Ressourcen von innerhalb und außerhalb des Unternehmens beziehen. Ein Wächter mit klirrendem Schlüsselbund hat in einem solchen Umfeld keine Chance mehr.

CLASH DER KULTUREN

Um es ganz deutlich zu sagen: Die Herausforderungen der Zukunft können nicht gelöst werden, indem traditionelle Managementpraktiken verbessert oder einfach nur besser umgesetzt werden. Wir brauchen eine fundamental andere Art des Managements. Wir müssen anders denken und anders handeln.

UNSERE WELT NICHT INFRAGE STELLEN, VERSTANDEN!

Das ist ebenso offensichtlich wie logisch. Und trotzdem hat sich diese Erkenntnis leider noch nicht flächendeckend herumgesprochen. Eine stattliche Anzahl von Organisationen tut so, als hätte es die letzten zwanzig Jahre nicht gegeben. Als wäre alles beim Alten. Und jetzt wird es paradox: Diese Unternehmen, in denen die Beharrungskräfte augenscheinlich höher sind als der Mount Everest, stellen junge Höchstleister aus der Net Generation ein und hoffen, dass die sich brav und lautlos in die bestehende Kultur einfügen werden. Frei nach dem Motto: *Ja, schön, dass ihr gekommen seid, ihr seid unsere „High Potentials" und natürlich sollt ihr hier Karriere machen, klar, und super, dass ihr euch so gut mit hochmoderner Technologie auskennt. Aber wir hätten da ein paar kleine Bitten: Die Abteilungen und die Hierarchien hier nicht durcheinander bringen, okay? Unsere Welt nicht infrage stellen, verstanden? Sucht euch gerne irgendwo eure Nische, aber bitte unauffällig. Und lasst uns in unseren Boardrooms und Casinos das Meißener Porzellan.*

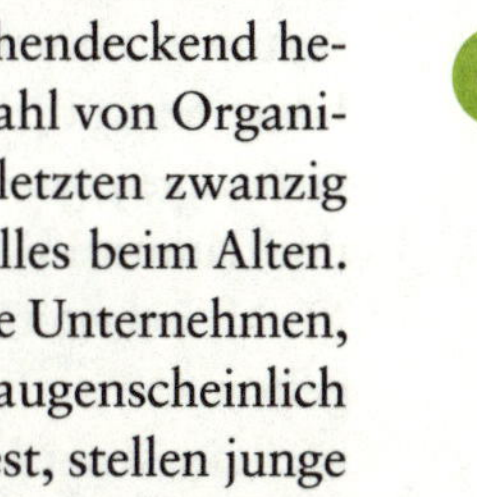

Wie soll das gehen? Schon wir, die nun nicht mehr offiziell zur jüngeren Generation gehören, erleben das als real gelebten Wahnsinn. Wie muss ein 25-Jähriger sich dabei fühlen? Unsere Prognose: Die jungen Höchstleister werden sich gegen solche Zustände auflehnen – oder noch wahrscheinlicher: einfach abwandern. Die besten Köpfe unter ihnen werden dann für die alten Unternehmen schlichtweg nicht mehr zu haben sein. Schon jetzt werden die traditionellen Machtgefüge zunehmend infrage gestellt. Und das ja nicht ohne Grund.

Der Tauschhandel „Einordnung in die Gemeinschaft und deren Regeln" im Ausgleich für „langfristige Jobsicherheit" funktioniert nicht mehr.

Die Logik lautet deshalb: Wenn ihr da oben uns keine Sicherheit mehr bieten könnt, sehen wir auch nicht ein, warum wir länger nach eurer Pfeife tanzen sollen. Das klingt nach einem schärferen Wind, der Führungskräften ins Gesicht bläst – und das ist auch so. Andererseits liegt in dieser Entwicklung auch eine riesige Chance für effektivere Führung. Denn die traditionellen Weisungsketten, wie sie heute noch in den meisten Unternehmen existieren, haben Nebenwirkungen, für die man eigentlich einen Beipackzettel von der Länge der Qumran-Rollen bräuchte.

Mitarbeiter werden in unmündige Höflinge verwandelt und irgendwann verbringen alle mehr Zeit mit unsinnigen politischen Revierkämpfen als mit Gedanken über die Zukunft des Unternehmens. Das volle Potenzial der Mitarbeiter wird nicht annähernd ausgeschöpft, denn die Energie wird aufgezehrt durch permanentes Taktieren, Absichern und Wegducken. In einem solchen Umfeld werden diejenigen, die eine große Portion an Kreativität und Initiative mitbringen, ganz schnell als hoffnungslose Romantiker abgestempelt. Und jeder, der leidenschaftlicher ist als seine Zimmerpflanze, gerät in den Verdacht, mittelschwere Wahnvorstellungen zu haben. Deshalb überrascht es wenig, dass die meisten großen Organisationen weniger lebendig, kreativ und anpassungsfähig – mit anderen Worten: weniger menschlich – sind als die Menschen, die dort arbeiten.

Was für eine kolossale Verschwendung des lebendigen Potenzials!

DAS NEUE WESEN DER MACHT

WHY SHOULD ANYONE BE LED BY YOU? – Autsch! Die beiden Professoren Rob Goffee und Gareth Jones von der London Business School haben diese unangenehme Kernfrage in ihrem Buchtitel genial auf den Punkt gebracht.

Für Führungskräfte beginnt ein neues Zeitalter. Es bringt Veränderungen mit sich, die nicht weniger bedeutend ausfallen dürften als die Revolution, die zur Entwicklung der modernen Industriegesellschaft geführt hat. Und diese grundlegende Veränderung betrifft in ihrem Kern das Wesen der Macht: Wer künftig noch will, dass Menschen ihm folgen, muss sich mit dem Fundament seiner Autorität beschäftigen. Die Wirksamkeit positionsgebundener Macht wird drastisch abnehmen. Wer nicht marginalisiert werden will, muss verdammt gute Antworten darauf finden, warum Menschen ihm freiwillig folgen sollten.

Dass sich das Wesen der Macht ändert, gilt übrigens für alle Organisationen, mit Ausnahme vielleicht von Gefängnissen und totalitären Regimen. Wobei auch bei Letzteren die Dauerhaftigkeit der Machtverhältnisse mit einem Verfallsdatum ausgestattet ist. Was die Mächtigen allerdings nicht daran hindert, diese Wahrheit geflissentlich zu ignorieren und ihre Macht mit allen zur Verfügung stehenden Mitteln zu verteidigen. Wenig überraschend ist es deshalb, dass Veränderung in einem solchen Umfeld immer umsturzartig und häufig gewaltsam stattfindet: Erst eine Staatskrise und ein anschließender politischer Umsturz machen den Weg frei für überfällige Veränderungen. Dafür zahlt die alte Führungsmannschaft einen extrem hohen Preis: Tod – oder in der freundlicheren Variante die Verbannung ins Exil. Parallelen zur Unternehmenswelt sind nicht von der Hand zu weisen – Honni soit qui mal y pense. „Ein Schelm, wer Böses dabei denkt."

**Was wir uns in diesem Zusammenhang immer wieder fragen:
Warum vollzieht sich Wandel so häufig punktuell und krisengetrieben – warum nur so selten dauerhaft und chancengetrieben?**

Für Unternehmen liegt die Antwort auf der Hand: Es geht darum zu lernen, sich vom Sog der Vergangenheit zu befreien. Der größte Feind des Erfolgs von morgen ist der Erfolg von heute. Und das bedeutet: Organisationen können es sich nicht mehr länger leisten, ihr Schicksal in die Hände eines elitären Führungszirkels zu legen, der sein Anrecht auf Führung aus den Verdiensten der Vergangenheit ableitet. Hinzu kommt: Führung, die chancengetriebene Veränderungen ermöglicht, basiert niemals auf Vorrechten, niemals auf der Macht, Sanktionen zu verhängen, niemals auf dem privilegierten Zugang zu Informationen. Eine solche Führung basiert immer auf anerkannter Erfahrung, immer auf Klugheit, immer auf Visionen, immer auf Werten, immer auf sozialen Fähigkeiten. Das sind Fähigkeiten wie: unterschiedliche Meinungen zusammenbringen, Ressourcen anwerben, strategische Alternativen entwickeln.

Sie wollen also auch in Zukunft noch Mitarbeiter führen? Dann sollten Sie sich einige grundlegende Fragen stellen. Etwa: Worauf beruht meine Machtposition? Woher beziehe ich meinen Einfluss? Wer oder was gibt mir die Möglichkeit, Dinge zu verändern? Ist es das Ergebnis dessen, WAS ich bin – also eine Konsequenz meiner positionsgebundenen Macht? Oder ist es das Ergebnis dessen, WER ich bin – also eine Konsequenz meiner Persönlichkeitseigenschaften, meiner Erfahrung und meiner wertschaffenden Fähigkeiten? Das klingt jetzt erst mal verheißungsvoll. Wer möchte nicht natürliche Autorität besitzen? Heerscharen von Führungstrainern füllen ihre Seminare damit, dass Menschen gern „charismatisch" wären.

IM WEB IST JEDE FÜHRUNGSROLLE EINE DIENENDE ROLLE. ANHÄNGER FINDET DERJENIGE, DER FÜR ANDERE NÜTZLICHES LEISTET.

Nun kommt das große ABER: Wer ein natürlicher Führer ist, kann sich nicht auf Lorbeeren – sprich: Chefsessel, Jobtitel, Budgethoheit und so weiter – ausruhen, sondern muss immer wieder Menschen überzeugen und für sich gewinnen. Er muss so lange dranbleiben, bis seine Leute ihm folgen. Das ist hart. Aber der Lohn ist nicht nur geschäftlicher Erfolg, sondern auch innere Freiheit. Denn wer zum Führer wird, braucht kein Wächter mehr sein. Die wenigsten

Gefängniswärter machen sich klar, dass sie sich selbst auch im Gefängnis befinden.

Heute zählen formale Qualifikationen immer weniger. Es kommt stattdessen darauf an, was jemand tatsächlich sagt und tut und welche Wirkung und Ergebnisse er damit erzielt. Im Prinzip kann im Unternehmen jeder Führungskraft werden, egal, was er studiert hat oder auch nicht. Wenn er genügend andere überzeugt, wenn er einen tatsächlichen, realen Beitrag leistet. Dieser Beitrag wird ganz anders aussehen als das herkömmliche Command-and-Control. In welche Richtung es geht, zeigt wiederum das Internet.

Im Web ist jede Führungsrolle eine dienende Rolle. Anhänger findet nur, wer für andere etwas Nützliches leistet. Dieser Nutzen kann beispielsweise auch in Orientierung bestehen. Der Journalist Jeff Jarvis hat deshalb so viele Fans auf Facebook, weil er als Vordenker der Medienszene gilt und Journalisten und Medienmanager sich gern von ihm die neuesten Trends erklären lassen. Wenn seine Analysen und Kommentare irgendwann für die Fans keinen Wissensvorsprung mehr bedeuten würden, dann wäre er seine Anhänger auch schnell wieder los. Befehle erteilen oder Sanktionen verhängen kann im Web niemand. Entweder jemand stößt auf Zustimmung oder auf Ablehnung. Wer Zustimmung will, der braucht glaubwürdige Argumente und nachweisliche Expertise. Wobei dieser Nachweis weniger durch Diplome als durch reale Erfahrung erbracht wird. Das bedeutet unterm Strich: Es gibt Chancen für jeden. Und es geht maximal fair zu. Das ist nichts anderes als gelebte Demokratie! Was es nicht mehr gibt: Privilegien, Fürstentümer, Erbhöfe und Protegés.

FÜHRUNGSKRÄFTE ALS SOZIALE ARCHITEKTEN

Wenn Stararchitekten wie Frank Gehry oder Zaha Hadid einen Teekessel oder eine Vase für den Designer Alberto Alessi entwerfen, dann muss der Raum, den der „Kollege“ ihnen hier bietet, schon sehr attraktiv sein. Alessi war schon vor dreißig Jahren ein Pionier des „offenen Designs“ und beschäftigt heute über

200 externe Designer, darunter auch echte Topstars aus der Architektur- und Künstlerszene.

Alessi erklärt, dass die Beziehungen zu seinen zahlreichen freien Mitarbeitern nicht als Einbahnstraße funktionieren. Weder heute, noch in der Vergangenheit. Entweder hat Alessi oder einer aus seinem inneren Führungsteam eine bestimmte Produktidee, überlegt dann, welcher Designer dafür infrage käme und wirft diese Idee in den Ring. Die Designer beschäftigen sich mit dem Produkt, machen Vorschläge und irgendwann kristallisiert sich heraus, wer welchen Entwurf bis zur Marktreife entwickelt. Die Entscheidung fällt immer im Dialog. Oder die Idee kommt auf umgekehrtem Weg zu Alessi. Und das funktioniert so: Alle 200 Designer haben die Handynummer von Alberto Alessi und wissen, dass sie ihn jederzeit anrufen können. *„Alberto, ich habe eine fantastische Idee für dich"*, ist dann so ein typischer Satz. Schon am Telefon beginnt Alessi gemeinsam mit dem Designer die Idee zu entwickeln. Erste Skizzen werden per Fax oder E-Mail ausgetauscht. Kommt Schwung in die Sache, steht ein persönliches Treffen auf dem Programm. Alberto Alessi schätzt, dass in den letzten 20 Jahren jeweils die Hälfte der Produkte auf dem einen oder anderen Weg entstanden ist.

„ALBERTO, ICH HABE EINE FANTASTISCHE IDEE FÜR DICH!"

Wahrscheinlich kann sich keiner so recht vorstellen, dass jemals ein Mitarbeiter bei Ex-Mister-Weltauto Jürgen Schrempp angerufen und ihm vorgeschlagen hat: *„Jürgen, ich denke, dass Mercedes ein leichtes, wendiges Elektroauto bauen sollte und nicht mehr diese Benzinschlucker-Monster wie die GLSMR-Klasse. Ich hätte da eine fantastische Idee."* Und Schrempp daraufhin: *„Okay, lass uns mal kurz drüber sprechen. Wie müsste so ein Auto denn aussehen?"* Nein, so funktioniert Führung bislang nicht. Geführt wird mit Vorstandsbeschlüssen, die dann kaskadenartig nach unten durchgereicht werden.

Alberto Alessi ist jeder Kult um ihn und sein Unternehmen, jede Selbstüberhöhung fremd. „Wir sind keine Picassos!", sagt er. Alessi beschreibt sich am liebsten als „bescheidenen Vermittler“, der einfach Dinge möglich macht, indem er sie koordiniert. Allerdings sei es ein Erfolgsrezept von Alessi, jeden Designer wie einen Picasso zu behandeln! Was er damit meint? Nun, Alessi pfeift auf Marktforschung und vertraut ganz und gar der Intuition eines Designers als Zündfunken für ein Projekt. Die Aufgabe des Managements als Vermittler besteht dann darin, daraus ein vermarktbares Produkt zu machen. Alessi wird so zum sozialen Architekten, dessen Aufgabe darin besteht, ein Umfeld zu schaffen, in dem kreative und intelligente Menschen ihr volles Potenzial entfalten können. Er sorgt dafür, dass ihre Ideen sich zur Marktreife entwickeln und Geld einspielen.

Das ist ein neues Verständnis von Führung.

Der Managementberater Peter Block beschreibt in seinem Buch „The Answer to How is Yes“ die Rolle einer Führungskraft als „sozialen Architekten“ sinngemäß so: Während der herkömmliche Architekt einen physischen Raum gestaltet, schafft der soziale Architekt einen „Raum“, in dem Menschen das entfalten können, was ihren Talenten entspricht und ihnen wichtig ist. Eine Führungskraft als sozialer Architekt ist dem entsprechend mehr Supervisor und Coach als jemand, der Anweisungen erteilt und Ergebnisse kontrolliert. Eine solche Führungskraft stellt mehr Fragen als Antworten zu geben. Sie stößt Dinge an und sorgt dafür, dass alle Mitarbeiter die Möglichkeit bekommen, sich zu engagieren.

KOORDINIEREN UND KULTIVIEREN

Die Chefrolle innezuhaben, bedeutet, „die Arbeit in einer Weise zu organisieren, dass einfach Gutes passiert – ob man das nun direkt steuern kann oder nicht.“ So beschreibt Thomas Malone, Professor am MIT, in seinem Buch „The Future of Work“ die Aufgabe von Führungskräften. Und direkt steuern lässt sich das heute immer weniger. Wer seine Aufgabe als Führungskraft primär darin sieht, kraft seines Amtes seine Mitarbeiter wie im Industriezeitalter zu kontrollieren und zu dirigieren, limitiert seine Möglichkeiten auf eine geradezu sträfliche Art und Weise. Denn statt Initiative, Kreativität, unternehmerischem Einfallsreichtum und Leidenschaft erntet er in seinem Team Konformität und Anpassung. Nicht gerade der Schlüssel zum Erfolg!

Als sozialer Architekt zu agieren, bedeutet deshalb, die Anzahl seiner Optionen gewaltig zu erhöhen. Architekt sein heißt, Arbeit zu organisieren und Aktivitäten so aufeinander abzustimmen, dass die gewünschten Ergebnisse erfolgen. Hier geht es um den Blick für das Ganze. Die Leute müssen dabei natürlich selbst in Besitz der Fähigkeiten sein, die sie benötigen, um eine bestimmte Arbeit zu verrichten. Der soziale Architekt kann wiederum zweierlei dazu beitragen: Er kann zum einen Fähigkeiten trainieren und zum anderen dafür sorgen, dass die Leute mit den richtigen Fähigkeiten an den richtigen Orten sitzen.

Was gar nicht geht: Motivationsapelle nach dem Motto: „Jetzt seid mal motiviert." Das haben zum Glück ja auch schon viele begriffen. Motivation setzt sich immer aus drei Elementen zusammen: Erstens, der Leistungsbereitschaft – dem Wollen. Zweitens, der Leistungsfähigkeit – dem Können und Wissen. Und drittens, den Leistungsmöglichkeiten – dem Rahmen, in dem Mitarbeiter arbeiten. Alle drei Aspekte hängen voneinander ab. Wenn Mitarbeiter merken, dass Möglichkeiten beschnitten werden, dann sind sie in der Regel auch weniger leistungsbereit. Anders ausgedrückt: Leistungsfähigkeit und die Voraussetzungen dazu brauchen keine Belohnungen und sind mit irgendwelchen Incentives auch nicht zu verbessern.

Wir reden hier nicht über Motivation, sondern über die Fähigkeiten plus die Möglichkeiten, die der Führer zur Verfügung stellen muss.

Das bedeutet für die klassischen Chefs ein Umdenken: Kontrolle basiert auf Gegenseitigkeit, ist nicht an Hierarchien und Rollen gebunden, sondern passiert ganz natürlich und von innen heraus in der Organisation.

„Gemeinsam sind wir der beste Trickfilmzeichner der Welt", sagt Brad Bird. Der Animationsfilmregisseur und Oscar-Preisträger verwirklicht kreative Teamarbeit auf Champions-League-Niveau. Deshalb lohnt es sich, einen genaueren Blick auf seine Arbeitsweise zu werfen. Brad Bird arbeitet für die Pixar Animation Studios aus dem kalifornischen Emeryville. Das Unternehmen steht für Kassenerfolge wie „Toy Story“, „Findet Nemo“ oder „Ratatouille“. Der Firmenname, ein Kunstwort aus „Pixel“ und „Art“, ist dabei stets Programm: Technische Innovation trifft höchsten künstlerischen Anspruch. Dabei bemisst sich der Erfolg nicht nur in acht Oscars. Apple-Mitgründer Steve Jobs hatte Pixar 1986 für 10 Millionen US-Dollar gekauft und 20 Jahre später für 7,4 Milliarden Dollar an Disney verkauft.

NICHT GERADE DER SCHLÜSSEL ZUM ERFOLG!

Zum Erfolgsrezept von Brad Bird gehört es, regelmäßig die ganze Mannschaft in einem Raum zu versammeln. Ja, hier ist der geschaffene „Raum“ sogar ganz wörtlich zu verstehen. Andere Trickfilmregisseure schauen sich die Arbeit einzelner Zeichner an und geben individuelles Feedback. So wie der traditionelle Chef im Mitarbeitergespräch, das selbstverständlich vertraulich hinter verschlossenen Türen stattfindet. Bei Brad Bird gibt es Lob und Kritik immer vor der ganzen Mannschaft. Das Ergebnis: Alle lernen die Stärken und Schwächen der jeweils anderen genauestens kennen. Und können dann selbstständig anfangen, ihre Stärken miteinander zu verknüpfen.

Das ist nicht Brad Bird.

Ein weiteres Anliegen von Bird: Mitarbeiter von Perfektionismus befreien. Eine Reihe seiner Computergrafiker waren am Anfang besessen vom perfekten Ergebnis. Sie schliefen praktisch neben ihrem Computer, bis sie für jedes winzige Detail eines Animationsfilms die ultimativ beste Lösung gefunden hatten. Das Problem dieser Leute war natürlich, dass ihnen die Budgetfragen und Deadlines einer großen Filmproduktion irgendwann völlig gleichgültig waren. Brad Bird tat nun alles andere, als seine Leute auf Budgetdisziplin einzuschwören oder ihnen gnadenlose Deadlines und Androhung von

Strafen zu setzen. Nein, er provozierte sie einfach mit bewusst dilettantischen Vorschlägen. Er sagte zum Beispiel: „Ihr braucht keine Wasserspritzer zu zeichnen. Wir schmeißen einfach irgendwas in den Pool draußen, filmen das und bearbeiten das dann nach." Die Puristen am Computer waren geschockt von solchen Vorschlägen. Genauso gut hätte man Van Gogh vorschlagen können, die Landschaft der Provence doch lieber zu fotografieren statt mühsam in Öl zu malen. Aber die Leute kamen dann doch ins Nachdenken! Sie entwickelten tatsächlich einfachere und kostengünstigere Lösungen. Aber sie kamen eben selbst drauf. Brad Bird lieferte einen wichtigen Impuls – aber nicht die Lösung. „Ich kenne selbst nicht alle Antworten", sagt Brad Bird. Wer kennt die schon?

FÜHREN MIT DEM GRÜNEN DAUMEN

Führung bedeutet, Menschen zu ermöglichen, ihr volles Potenzial zu entfalten. Punkt. Und Menschen, die ihr Bestes geben sollen, brauchen Führung. Nach wie vor.

Aber sie brauchen das richtige Maß an Anleitung und Freiheit, sie brauchen hier Leitplanken und dort das offene Gelände.

Der Maler Jackson Pollock, der wegen seines bunten „Action Painting" auf großen Formaten den Spitznamen „Jack the Dripper" hatte, nannte seine Maltechnik die des „kontrollierten Zufalls". Klar, auch seine Bilder malten sich nicht von alleine, auch wenn das in den 1950er-Jahren manche vielleicht vermuteten. Es ist diese Gratwanderung zwischen Steuern und Loslassen, die auch Führungskräfte in Zukunft beherrschen müssen.

Wer will, dass Mitarbeiter ihre Stärken entfalten, muss die Natur der Sache kennen und gleichzeitig wissen, wie er die Dinge beeinflussen kann. Das Gras wächst bekanntlich nicht schneller, wenn man dran zieht. Manchmal ist es erforderlich, den Menschen ganz klar zu sagen, was zu tun ist – und manchmal ist es erforderlich, die Menschen zu unterstützen, ihre eigenen Stärken zu finden, zu entwickeln und zu kultivieren.

Von der Fähigkeit, die Dinge auch einmal laufen zu lassen, berichtet die Filmproduzentin Kathleen Kennedy, die Welterfolge wie „ET“ oder „Jurassic Park“ produziert hat. „Sobald die Dreharbeiten beginnen“, sagt sie, „tritt man als Produzentin einen Schritt zurück und sieht einfach, wohin der Film sich entwickelt. Ein Film ist etwas Organisches, Lebendiges, Atmendes. Man kann ihn nicht auf dem Papier festlegen, sondern er wandelt sich ständig. Der kreative Prozess geht während der Dreharbeiten einfach weiter und da entstehen manchmal die besten Ideen. Trotzdem braucht es da jemanden, der eine in sich stimmige Vision hat, einen Blick auf den Film als Ganzes und nicht nur auf einzelne Teile davon.“ Es ist genau dieser Blick auf das große Ganze, der Führungskräfte in Zukunft qualifiziert, eine Führungsrolle einnehmen zu dürfen.

4. BINDE DEINE KUNDEN! LASSE SIE FREI!

Wow, was für eine orientalische Pracht! Haushohe Marmorsäulen, reich verzierte Kassettendecken, überall goldene Lüster, der ganze Boden mit den schönsten orientalischen Teppichen ausgelegt – wir sind in der Al-Saleh-Moschee in Sanaa. Mit dem gigantischen Bau hat sich der autoritäre Staatspräsident des Jemen schon zu Lebzeiten ein Denkmal gesetzt. Es ist ein Ort des Gebets und genauso ein Symbol der Macht. Außer unserer Reisegruppe ist an diesem Mittag niemand da. Bloß ein Mann mit einem sonor heulenden Staubsauger, der hier Arbeit für den ganzen Tag hat.

Am Nachmittag sind wir in der Altstadt von Sanaa. Hier ist es mit der Besinnlichkeit schlagartig vorbei, hier pulsiert das Leben der Zwei-Millionen-Stadt. Die Gassen sind ein einziger Basar. Unglaubliches Gewimmel! Handwerker sitzen in ihren Häuschen und verkaufen vorne Krummdolche, die sie hinten produzieren. An hunderten bunter Stände vorbei drängen sich Menschen und Lastesel – Autos hätten hier keinen Platz. Überall diskutieren Menschen, feilschen, regen sich auf und wieder ab. Hier sind Märkte wirklich Gespräche und gebetet wird auch noch. Nur braucht keiner einen Palast zum Gebet. Eine kleine Kette mit glatten Perlen genügt.

DIE GLÄUBIGEN BLEIBEN EINFACH WEG.

Drei Monate später am Zürichsee. Wir unterhalten uns mit Martin Lindstrom, Autor des Bestsellers „Buyology" – Untertitel: „Warum wir kaufen, was wir kaufen" – über Marken, Kundenbindung und das Kaufverhalten der Zukunft. Und im Verlauf des Gesprächs wird die Moschee in Sanaa zu einem ganz starken Bild. Weil wir auf James Cherkoff zu sprechen kommen, der gesagt hat: „Traditionelle Marken sind Kathedralen, erbaut von Unternehmen. In den Kathedralen predigen dann die Werbeleute der Unternehmen zur gläubigen Gemeinde. Nur wollen immer weniger Menschen die Botschaft hören. Die Kunden fliehen aus den Kathedralen und gehen lieber zum Basar, wo sie mit Händlern und Produzenten in einen offenen Austausch treten können."

Genau das ist der Punkt. Die Al-Saleh-Moschee ist beeindruckend – aber das Leben spielt sich im Gedränge der Altstadtgassen ab. Hier wird gearbeitet, gehandelt, gegessen, getrunken, gequatscht, gebetet, gefeiert, geschimpft und sich getröstet. So ist auch die neue Wirklichkeit, die unter anderem das Internet zwischen Anbietern und Kunden geschaffen hat: Chaotisch, unübersichtlich, hektisch – das ja. Aber auch voller Leben, voller Neuigkeiten, immer auf Augenhöhe. Daraus resultiert eine neue Markenwelt, die nicht mehr von prächtigen Kathedralen aus gesteuert wird. Neue erfolgreiche Marken umarmen den Kunden.

Sie sind weniger im Besitz eines Unternehmens, sondern Banner einer Bewegung. Ihr Besitzanspruch wird lockerer. Der Grundsatz, dass die Marke dem Unternehmen gehört, verliert mehr und mehr seine Gültigkeit.

Die Marke gehört zwar immer noch dem Unternehmen, aber auch den Investoren und der Öffentlichkeit. Martin Lindstrom geht noch einen Schritt weiter. Er sagt: „Die Marke gehört den Kunden!" Und leitet daraus die Schlussfolgerung ab, dass es immer sinnloser wird, Marketingbotschaften von den Kanzeln der Unternehmenskathedralen zu predigen. Die Gläubigen, die früher in Scharen hierhin gepilgert sind, bleiben einfach weg.

DIALOG AUF AUGENHÖHE

Als das Cluetrain Manifest im Jahr 1999 die These aufstellte, dass Märkte Gespräche sind, war das eine mehr als deutliche Aufforderung zum Umdenken – gerichtet an die Konzerne und deren übliche Marketingbotschaften. Die Botschaft: „Seht her! Eure Zielgruppe unterhält sich ganz prächtig miteinander. Sie ist nicht mehr angewiesen auf eure Marketingpredigten!" Nun gab es damals nicht wenige, die solche Aussagen als Quatsch abgetan haben, den sich ein paar Dotcom-Spinner im Zustand geistiger Umnachtung ausgedacht haben.

Heute wissen wir es besser: Das Internet macht es vor. Als Katalysator und Spiegel gleichermaßen. Markenkommunikation funktioniert dort tatsächlich als Dialog. Und Unternehmen suchen das Gespräch in zunehmendem Maß über soziale Netzwerke wie beispielsweise Facebook. So entschied sich Pepsi gegen klassische TV-Werbung während des Super Bowls 2010. Warum das so bedeutend ist? Der Football-Cup ist *das* wichtigste sportliche Ereignis in den USA. Es ist *das* Fernsehereignis des Jahres, die kreativen Spots in den

Werbepausen sind legendär. Und das ohne einen TV-Spot von Pepsi? Bis vor kurzem völlig undenkbar! Der Getränkeriese steckte stattdessen das Budget in Höhe von 20 Millionen US-Dollar in Kampagnen in sozialen Netzwerken und bestätigte damit einen Trend: Werbeausgaben werden immer stärker in den direkten Kundendialog investiert. Dieser Kundendialog verlagert sich dabei messbar in Richtung Individualkommunikation und in den Dialog über soziale Netzwerke. Sheryl Sandberg, Chief Operating Officer bei Facebook sagt dazu: „Unternehmen müssen über soziale Netzwerke ihre Marken aufbauen. Kontrollieren können sie ihre Marke aber nicht mehr."

Das alte Prinzip „Unternehmen predigen, die Kunden hören zu" hat ausgedient, denn Kunden tauschen sich untereinander aus. Nun lässt sich einwenden, dass sie das auch früher schon getan haben. Richtig. Das ist nicht neu. Neu aber ist die Schnelligkeit, Intensität und Verbreitung, mit der sie das tun. Dieser Austausch findet statt in sozialen Netzwerken. Über Twitter. Facebook. In Kundenforen. In Blogs. In Chats. Permanent – in Echtzeit – überall. Und das bedeutet für Unternehmen: Plumpe Werbebotschaften werden sofort entlarvt. Marketinggesäusel, das versucht, Kunden für dumm zu verkaufen, bringt eine Kundenallianz auf den Plan, die ihrem Ärger lautstark Gehör verschafft. Hohle Werbeversprechen wie zum Beispiel „Jetzt 20 Prozent mehr Weißkraft" sind eine glatte Sechs auf der Geht-Gar-Nicht-Mehr-Skala. Das funktioniert einfach nicht mehr. Zumal jedem einigermaßen intelligenten Wesen klar ist, dass die Wäsche inzwischen im Dunkel leuchten müsste, wenn all die Waschmittelversprechen der letzten Jahrzehnte auch nur annähernd wahr gewesen wären.

SUPER-BOWL OHNE TV-SPOT VON PEPSI?

Es geht also um Ehrlichkeit, Authentizität und Wertschätzung. Monologe werden durch Dialoge auf Augenhöhe ersetzt. Das klingt zunächst gut, ist aber in der praktischen Umsetzung alles andere als einfach, denn viele Unternehmen müssen erst einmal lernen, dass sie sich in einem

Dialog mit ihren Kunden befinden. Und dass es sich dabei immer um eine Zwei-Wege-Kommunikation handelt. Es mag den ein oder anderen überraschen, aber in einem solchen Dialog erdreisten sich die Kunden, dem Unternehmen zu antworten. Aktionen zu starten. Ihre Meinung kundzutun. Produkte nach ihren Wünschen zu gestalten. Der mündige selbstbewusste Kunde ist längst Realität.

Lou Gerstner, der ehemalige IBM-Chef, bemerkt dazu: „Die Kontrolle … ist unmerklich in die Hände von zehn Millionen – bald hundert Millionen – Verbrauchern auf der ganzen Welt übergegangen.“ Alle Macht dem Volk!

Wer nicht auf Augenhöhe mit seinen Kunden kommuniziert, wird sie zukünftig nicht mehr erreichen.

Da nützt der prächtigste Konsumtempel, der schönste Bankpalast und der höchste Versicherungsturm nichts. Wer aber seinen Kunden ihre Freiheit lässt, sie nicht mit manipulativen Botschaften verführt, sondern ihnen ehrliche und authentische Angebote macht, transparent und überprüfbar, der wird tatsächlich Banner einer Bewegung sein. Kunden kommen dann nicht nur in Scharen, sie bleiben auch treu. Freiwillig eben. Ganz ohne Marketingpredigten.

WORLD WIDE BAZAR

Der Kunde der Zukunft ist im Web längst der Normalfall. Während einige hierzulande immer noch glauben, der Online-Handel sei hauptsächlich dazu da, die letzten Lücken unserer blühenden Konsumlandschaften zu schließen, hat sich ein weltweiter Mega-Basar entwickelt, der nach eigenen Regeln tickt. Wo alles mit allem verlinkt ist und alle mit allen permanent kommunizieren, schließen sich die alten Gräben zwischen Anbietern und Konsumenten. Wo es gestern noch, sagen wir, auf der einen Seite Segler gab und auf der anderen Seite Bootsbauer, Hersteller

von Segelzubehör und Anbieter von Segelbekleidung, da gibt es heute nur noch eine weltweite Community von Segelfans. Wer heute Boote bauen, Segel herstellen oder Takelage anbieten will, aber nicht Teil der Community der Segler ist, ihre Sprache nicht spricht, ihre Trends nicht kennt, wird über kurz oder lang nicht mehr im Geschäft sein. Wer umgekehrt aber den Nerv der Segler trifft, ihren Lifestyle eingesogen hat, ihren Emotionen und Wünschen nachspürt, kurz: zur Community gehört, kann ihnen nicht nur Boote, Segel und Takelage verkaufen, sondern auch noch Freizeitkleidung oder Bootsversicherungen.

Durch solche komplexen Verknüpfungen innerhalb von Lebenswelten und sinngekoppelten Communitys findet zunehmend Wertschöpfung statt, entsteht Produktivität, erhöht sich der Wissensstand und werden dauerhafte Beziehungen geschaffen.

Dabei gilt: Es gibt in Netzwerken kein oben und unten, kein hinten und vorn, sondern nur Komplexität. Egal bei welchem Netzwerk. Jeder ist jederzeit Teil von Communitys. Genau wie die Demokratie nur noch Bürger kennt und nicht mehr trennt in Adel, Klerus und Dritten Stand, so kennt auch jede Communitys, jedes Netzwerk nur noch Mitglieder auf Augenhöhe, die von Zeit zu Zeit unterschiedliche Rollen einnehmen. Top-down-Ansätze funktionieren immer weniger. Sie funktionieren im Netzwerk mit externen Partnern und Spezialisten nicht mehr und sie funktionieren auch im Netzwerk der Kundenbeziehungen nicht mehr. In Netzwerken, gleich welcher Art, verlieren die ehemals Mächtigen ihre Macht. In der Beziehung zwischen Anbieter und Kunde saßen die Mächtigen bisher auf der Seite der Unternehmen. Ihr Machtinstrument hieß „Markenführung“. Und das Ergebnis waren Marken, deren Inhalte und Zugangswege von Managern bestimmt wurden. Diese Top-down-Kommunikation vom Unternehmen zum Kunden ist Vergangenheit.

Der amerikanische Zukunftsforscher und Managementautor Douglas Rushkoff sagt dazu: *„Heute diskutieren zu jedem Zeitpunkt mehr Konsumenten online über BMW-Produkte, als der Hersteller je mit Werbekampagnen erreichen könnte.“* Das bedeutet nichts anderes, als dass die Kunden die Regie übernehmen. Wenn Kunden in Foren ihre Beschwerdebriefe über den Werkstattservice online stellen, einschließlich detaillierter Mängellisten, dann sieht dem gegenüber Marketing-Lyrik, die von Premium-Service schwadroniert, reichlich alt aus. Wenn umgekehrt erste Fotos des neuen 5er im Internet Begeisterungsstürme auslösen, kann BMW sich ein paar Werbemillionen sparen, um sein Design anzupreisen.

Mit anderen Worten: Top-down-Branding funktioniert nicht mehr. Die BMW-Fahrer haben das Sagen.

Kleine Rückblende: Wie sah Autokauf in nicht allzu ferner Vergangenheit aus? Ungefähr so: Einen Prospekt anfordern oder im Autohaus abholen – wo sie meistens unter der Ladentheke lagen, damit nicht jeder Rotzlöffel sich damit eindecken konnte. Sondern wirklich nur der Kunde mit fester Kaufabsicht so ein Hochglanzheftchen bekam. Preisliste und Datenblatt kamen extra – in Schwarzweiß und auf dünnerem Papier. Zu Hause sollten die Kunden dann alles glauben, was die Hersteller so in ihre Prospekte texteten: „Ein Fahrwerk der Extraklasse" (vom Vorgängermodell übernommen), „die Ausstattung lässt keine Wünsche offen" (elektrische Fensterheber gegen Aufpreis), „zeitgemäß effiziente Motoren" (wenn man konstant 90 km/h fährt). Klar, da gab es noch Autozeitschriften – aber der Test war immer schon Monate her und das Heft nicht mehr zu kriegen. Mit anderen Worten: Der Autohersteller hatte Information und Kommunikation weitgehend unter seiner Kontrolle. Und der Kunde musste schon „Beziehungen" zu Unternehmens-Insidern haben, um rauszufinden, was wirklich Sache war.

DIE BMW-FAHRER HABEN DAS SAGEN.

Autokauf heute sieht so aus: Online sind sämtliche Daten und Konfigurationsmöglichkeiten verfügbar. Modelle verschiedener Hersteller lassen sich in der exakten Wunschausstattung vergleichen. Die Tests und Vergleichstests der Fachmagazine sind online abrufbar. Die Videos dazu gibt's auf YouTube. Deutsche Journalisten bevorzugen deutsche Modelle? Dann lesen und sehen wir doch mal, wie zum Beispiel „Road & Track" den neuen 5er bewertet. Die Redakteure sind doch alle geschmiert und journalistische Recherche gilt ihnen als Meinungsschwäche? Auf Dooyoo, Ciao und anderen Verbraucherseiten gibt es hunderte Erfahrungsberichte von Besitzern fast jedes Modells. Und dann kann sich jeder in Foren mit Tausenden Fahrern eines Modells austauschen, deren Kommentare lesen und Fragen posten. Etwa: „Kommt der 520d wirklich mit 5,1 Litern aus?“ Antwort: „Also, ich hab meinen noch nie unter 7,2 bewegt.“ Am Schluss soll der Verkäufer im Autohaus mal meinen, er könnte dem Kunden noch mit Prospektweisheiten kommen und ihm die weichgespülten Melodien seiner Werbetexter ins Ohr flöten. Der Kunde weiß es längst besser.

VERTRAUEN GEGEN KONTROLLE

Der traditionelle Alleingültigkeitsanspruch der strategischen Markenführung widerspricht der Struktur der Netzwerkökonomie. Die soziale Vernetzung via Internet ist längst Realität. Und das Internet wird nicht nur dazu genutzt, sich gegenseitig auf dem Laufenden zu halten, was man gerade so macht, denkt und fühlt, sondern auch, was man gerade so kauft. Und spätestens hier wird die alte Top-down-Kommunikation auf den Kopf gestellt: *„Die Empfehlungen der Freunde und Bekannten sowie deren Freunden und Bekannten bestimmen, wie die Aufmerksamkeit der Menschen gelenkt wird. Das eigene Netzwerk wird zum Filter für einen Großteil der Informationen – ob Nachrichten oder Werbung –, die das Individuum erreichen.“* schreibt der Blogger und Autor Sascha Lobo in einem Beitrag für die *Wirtschaftswoche*. Und weiter: *„Mundpropaganda ist heute digital und verteilt sich binnen Stunden wie ein Schneeballsystem innerhalb des digitalen Bekanntenkreises.“* Das ist eine Tatsache, die sich nicht ignorieren lässt. Und deshalb macht es keinen Sinn, sich dagegen zu sperren und Rückzugsgefechte anzuzet-

teln. Ganz im Gegenteil: Unternehmen sollten die neue Realität als Chance begreifen und aktiv gestalten. Und das heißt:

Kontrolle an die Kunden abgeben. Klingt radikal. Ist aber nur folgerichtig.

Das Beste daran: Im Web hat sich längst gezeigt, dass die Kunden dies freudig begrüßen. Und honorieren. Unsere Überzeugung lautet: Wenn man den Kunden die Kontrolle überlässt, werden sie sie nutzen. Es entstehen Win-Win-Situationen. Es werden neue Werte geschaffen.

Schon jetzt gibt das Internet jedem die Möglichkeit, mit der Welt ins Gespräch zu kommen, sich selbst zu organisieren, sich Informationen zu beschaffen und sie zu verbreiten, Überholtes infrage zu stellen und sich das Recht auf Kontrolle – das er eigentlich immer hatte – zurückzuholen. Immer mehr Kunden sagen sich: Hey, das ist unser Leben. Warum sollen wir jemandem die Kontrolle überlassen, obwohl wir das gar nicht nötig haben? Deshalb lautet die erste und wichtigste Lektion für Unternehmen: Sie müssen den Kunden die Kontrolle übertragen, um ihr Vertrauen zu gewinnen.

DE JURE GEHÖRT DIE MARKE DEM UNTERNEHMEN. DE FACTO DEM KUNDEN.

Dann bleibt ihnen vielleicht auch erspart, was die Deutsche Telekom mit zwei entnervten Kunden erlebte, die die Kontrolle kurzerhand selbst übernahmen, weil sie das Vertrauen in die Serviceversprechen des Unternehmens verloren hatten. Und das passierte so: Ein Techniker des Konzerns sollte bei einem Ehepaar ein Telefon reparieren. Da ihm ein Ersatzteil fehlte, war dies aber nicht möglich. Der Mann wollte dann selbst ein Ersatztelefon kaufen und bestand darauf, dass der Techniker so lange in der Wohnung wartet. Der Techniker war aber nicht gewillt, das zu tun, was das Ehepaar wiederum zum Anlass nahm, ihn kurzerhand in der Wohnung einzusperren. Der Mann machte sich also auf den Weg, das Telefon zu kaufen, die Ehefrau blieb zur Bewachung des Technikers zurück. Der als Geisel genommene Mitarbeiter fand diese Situation alles andere als witzig und versuchte, durch das Esszimmerfenster zu flüchten – was die Ehefrau zu verhin-

dern wusste. Als ihr Mann zurückkehrte, kam es zu einer Rangelei. Am Schluss biss der Rottweiler des Ehepaars dem Techniker in die Hand und der Hausbesitzer brach sich einen Finger.

Eine Geschichte, die Loriot sich nicht besser hätte ausdenken können!

Wir empfehlen Unternehmen ausdrücklich den friedlichen Übergang zur (Kunden-)Demokratie, bevor es zu revolutionären Ausschreitungen kommt.

MILLIONENHEER DER MARKENBESITZER

Die Botschaft, dass die Marke heute den Kunden gehört, kommt in einigen Unternehmen ungefähr so gut an wie einst die Nachricht vom Fall der Berliner Mauer im Politbüro der SED. Es gibt immer noch einige, die das für Unsinn halten. Andere ziehen sich auf die juristische Position zurück. De jure gehört die Marke dem Unternehmen. Das ist unbestritten. De facto sind es aber die Kunden, die über den Wert einer Marke entscheiden.

Der tägliche Volksentscheid findet an der Verkaufsfront statt. Und der Wahlkampf dazu im Internet. Klar hat Ferrero jederzeit das Recht, das Gesicht von Günther, dem Milchbubi auf der Kinderschokolade-Packung, auszutauschen. Aber wenn die Fans der Marke den neuen Schokobuben, den sie verächtlich Kevin getauft haben, nicht mögen und auf der Website www.weg-mit-Kevin.de 75.000 Unterschriften für die Kinderschokoladen-Wiederbegüntherung sammeln, dann hat die Firma definitiv ein Problem.

Dass wehrhafte Kunden nicht nur für Konsumhersteller ein Problem sind, sondern ebenso für Industriegüterhersteller, bekam SAP zu spüren. Als der Konzern seine mittelständischen Kunden darüber informierte, dass man die jährlichen Wartungsgebühren deutlich erhöhen würde, geschah etwas Unerwartetes: Mehr als 100 Firmen, an ihrer Spitze Betriebe wie Bitburger, Miele, Krones oder die Stadtwerke München, verbündeten sich und rebellierten gegen den weltgrößten Hersteller von Unternehmenssoftware. So etwas gab es in Deutschland noch nie: Kunden des mittlerweile 36 Jahre alten Konzerns tragen ihre Revolte in aller Öffentlichkeit aus. SAP hatte praktisch keine Chance und die umstrittene Preispolitik wurde revidiert, der imageschadende Streit mit tausenden Kunden hinterließ aber seine Spuren. Kevin Roberts, der langjährige CEO von Saatchi & Saatchi, eine der weltweit größten Werbeagenturen, sagt dazu: *„Zum ersten Mal in der Geschichte ist heute der Konsument der Boss. Das ist auf faszinierende Weise beunruhigend, beängstigend und furchterregend. Denn alles, was wir bisher glaubten zu wissen und gewohnt waren zu tun, wird nicht länger funktionieren.“*

Die Gewinner der Entwicklung sind deshalb einmal mehr jene Mutigen, die sich genauso schnell wandeln wie der Wandel selbst. Der amerikanische Outdoor-Ausstatter Backcountry gehört dazu. Das Unternehmen war bereits erfolgreich am Markt, als die Gründer John Bresee und Jim Holland ein Experiment wagten: Sie öffneten auf ihrer Website einen Bereich komplett für die User und überließen ihren Kunden damit einen Großteil der Verantwortung für die Marke. Ähnlich wie bei Amazon darf jeder Kunde bei Backcountry.com im sogenannten „Gear Guru Leaderboard“ Testberichte verfassen. Aber das ist bei weitem nicht alles. Backcountry-User stellen Fotos ein, diskutieren Produkte, stellen Fragen und geben sich untereinander Rat. Auch die Hersteller von Outdoor-Produkten und selbst andere Händler dürfen mitdiskutieren, sind allerdings als solche gekennzeichnet.

Wie kam es zu diesem mutigen Schritt? Immerhin überlässt Backcountry damit die Produktbeschreibungen praktisch komplett seinen Kunden. Das ist ungefähr so, als ob die Anleger der Deutschen Bank ab sofort die Prospekte der Fonds texten würden. John Bresee, einer der beiden Gründer des Unternehmens, erklärt diesen Schritt so: *„Wir wollten die besten und umfassendsten Inhalte zu jedem einzelnen Produkt, und wir haben gemerkt, dass wir die nur dann* *bekommen, wenn wir so viel wie möglich von den Inhalten von der User-Community erstellen lassen.“*

Wer will, kann hier das Wikipedia-Prinzip wiedererkennen. Was die 85.000 Outdoor-Fans in der offenen Community alles an Beschreibungen, Erfahrungsberichten, Fotos von Bergtouren und Survival-Trips hochladen, könnte ein noch so effizientes Team angestellter Marketer niemals auch nur annähernd zustande bringen. Noch wichtiger aber sind die emotionalen Bindungen, die auf diese Weise entstehen. Wer nicht nur seine gesamte Ausrüstung bei Backcountry gekauft hat, sondern anschließend noch seine Kilimanjaro-Besteigung in Wort und Bild auf der Website des Unternehmens dokumentiert, entwickelt eine Beziehung zu seinem Händler, wie sie kein Mailing und kein Gewinnspiel jemals herbeizaubern könnte.

Und das rechnet sich. John Bresee ist davon überzeugt, dass seine Firma dank Community-Strategie in den letzten Jahren stets an Umsatz zulegen konnte. Und das auch in Krisenjahren, in denen die Wettbewerber von Backcountry teils empfindliche Einbußen hinnehmen mussten. Dabei verschweigt Bresee nicht, dass der technische Aufwand größer ist als bei einer normalen Katalogwebsite und dem Unternehmen dadurch erhebliche Kosten entstehen. Aber das Geld kommt locker wieder rein. John Bresee zieht heute das Fazit: *„Die Kunden-Community und wir, das ist ein und dasselbe. Wir wollen, dass Menschen die größten Abenteuer ihres Lebens erleben. Das könnten wir niemals erreichen, wenn wir ihnen nicht die Kontrolle überließen.“*

JENSEITS DER WARENWELT

Richard Branson, der Boss der Fluggesellschaft Virgin Atlantic, erhielt von einem Passagier folgende E-Mail: *„Richard, stell dir vor, du bist zwölf Jahre alt. Du sitzt am Weihnachtsmorgen vor dem letzten noch nicht geöffneten Geschenk. Es ist ziemlich groß, und du weißt schon was es ist: Das kann nur die Stereoanlage sein, die du aus dem Katalog ausgesucht hast und die du dir vom Weihnachtsmann gewünscht hast. Dann öffnest du das Päckchen.*

Aber sie ist nicht drin. Stattdessen liegt da dein Hamster. Dein eigener Hamster, und er atmet nicht. Genau so habe ich mich gefühlt, als ich die Folie von meinem Bord-Essen entfernte. Und was sah ich da? Senf, Richard. SENF! Mehr Senf, als ein normaler Mensch in einem Monat essen kann.“

Oliver Beale hieß der erboste Kunde. Ein Werbetexter aus London. Er hielt das Essen auf dem Flug von Mumbai nach London schlichtweg für eine Beleidigung seiner Geschmacksnerven. Seine E-Mail ging durch die Zeitungen, wurde im Internet tausendfach verbreitet und millionenfach gelesen:
„*Was sollte das denn sein? Ist das die Vorspeise oder das Dessert? Was habe ich denn verbrochen, dass man mir sowas vorsetzt? Und hier war offensichtlich der Kartoffelstampfer kaputt. Deshalb hatte man sich wohl für die erstbeste Möglichkeit der Zerkleinerung entschieden, und die Kartoffeln durch den Verdauungstrakt eines Vogels gejagt. Sobald es wieder draußen war, hat man es ordentlich mit Senf vermischt. Das ist ein verdammtes Verbrechen an der Kochkunst! Am Zoll will man mit dem Zeug jedenfalls nicht erwischt werden.*“

Am Schluss des Briefes wendet sich der Schreiber an Richard Branson persönlich:
„*Ich will mir gar nicht erst vorstellen, wie bei Ihnen zu Hause ein Essen aussieht. Vermutlich sieht das eher aus wie Szenen einer Dokumentation aus dem Tierreich.*“ Starker Tobak.

SENF, RICHARD. SENF!

Und was tat Branson? Er lud seinen schärfsten Kritiker ein, in den Küchen von Virgin Atlantic als Testesser zu fungieren. Er sollte Geschmack, Aussehen und Qualität begutachten und Verbesserungsvorschläge machen. Das ist deshalb souverän, weil es die Kundenbeziehung ernst nimmt. Weil hier nicht gemauert und abgewiegelt wird, sondern Kritik auf die Bereitschaft zu lernen trifft.

Was Branson verstanden hat: Die Pflege einer Beziehung gelingt nur dann richtig gut – im Geschäftsleben wie auch privat –, wenn es eine Beziehung auf Augenhöhe ist und sie auf Offenheit und Kritikfähigkeit basiert. So entsteht eine stabile und lebendige Beziehung, die auch mal Belastungen aushält. So retteten treue Leser der Berliner *tageszeitung* das alternative Blatt schon mehrfach vor der Pleite, unter anderem durch überteuerte Unterstützer-Abos. Wer beim morgendlichen Milchkaffee nicht auf „seine“ Zeitung verzichten möchte, macht so etwas.

Eine Beziehung gehört nie EINEM. Niemand ist Besitzer einer Beziehung, sondern sie ist etwas zwischen Mehreren. Das bedeutet für viele Unternehmen eine echte Haltungsänderung:

Ein offenes, transparentes Web torpediert jeden Kontrollanspruch der Anbieter über die Kundenbeziehung. Unternehmen müssen begreifen, dass sie nicht kontrollieren können, was man da draußen über sie denkt.

Jede hohle Marketingbotschaft, jedes leere Versprechen eines Unternehmens wird heute von Kunden sofort entlarvt und an den Pranger gestellt. Und zwar an den weltweiten „digitalen Pranger“, zu dem jeder Zugang hat. Das Gemeine dabei: Steht dort einmal etwas richtig Niederschmetterndes über eine Person oder ein Unternehmen, dann steht es in der Regel auch noch nach Jahren da, für alle auffindbar und dank digitaler Vernetzung auch sehr leicht verbreitungsfähig. Selbst wenn das Unternehmen sich bei den betroffenen Kunden schon hunderttausendmal entschuldigt und sie mit einer Karibikkreuzfahrt entschädigt hat.

Da haben Unternehmen noch Glück, wenn Kunden ihre Beschwerden augenzwinkernd und unterhaltsam formulieren. So wie die Band „Sons of Maxwell“. Aus dem Fenster ihres United-Airlines-Flugzeugs mussten die kanadischen Musiker mit ansehen, wie rabiate Gepäckarbeiter das 3.500 US-Dollar teure Instrument ihres Gitarristen zerlegten. Die Fluglinie ignorierte ihre höflich per E-Mail vorgetragenen Beschwerden. Bis die Musiker einen Song mit dem treffenden Titel „United Breaks Guitars“ schrieben, dazu ein Video drehten und es bei YouTube veröffentlichten. Sänger Dave Caroll singt da unverblümt über seine Gitarre: „Ihr habt sie kaputt gemacht, deshalb solltet ihr sie reparieren, ihr seid verantwortlich, gebt es doch zu, ich hätte eine andere Fluglinie nehmen sollen.“ Das Video mit dem Song wurde allein am Tag der Veröffentlichung schon von 100.000 Nutzern bei YouTube angeklickt. United Airlines entschädigte die Musiker schließlich doch. Aber das musste jetzt der Pressesprecher der Öffentlichkeit beibiegen. Und gab sogar zu, das Video sei sehr gelungen.

Die Lektion daraus: Nutze die Kreativität der unzufriedenen Kunden! Jeder kreative Protest ist auch eine ausgestreckte Hand. „Die Marke gehört den Kunden“ heißt hier: Wenn Kunden etwas an der Beziehung liegt, gehen sie damit sorgsam um. Wer von seiner Lieblingsfluggesellschaft enttäuscht ist, flucht nicht einfach in seinen Bart, sondern überlegt sich, was er tun kann, setzt Gehirnschmalz ein und erfindet eine originelle Aktion.

Auch das gilt für jede Beziehung: Wenn sie uns wichtig ist, tragen wir Streit aus. Wenn sie uns nicht wichtig ist, drehen wir uns einfach um und gehen.

88

LIEBER NUTZEN STIFTEN ALS WERBUNG MACHEN

Vorfreude aufs Essen bei Vapiano

Was nun, wenn sich positive Botschaften genauso rasend schnell verbreiten wie ätzende Kritik an Unternehmen? Ganz einfach: Dann sind wir beim Marketing des 21. Jahrhunderts angekommen. Dieses Marketing verabschiedet sich von der Vorstellung, für die Verbreitung von Produkten, Services oder Imagebotschaften sorgen zu wollen. Sondern es setzt einfach Dinge in die Welt, die sich von selbst verbreiten. Das können naturgemäß nur nützliche und interessante Dinge sein, denn dass irgendwo überflüssiger Schrott auf den Markt geworfen wird, dürfte sich kaum rumsprechen. Die Restaurantkette Vapiano zum Beispiel hat noch nie Werbung gemacht. Trotzdem kommen durchschnittlich

1200 Gäste pro Tag in eine der Dutzenden Filialen auf der ganzen Welt und essen Pizza, Pasta oder Salat. Viel mehr gibt es auch nicht zur Auswahl. Aber cool eingerichtete Räume in bester Lage, frische Zubereitung vor den Augen der Gäste und ein sehr gutes Preis-Leistungs-Verhältnis reichen, um an jedem neuen Standort schnell Stadtgespräch zu sein.

DIE ERFINDER KOMMEN AUS DEM KREIS DER NUTZER.

Eine andere Marke, die nie traditionelle Werbung gemacht hat, ist heute eine der wertvollsten der Welt: Google. Im weltweiten Interbrand Ranking spielt der Internet-Diensteanbieter in einer Liga mit Coca Cola, IBM, Nokia oder McDonald's. Richtig, Coca-Cola kommt noch vor Google. Aber der Limonadenhersteller aus Atlanta hatte ja auch über 100 Jahre Zeit, seine rot-weißen Werbebotschaften auf der ganzen Welt hinauszuposaunen. Google gibt es erst seit 1998. Und verdankt seine Bekanntheit einer ganz anderen Strategie. Nirgendwo auf der Welt hängt ein Plakat, auf dem steht „Sucht mehr mit Google!" oder „Enjoy the Google Experience!" Stattdessen hat Google etwas so Nützliches geschaffen, dass es von den Nutzern von selbst weiterverbreitet wird. Google bietet Plattformen, die von den Usern genutzt werden, um neue Werte zu schaffen. Das zieht wiederum noch mehr Benutzer an. Daraufhin gibt es Weiterentwicklungen und Spin-offs, die wiederum mehr Nutzer anziehen und so fort. In einer Netzwerkökonomie zieht alles blitzschnell Kreise, was man gebrauchen kann oder womit man sogar noch mehr anstellen könnte, als der Erfinder je zu träumen wagte. Und irgendwann kommen die Erfinder gleich aus dem Kreis der Nutzer.

Einer davon heißt Paul Rademacher. Vor einigen Jahren war er Animationsprogrammierer bei dem Studio DreamWorks und auf der Suche nach einer Wohnung in der Nähe von San Francisco. Er fuhr durch die Gegend und hatte dabei massenweise Zeitungen mit Immobilienanzeigen und Landkarten dabei. Als er sich durch die Papierberge kämpfte, kam ihm der Gedanke, man könne genau das kombinieren: Anzeigen und Karten. Weil er Programmierer war, knackte er einfach den Code von Google und verknüpfte Google Maps mit den Immobilienanzeigen im Internet. Acht Wochen später war eine Demoversion fertig – und schon interessierten sich tausende von Usern dafür. Microsoft und Yahoo sprangen auf den Zug auf und innerhalb kurzer Zeit wurde das Internet von sogenannten Landkarten-Mashups überschwemmt. „Mashup“ bedeutet Erstellung neuer Inhalte durch die nahtlose Kombination bereits bestehender Inhalte.

Google verklagte Rademacher nicht dafür, dass er den Code geknackt und mit einer Applikation herumexperimentiert hatte, sondern machte ihm ein Jobangebot.

Eine Wohnung in San Francisco hatte er da inzwischen schon. Kurze Zeit später verknüpften User Google Maps mit allen möglichen Informationen. In Santiago de Chile und Buenos Aires entstanden auf der Grundlage von Google Maps die einzigen brauchbaren Pläne des jeweiligen öffentlichen Verkehrssystems. Wohlgemerkt nicht von den jeweiligen Verkehrsbetrieben erstellt, sondern von normalen Nutzern. Heute ist es normal, bei der Eingabe fast jeder beliebigen Adresse in Google Maps alle möglichen Zusatzinformationen zu bekommen: Fotos, ansässige Unternehmen, Hotels, Sehenswürdigkeiten, Anzeigen von Geschäften in der Nähe und so weiter.

WIR SIND IKEA

Was heißt es, wenn Kunden zu Partnern werden? Nicht nur zu Käufern, sondern auch zu Feedbackgebern, Testern, Produktentwicklern, Markenbotschaftern, freien Mitarbeitern? Es heißt im Klartext, dass es hier um weitaus mehr geht als die „Einbindung“ von Kunden. Die Kunden einzubinden, das war gestern. Es bedeutet, mit den eigenen Kunden zusammenzuarbeiten oder ihnen maßgeschneiderte Waren, Dienstleistungen und Erlebnisse anzubieten. Das funktioniert, indem Unternehmen ihren Kunden zuhören und deren Ideen anzapfen. Sie machen Designwettbewerbe für Kunden, gründen Kundenbeiräte oder lassen ihre Kunden in der Werbung zu Wort kommen. Kundeneinbindung erfolgt also ganz aus der Sicht der Firma: WIR sagen DIR, wann und bei welchen Produkten dein Beitrag erwünscht ist. DU gibst uns dann DEINE Ideen kostenlos, WIR wählen die besten aus – und behalten die Gewinne sowie sämtliche Verwertungsrechte für uns. Okay, damit es nicht ganz so einseitig ist, bekommst DU eine kleine Anerkennung in Form von Geld oder einer Sachprämie. Oder WIR erwähnen dich lobend in unserer Kundenzeitschrift. Sind wir nicht eine coole und progressive Fima?

Das ist zugegebenermaßen immer noch besser als die Kunden zu ignorieren, aber es ist nicht mehr als der evolutionäre Zwischenschritt zu einer Kundenbeziehung auf Augenhöhe.

Zu einer Beziehung, in der Kunden vollwertige Partner sind. Wie stellt man sich darauf ein? Wie zum Beispiel Steven Colbert von Comedy Central, einem Fernsehsender des US-Medienkonzerns Viacom. Colbert fordert sein Publikum auf, selbst Remakes seiner Videos zu machen. Das ist ungefähr so, als würde unser GEZ-Fernsehen die Zuschauer auffordern, doch mal ihren eigenen „Tatort" zu drehen. Und den dann tatsächlich senden. Das wäre eine Einstellung, so wie sie sich bei „Television without Pity" findet: Produzenten von erfolglosen Fernsehserien nutzen die satirische Website, um die Zuschauer um Ratschläge zu Handlung und Figuren zu bitten, damit es mit der Quote wieder aufwärts geht.

Oder man macht es wie Burdastyle.com, wo Urheberrechte auf Schnittmuster einfach abgeschafft wurden und die Öffentlichkeit eingeladen ist, die Muster zu verwenden und anzupassen oder eigene Muster zu entwerfen und auszutauschen. Oder wie Ikea. Das schwedische Möbelhaus hat zum 30-jährigen Geburtstag seines Kult-Regals „Billy" alle Billy-Besitzer aufgefordert ihr Billy zu fotografieren und auf der Website hochzuladen.

Aus den Fotos machte Ikea einen TV-Spot, in dem man dann mit etwas Glück sein eigenes Regal sehen konnte. Doch Ikea-Kunden wollen längst mehr.

Angefangen hat es mit den Ikea-Hacks. Immer mehr Kunden haben nämlich irgendwann gemerkt, dass man die Ikea-Möbel auch anders zusammensetzen kann als im Bauplan beschrieben. Da wird der Küchenrollenhalter zum Laptopständer, die Reibe zur Leuchte, der Schubladenschrank zum PC-Gehäuse oder das Wandregal zum Katzenbaum. Hier fordern Kunden ein Unternehmen heraus. Sie wollen Produkte aktiv mitgestalten.

Kunden liefern hier nicht länger ihre Ideen ab, damit das Unternehmen damit Geld verdient. Nein, sie wollen echte Mitsprache bei der Gestaltung der Produkte. Das Schlagwort dafür heißt „Prosumption“. Der „Prosument“ ist „Produzent“ und „Konsument“ gleichzeitig. Die Grenze verschwimmt völlig. Prosumption ist gerade dabei, zu einer sehr mächtigen Triebkraft von Wandel und Innovation zu werden. Mit Millionen von Kunden gemeinsam etwas zu entwickeln bedeutet, das größte Reservoir an Kreativität anzuzapfen, das es jemals gegeben hat. Es wäre also fatal, diese Kreativitätsreserve nicht zu nutzen.

AUFGEMISCHT

Aber ganz so einfach ist es dann doch nicht, denn für Unternehmen mit herkömmlichen Geschäftsmodellen bringt das völlig neue Spielregeln und ein paar schwer zu verdauende Herausforderungen mit sich:

Kunden werden Produkte zunehmend als Plattform für eigene Innovationen verwenden – ob die Firmen es ihnen gestatten oder nicht.

Das Dilemma kennt zum Beispiel Apple. Das Hacker-Programm Podzilla kann aus dem iPod ein völlig anderes Gerät machen. Mit anderen Eigenschaften und anderen Anwendungen. Das Problem besteht darin, dass sich einerseits ein Geschäftsmodell, das die Kunden einsperrt und Innovationen aussperrt, auf Dauer kaum mehr zu verteidigen ist. Andererseits kann die totale Öffnung der iPod-Architektur dazu führen, das aktuelle Geschäftsmodell und Apples Produktstrategie zunichte zu machen.

Ein echtes Dilemma: Ein Unternehmen, das seinen Kunden freie Hand lässt, seine Produkte zu verändern, riskiert die Kannibalisierung seines Geschäftsmodells und den Verlust der Kontrolle über seine Plattform. Ein Unternehmen, das gegen seine Kunden kämpft, schädigt wiederum seinen Ruf und lässt seine potenziell wertvollste Innovationsquelle versiegen.

HEY, DAS DING IST UMSONST! WAS FÄLLT EUCH EIN, HIER LAUTER EXTRAS ZU VERLANGEN! GEHT'S NOCH?

Apple meint beispielsweise, dass dieses Risiko noch vertretbar ist, sofern die Hacks Randerscheinungen bleiben. Momentan sind Produkthacker immer noch eine kleine Minderheit unter den Kunden, und es spricht nicht viel dafür, dass Hacks und selbst gebastelte Anwendungen in den nächsten paar Monaten zu einem globalen Massenphänomen werden.

Aber wie wird es in drei oder fünf Jahren aussehen? Wenn technisch versierte Kunden die Norm sind? Unternehmen werden nicht auf lange Sicht gegen ihre Kunden kämpfen können. Sie werden „Prosumption“ auch nicht auf bestimmte klar abgegrenzte Reservate beschränken können. Die Kunden werden weiter hacken. Digital verändern. Produkte nach eigenen Wünschen umgestalten. Unternehmen, die sich so schnell wandeln wie der Wandel, werden nicht umhin kommen, die Kunden mitmachen zu lassen.

Beispiele dafür gibt es längst. Leider nicht alle legal. In der Musikindustrie sind „Mashups“, auch „Bastard Pop“ genannt, schon keine große Sache mehr. Es bedeutet, dass Menschen Songs digital aus ganz unterschiedlichen Quellen und Stilen zusammenmischen. So entstehen Mix-Singles und zunehmend auch ganze Alben. Das Problem für diese Mashup-Produzenten ist allerdings das Urheberrecht.

Demnach sind nämlich diese Alben illegal – und immer öfter verklagen Plattenfirmen die Hersteller von Mashups. Uns geht es nicht darum, die Haltung der Plattenlabels zu beurteilen. Es ist letztlich ihre Entscheidung, wie sie damit umgehen. Zweierlei sollte dabei aber nicht vergessen werden: Erstens, die Hersteller von Mashups machen eigentlich Gratis-Werbung für die Originale. Und zweitens: Die Marke gehört den Kunden. Klar, de jure sind es die Produkte des Unternehmens. Seine Angebote und seine Kundenbeziehungen. Aber de facto sind sie es eben nicht.

Keine Frage, diese Botschaft ist ebenso radikal wie gewöhnungsbedürftig. Selbst wir, die wir glaubten, die Botschaft sei bei uns angekommen, haben uns dabei erwischt, dass wir noch nicht so weit waren. Das kam so: Wir haben einen monatlichen Newsletter, den „Business Backstage Report“. Häufig bekommen wir Mails von Lesern mit ganz speziellen Wünschen: bitte das noch reinnehmen, bitte dies noch weglassen. Und warum gibt es den Newsletter monatlich und nicht wöchentlich? Oder stündlich? Wir geben zu: Anfangs waren wir nur genervt. Hey, das Ding ist umsonst! Was fällt euch ein, hier lauter Extras zu verlangen! Geht’s noch?

Aber dann fiel auch bei uns der Groschen – zugegebenermaßen mit etwas Verspätung: Wie doof sind wir denn? Die Marke gehört den Kunden! Punkt. Wir bringen einen Newsletter heraus, aber in dem Moment, wo er draußen ist, gehört er den Lesern. Diejenigen, für die unser Produkt gemacht ist, dürfen auch mitbestimmen und mitgestalten.

Wie sie das tun, zeigt folgende Begebenheit: Ein Leser konnte die PDF-Version unseres Newsletters nicht ausdrucken. Bemerkungen wie „Also, wir können ihn problemlos drucken und es hat sich auch sonst noch nie einer beschwert“ konnten ihn nicht ruhigstellen. Immer wieder meldete er sich per E-Mail und bat uns, das Problem zu lösen. Dann machte es bei uns Klick: Unser Newsletter ist ihm WICHTIG. Dann muss uns der Leser auch wichtig sein. Erst nach und nach wurde uns klar: Es geht hier um sehr viel mehr als um einen Leser, der ein technisches Problem hat. Es geht um unser VERHÄLTNIS zu unseren Lesern. Ist der Newsletter eine monatliche Predigt, der die Gemeinde andächtig lauscht? Oder ist er vielmehr die Einladung zu einem andauernden Dialog? Der Auftakt zu einem kooperativen Zusammenspiel zwischen uns und unseren Lesern, bei dem diese Verbesserungsvorschläge machen, Beiträge kommentieren, unsere Gedanken weiterentwickeln? Genau das tun unsere Leser nämlich. Sie schenken uns ihre Kreativität und Loyalität. Wir widmen ihnen Aufmerksamkeit und eine Plattform auf unserer Website und bei Facebook. Darin besteht unsere GEMEINSAME Wertschöpfung. Deshalb an dieser Stelle: DANKE an Euch!

Doch zurück zum PDF-Problem. Angetrieben durch diese Erkenntnis, schalteten wir unseren Grafiker ein. Der war ratlos. Doch dann verblüfft uns unser Leser. Er hat in Irland mit einer Managerin von Adobe, dem Hersteller der PDF-Software, Kontakt aufgenommen. Und sie hat eine ganze Seite mit möglichen Fehlerquellen geschickt. Auf diese Weise können wir den seltenen Bug schließlich ausmerzen. Und der Leser ist zu seinem Recht gekommen. Der Newsletter gehört schließlich ihm.

5. DENKE UNTERNEHMEN VON INNEN NACH AUSSEN! FINDE DEINEN PLATZ!

Südindien. Dezember. Pilgerzeit. Wir sind mit dem Auto unterwegs und sehen überall auf den Straßen das gleiche Bild: Ein unbeschreibliches Verkehrsgewusel aus Autos, alten Bussen, Motorrädern, dreirädrigen gelb-schwarzen Tuk-Tuks, Ochsenkarren und Fußgängern. Dazwischen immer wieder heilige Kühe und mit Blumengirlanden geschmückte Minibusse, zum Bersten voll mit Gruppen ebenso bunt gekleideter Pilger.

Vor einem besonders schönen Tempel halten wir und schließen uns neugierig einer Pilgergruppe an.

Im Inneren des Tempels empfängt uns eine mystische Atmosphäre. Es riecht nach Räucherstäbchen, Gewürzen und Schweiß. Die tief verwurzelte Spiritualität der Menschen hier schlägt uns in den Bann. Nach einer Weile spricht uns ein älterer Mann an. Dass wir keine Inder sind und keinen roten Punkt auf der Stirn haben, ist ja nicht zu übersehen. Der Mann ist groß gewachsen, sehr freundlich und fragt uns in dem für Indien so typischen Singsang-Englisch, ob wir etwas über die Gottheiten erfahren wollen, die hier verehrt werden. Klar wollen wir! Unser spontaner Tempelführer deutet auf Reliefs und Statuen und erzählt uns von den drei großen Göttern des Hinduismus: Brahma, Vishnu und Shiva.

Brahma ist der Schöpfer allen Lebens. Vishnu ist der Bewahrer. Und Shiva ist der Zerstörer und Erneuerer. Wir lernen, dass diese drei Gottheiten eine Dreigestalt bilden: Trimurti. Kein Gott allein repräsentiert das Prinzip des Lebens – gemeinsam stehen sie für die ganze Wirklichkeit. Schöpfung, Bewahrung und „schöpferische Zerstörung" im Zusammenspiel machen das Leben aus und sorgen für Fortbestand in permanentem Wandel und Erneuerung.

Was uns in diesem Moment in dem Tempel in Südindien bewusst wird: Es ist die perfekte Metapher für ein universell gültiges Prinzip:

Der Dreiklang aus Wert-Schöpfung, Bewahrung und kreativer Zerstörung sorgt für ein gesundes Gleichgewicht im Leben eines jeden Menschen.

Das gleiche Prinzip gilt auch für die größere Organisationseinheit „Unternehmen" und die noch größere Einheit „Gesellschaft". Die große Herausforderung liegt darin, diese drei Kräfte in einer stimmigen Balance zu halten. Auf die Ausgewogenheit kommt es an.

Wer nur auf Altbewährtes setzt, verpasst die Zukunft. Wer hingegen sein Augenmerk nur auf das Neue richtet, übersieht leicht die Chancen, die im Gegenwärtigen stecken. Und wer nur damit beschäftigt ist, die Vergangenheit zu vergessen, läuft Gefahr, seine Identität zu verlieren. Veränderung, Bewahrung und Neuschöpfung gehören zu einem erfüllten Leben dazu, aber wie bei so vielem tut auch hier ein Zuviel genauso wenig gut wie ein Zuwenig.

DAS IST EIN PARADOXON, KEINE FRAGE.

Was bedeutet das für Unternehmen? Sie müssen den notwendigen Raum für VERÄNDERUNG UND ERNEUERUNG schaffen. Die zunehmende Unberechenbarkeit des Marktes verlangt ihnen ein Maximum an Flexibilität und

Innovationsgeschwindigkeit ab. Sie brauchen permanent neue Produkte und Services, müssen neue Kundengruppen erschließen und sich an ihren jeweiligen Standorten entsprechend umorganisieren. Aber trotz fortwährender Veränderung müssen sie auch dafür sorgen, dass die eigene Unternehmensidentität gewahrt bleibt. Denn Identität bedeutet, im Markt unterscheidbar zu sein. Verliert ein Unternehmen seinen Kern – seine Identität – aus den Augen, verliert es seinen Sinn. Deshalb ist BEWAHRUNG so ungeheuer wichtig.

Und schließlich ist da auch noch die Aufgabe der WERT-SCHÖPFUNG. Die Umsätze und Erträge müssen stimmen – heute und zukünftig.

Unternehmen, die ihr lebendiges Potenzial entfesseln, lassen diese drei Elemente nicht nur zu, sondern sorgen permanent für ein balanciertes Zusammenspiel. Was es so herausfordernd macht: Organisationen müssen Flexibilität und Stabilität gleichzeitig herstellen. Das ist ein Paradoxon, keine Frage. Nach unserer Überzeugung braucht es gar nicht unbedingt aufgelöst werden – man muss es aber in den Griff bekommen.

Das ist nur möglich, wenn sich Unternehmen so organisieren, dass ein produktives Zusammenspiel zwischen den drei unterschiedlichen Wertlieferanten möglich ist. Da sind zum einen die „Wert-Schöpfer“, die für Umsatz und Erträge sorgen. Das sind die dynamischen Verkäufertypen unter den Mitarbeitern.

Sie brauchen als Gegenspieler die „schöpferischen Zerstörer“, die Querdenker und unruhigen Geister, die das Althergebrachte klug infrage stellen und Neues entdecken. Diese sind meist unbequem, weil sie ein gewisses Maß an Störungen verursachen. Schließlich braucht jedes Unternehmen Mitarbeiter, die das erhalten, was das Unternehmen in seinem innersten Kern auszeichnet.

Sie sind die Bewahrer der „Unternehmens-DNA“. Solche Mitarbeiter sind es, die beispielsweise rebellieren, wenn bei ihrer Biomarkt-Kette ein Discounter einsteigen will. Ein gesunder Mix dieser Persönlichkeitstypen muss den Kern jeder Organisationsstruktur ausmachen. Eine Trinität eben, wie die von Brahma, Vishnu und Shiva.

KONZENTRISCHE KREISE STATT PYRAMIDEN

Stellte sich früher die Machtverteilung in Unternehmen in Form einer pyramidenförmigen Organisationsstruktur dar, so hat sich dieses Bild heute nachhaltig gewandelt. Unternehmen, die Wandel dauerhaft und chancengetrieben vorantreiben, können es sich schlicht nicht leisten, ihre Organisation in solch machtzentrierten und starren Strukturen zu betonieren.

Die neue Form der Unternehmen gruppiert sich um einen Kern von Schlüsselpersonen. Das Bild solcher Unternehmen ähnelt einer Ansammlung konzentrischer Kreise, mit einer Kernmannschaft im Zentrum.

GUT BEZAHLTE JOBS. PRODUKTIVE JOBS. ABER VIEL WENIGER JOBS.

Diese für das Unternehmen so wichtigen Menschen im Zentrum der Organisation repräsentieren als Gruppe einen gut ausbalancierten Persönlichkeitsmix aus Schöpfern, Bewahrern und Zerstörern, um das so zentrale Zusammenspiel aus Wertschaffung, Bewahrung der Kernwerte und Erneuerung zu ermöglichen.

Die Zahl der Menschen, die in dieser Kernmannschaft zukünftig arbeiten werden, wird sich verkleinern. Das bedeutet für diejenigen, die weiterhin im Kernbereich der Unternehmen als fest angestellte Mitarbeiter arbeiten (dürfen): gut bezahlte Jobs, produktive Jobs, aber viel weniger Jobs.

Um diese Kernmannschaft herum wird es dann eine Ansammlung von Zuarbeitern oder Spezialisten geben. Das können beispielsweise Ingenieure, Programmierer, Designer oder auch Berater und Coaches sein, die projektweise für mehr als einen Auftraggeber arbeiten.

Um den Kreis der Spezialleistungen herum liegt der Kreis der „helfenden Hände". Das ist ein zugegebenermaßen nicht sehr freundliches Wort, aber ein zutreffendes: Wer weder zum professionellen Kern eines Unternehmens gehört noch als Spezialist mit nicht leicht austauschbaren Fähigkeiten gemeinsam mit verschiedenen Auftraggebern hohe Werte schaffen kann, ist austauschbar. Er oder sie wird zu einer großen Gruppe von Personen gehören, die von Unternehmen bei Bedarf und nur für die Dauer des Bedarfs angeworben werden.

Diese Entwicklung existiert und wird sich zukünftig eher noch verstärken. Der Grund dafür ist Notwendigkeit der Flexibilisierung. Nun lässt sich einwenden, dass Flexibilität zu allen Zeiten ein Erfordernis gesunden Wirtschaftens war. Es gab schon immer zyklische Schwankungen der gesamtwirtschaftlichen Aktivität. Was für Unternehmen in der Konsequenz bedeutet, dass es gute Zeiten gibt, in denen man sich vor Aufträgen kaum retten kann und schlechte Zeiten, in denen die Nachfrage stark einbricht. Der Unterschied zwischen früher und heute liegt jedoch darin, mit welchen Mitteln auf den Zwang zur Flexibilisierung reagiert wird. Gab es früher einen unternehmerischen Risikopuffer in Form von Kapitalreserven, die das nötige Fettpolster bildeten, um Einbrüche in der Nachfrage verkraften zu können, hat sich das heute flächendeckend geändert. Diese Fettpolster wurden abgebaut und der Risikopuffer heute ist die atmende Belegschaft. Durch den Einsatz „helfender Hände“, deren Kapazität je nach Auftragslage angepasst wird, werden lange nicht mehr so viele Kapitalreserven in Form von Rücklagen benötigt. Das ist in der Tat eine aus unserer Sicht nicht sehr menschenfreundliche Entwicklung – aber sie existiert. Die Arbeitsgesellschaft hat keine einheitliche Struktur mehr, in die alle irgendwie automatisch passen. Viele werden ihren neuen Platz darin erst noch finden müssen. Wer von dieser Entwicklung nicht überrollt werden will, muss sich darauf einstellen.

DER RISIKOPUFFER DER NEUEN ZEIT IST DIE ATMENDE BELEGSCHAFT.

Wir werden uns im 21. Jahrhundert an einer „3x3-Organisationsstruktur“ orientieren müssen. Damit ist kein starres Organigramm vorgegeben, sondern lediglich ein Prinzip umrissen. Zur Orientierung eben. Auch Brahma, Vishnu und Shiva stehen nicht für das Leben selbst, sondern für die Prinzipien, die Leben in seiner ganzen Vielfalt und ständigen Verwandlung erst ermöglichen. So ist auch unser „3x3“ gemeint: Schöpfen, Bewahren, Zerstören im Kern, umgeben von Spezialisten und helfenden Händen als konzentrische Kreise.

Wer in Zukunft zur Kernmannschaft eines Unternehmens zählen will, dem werden außerordentliche Leistung, hohe Flexibilität und eine Menge an Kreativität, Initiative und Einsatz abverlangt werden. Der Leistungsdruck nimmt zu. Das heißt aber nicht, dass jedes Mitglied dieses Kernteams 24/7 im Hamsterrad dreht. Ganz im Gegenteil, es ist nicht einmal notwendig, im klassischen Sinn „Vollzeit“ zu arbeiten, um hier dazuzugehören. Schätzungsweise 30 bis 40 Prozent der deutschen Großkonzerne experimentieren bereits mit Teilzeitarbeitsplätzen und rund 10 Prozent aller Führungskräfte verfügen schon über Erfahrungen mit reduzierter Arbeitszeit.

Entscheidend ist also weniger, wie viel und von wo aus ein Einzelner im Kern des Unternehmens arbeitet, sondern wie die Mischung der Charaktere aussieht und wie gut das Zusammenspiel funktioniert.

Sehen wir uns das einmal näher an!

KERNENERGIE: DIE WERT-SCHÖPFER

Die erste der drei Gruppen im Unternehmenskern ist die der Wert-Schöpfer. Ihre Kernaufgabe: das Unternehmen in Schwung zu halten. Menschen dieses Schlags arbeiten hart für ihre externen und internen Kunden, um die Umsatzmaschine zu befeuern und den Cashflow niemals abreißen zu lassen. Es sind vom Typ her dynamische Macher, die in allen Bereichen des Unternehmens zu finden sind – in der Produktion, im Produktmanagement, im Bereich

„ICH SCHAFFE HIER DIE KOHLE RAN!"

Forschung und Entwicklung, in der Finanzabteilung und in Marketing und Verkauf. Sie sind karrieregetrieben, wollen vorankommen und dabei immer auch gutes Geld verdienen.
Viele von ihnen sind emotional nicht an ein bestimmtes Unternehmen oder eine bestimmte Branche gebunden. Loyalität empfinden sie eher gegenüber ihrer jeweiligen Aufgabe, als gegenüber der Organisation, für die sie tätig sind. Für ihren Einsatz und ihr Engagement erwarten sie eine adäquate Gegenleistung und reagieren oft ungehalten, wenn die Anreize schwächer werden. Das Selbstbewusstsein, mit dem sie innerhalb des Unternehmens auftreten, ist ausgeprägt. Typischer Satz: „Ich gehöre hier zu denjenigen, die den Laden am Laufen halten und die Kohle ranschaffen!"

Die Wert-Schöpfer stehen aufgrund dieser Einstellung den Gruppen der Bewahrer und der schöpferischen Zerstörer kritisch, manchmal sogar latent misstrauisch oder offen feindselig gegenüber. Die beiden letztgenannten Gruppen liefern aus Sicht der Wert-Schöpfer einen Beitrag zum Unternehmenserfolg, der nur schwierig zu messen ist und daher nicht allzu ernst genommen werden muss. Außerdem stehen sie ihnen permanent im Weg: Die einen, weil sie in der Wahrnehmung der Wert-Schöpfer andauernd bremsen, und die anderen, weil sie ständig alles infrage stellen. Beides nervt die Wert-Schöpfer.

SAP-Mitgründer Hasso Plattner wird die Wesensart eines solchen Wert-Schöpfers stets nachgesagt. Der ungeduldige Macher mit seinem wallenden grauen Haar und seiner impulsiven und oft aufbrausenden Art wird bei dem Walldorfer Software-Riesen ebenso bewundert wie gefürchtet. Seinem Erzrivalen Larry Ellison von Oracle soll der Milliardär und begeisterte Segler einmal sogar während einer Regatta den nackten Hintern gezeigt haben, nachdem das Team des Amerikaners sich geweigert hatte, den deutschen Konkurrenten nach einem Mastbruch zu helfen. Nichts hassen die Wert-Schöpfer mehr, als wenn sie von anderen nicht bekommen, was sie wollen. Dafür machen sie nicht nur sich selbst, sondern auch andere reich. Bezeichnenderweise holte SAP Hasso Plattner mehr oder weniger aus dem Ruhestand zurück, als es in Walldorf erstmals in der Unternehmensgeschichte mit den Umsätzen, der Kundenzufriedenheit und der Stimmung bei den Mitarbeitern steil nach unten ging. „Mr. SAP" soll es wieder mal richten.

URGESTEIN DER UNTERNEHMEN: DIE BEWAHRER

Die zweite Gruppe im Unternehmenskern sind die Bewahrer. Sie sind die Hüter der Firmenkultur und sorgen dafür, dass die Identität des Unternehmens Bestand hat. Das macht sie zu Trägern der „DNA" eines Unternehmens. Oft haben sie einen hohen informellen Einfluss auf das soziale Gefüge des Unternehmens. Jeder kennt diese Menschen: Es sind Unternehmensveteranen, die schon seit einer halben Ewigkeit dabei sind und mehr Krisen und Umstrukturierungen überstanden haben als andere in dieser Firma überhaupt erleben werden. Sie sind das Urgestein und stehen für das, was das Unternehmen auszeichnet.

Sie sind deshalb auch nicht für irgendeine Organisation tätig, nein, sie atmen und sie leben ihre Firma. Das Blut in ihren Adern trägt längst die Farbe der Unternehmens-CI. Die Bewahrer sind auch der erste Ansprechpartner, zu dem man als Neuling geht, wenn man verstehen will, wie die Dinge informell laufen, abseits der offiziellen hierarchischen Entscheidungswege. Diese Leute haben das beste Netzwerk im Unternehmen, fast immer einen direkten Draht zu den oberen Chefs, aber auch nach unten, zum Beispiel zu den Mitarbeitern der Poststelle oder zum Pförtner. Sie kennen jede Abkürzung und wissen wie man bestimmte bürokratische Hürden elegant umschifft. Man kann sich das Unternehmen ohne sie überhaupt nicht vorstellen. Typischer Satz: „Ach, das kennen wir doch – Ich weiß, mit wem Sie da mal reden sollten."

„ACH, DAS KENNEN WIR DOCH …"

Wenn ein Unternehmen ständige Veränderungen umsetzen, dabei aber nicht seine Seele verlieren will, braucht es solche Menschen. Sie sind kein Ballast, nein, sie müssen zwingend mit ins Boot! Bei Grundsatzfragen, wie nach dem Unternehmensleitbild oder den übergeordneten Zielen, sind die Bewahrer wichtige Impulsgeber. Sie sind es, die verhindern, dass die Antworten der DNA des Unternehmens widersprechen und die Geschichte des Unternehmens vergessen wird.

Sie sind das Korrektiv für übereifrige Zerstörer und Erneuerer, die bei Veränderungen zu schnell vergessen, wofür das Unternehmen in seinem Kern eigentlich steht.

Damit begegnen sie einem erheblichen Problem: Immer weniger Mitarbeiter, das zeigen Umfragen seit einigen Jahren, können sich mit dem, was ihr Unternehmen tut, identifizieren. Ihnen fehlt der Sinn. Das übergeordnete Ziel. Die Folge ist dann, dass es für die Mitarbeiter letztlich egal ist, für wen sie arbeiten. Doch wie sollen Mitarbeiter ihr lebendiges Potenzial entfalten, wenn sie sich mit ihrem Unternehmen nur noch über das Gehalt identifizieren? Wo die Kernwerte verloren gegangen sind, geht es am Ende nur noch ums Geld. Und das ist der Anfang vom Ende. Deshalb ist es so wichtig, in jeder Organisation auch einen gesunden Anteil von Bewahrern zu haben.

Wert-Schöpfer und schöpferische Zerstörer haben gleichermaßen Vorbehalte gegenüber den Bewahrern, denn diese Menschen stehen gerade *nicht* für Fortschritt, Innovation und fortwährende Veränderung. Deshalb sind sie häufig für Führungsaufgaben nicht die erste Wahl. Sie drängen auch gar nicht ins Scheinwerferlicht der Macht. Vielmehr hängen sie der fast schon altmodischen Idealvorstellung an, ihr gesamtes Berufsleben in einem einzigen Unternehmen verbringen zu können. Es sind Menschen, die jederzeit bereit sind, aus einer tiefempfundenen Loyalität zum Unternehmen persönliche Opfer zu bringen. Ihre Persönlichkeit steht diametral zu dem karriereorientierten Manager, der seinen Job so oft wechselt wie sein Hemd. Was die Persönlichkeit der Bewahrer ausmacht, sind Werte wie Loyalität, Bodenständigkeit, Ehrlichkeit und Menschlichkeit.

Die Bewahrer sind deshalb auch die verwundbarste Gruppe. Sie sind oftmals diejenigen, die als erstes auf den schwarzen Listen stehen, wenn es um Gehaltskürzungen oder gar Entlassungen geht. Der Wert, den diese Menschen zum Unternehmenserfolg beitragen, ist in Zahlen nur schwer zu messen. Wie will man den Beitrag zur Bewahrung einer Unternehmens-DNA denn auch in Euro, Franken oder Dollar ausdrücken? Deshalb sehen die Wert-Schöpfer und die schöpferischen Zerstörer typischerweise auch nur, was man durch Kürzungen einsparen könnte – aber nicht das, was man verliert, wenn die Bewahrer kaltgestellt werden oder gehen müssen. Der Verlust an Identität für das Unternehmen wäre in den meisten Fällen dramatisch höher zu bewerten als die im Gegenzug eingesparten Kosten.

TURBOLADER DER FIRMENMASCHINE: DIE SCHÖPFERISCHEN ZERSTÖRER

Bleibt als dritte Gruppe im Unternehmenskern der „schöpferische Zerstörer“. Er ist der Querdenker, Innovator und Fürsprecher des Wandels. Seinen Namen trägt dieser Menschentyp in Anlehnung an den Ökonomen Joseph Schumpeter, für den „schöpferische Zerstörung“ die Natur der modernen Marktwirtschaft ist. Dementsprechend ist es die Aufgabe dieser Menschen, das Unternehmen wettbewerbsfähig und vital zu halten, indem sie bestehende Produkte, Dienstleistungen, Prozesse, Geschäftsmodelle und Managementprinzipien immer wieder intelligent auf den Prüfstand stellen, das Abwerfen von Ballast und ständige Erneuerung einfordern und damit den Weg in die Zukunft freimachen. Typischer Satz: „Es gibt keine Probleme, sondern nur Chancen."

Viele Unternehmen heute verstehen, warum sie schöpferische Zerstörer brauchen. Deshalb sind solche Menschen als Mitarbeiter auch sehr gefragt. Sehr zur Enttäuschung vieler Chefs hat dieser Typ aber nicht immer Lust auf einen Job in einem etablierten Unternehmen. Er könnte sich vielleicht eher vorstellen, für ein Start-up zu arbeiten oder selbst eine Geschäftsidee zu entwickeln.

Das eigentliche Dilemma der Etablierten aber ist, dass die Querdenker, Innovatoren und Entrepreneure von Bord gehen, je größer und erfolgreicher ein Unternehmen wird.

„JEDES PROBLEM IST EINE CHANCE."

Viele schöpferische Zerstörer haben bei einem Unternehmen in dessen Gründungsphase angeheuert, weil sie fasziniert davon waren, dass nicht alles reglementiert war. Man konnte Dinge einfach ausprobieren und mit einer fast kindlichen Unbekümmertheit neue Wege einschlagen. Aber genau diese Dinge sind es, die bei einem Unternehmen, das die turbulente Gründungsphase hinter sich hat und nun zu den großen und gesetzten Playern im Markt zählt, nach und nach abgeschafft werden. Die Abwanderung der Querdenker, Innovatoren und Entrepreneure geht so lange gut, bis das Unternehmen zu stolpern beginnt und den Angriffen von neuen, schnelleren und innovativeren Wettbewerbern im Markt nichts mehr entgegensetzen kann.

Es ist dieses Phänomen, das Clayton Christensen in seinem Bestseller „The Innovator's Dilemma" beschreibt: Man startet als kleines, dynamisches und junges Unternehmen und sprudelt nur so vor Ideen. Eine davon fängt Feuer im Markt und das Unternehmen wird erst groß und erfolgreich – und dann satt, selbstzufrieden und besserwisserisch. In den Büros, Fluren und Werkshallen des Unternehmens macht sich eine fatale Innovationsträgheit breit. Nur noch die Ideen setzen sich durch, die zur vorgegebenen Strategie und Struktur passen. Wachstum gibt es (noch). Aber es ist nicht das Resultat aus der Entwicklung genialer neuer Produkte, Verfahren oder Technik. Treibstoff des Wachstums sind Firmenübernahmen oder die Ausweitung des traditionellen Geschäfts. Strategie-Guru Gary Hamel bringt es passend auf den Punkt: *„Wer schon mal länger in einem großen Unternehmen beschäftigt war, weiß, dass die Erwartung, solche Organisationen könnten strategisch flink und rastlos innovativ sein oder faszinierende Arbeitsplätze bereitstellen, der Hoffnung ähnelt, ein Hund könnte lernen, Tango zu tanzen."*

Es ist der Erfolg, der das Unternehmen lähmt, neue Antworten auf neue Herausforderungen zu finden. Warum sollte man auch das, womit man jahrelang erfolgreich war, infrage stellen? Diese neuen Antworten werden dann wiederum von neuen, jungen Wettbewerbern im Markt gefunden, die vor Ideen nur so sprudeln, bis eine davon sich im Markt entflammt. Und – da capo!

Die meisten Unternehmen haben diesen Mechanismus verstanden und investieren deshalb in große Forschungslabore, grasen die Unis nach jungen Talenten ab oder kaufen dynamische Start-ups. Aber sie haben auch verstanden, dass die einzige Chance zum Überleben darin besteht, die Fähigkeit und den Willen zur permanenten Innovation nicht nur kurzfristig, sondern auf Dauer in der eigenen Organisation zu verankern. Unternehmen können sich auch für noch so viel Geld Innovationskraft nur in Maßen von außen einverleiben. Stattdessen müssen sie in den eigenen Reihen die Spezies der schöpferischen Zerstörer hegen und pflegen. Dieser Menschentyp muss Raum bekommen, um seine Stärken zu entfalten.

Die Herausforderung für Führungskräfte besteht darin, diese Menschen in den eigenen Reihen zu identifizieren oder es ihnen zumindest zu ermöglichen, sich selbst bedenkenlos als Querdenker und Innovator zu outen. Sie brauchen ein hohes Maß an Freiraum, Ressourcen, Zugang zu Talenten und die erforderliche Technik zur Unterstützung. Erhalten sie das, können sie wahre Wunder bewirken. Doch leider steht dem in vielen Unternehmen eine Kultur entgegen, die Querdenker und Abweichler an den Rand drückt. Sie werden als nervende Besserwisser und Berufsnörgler gebrandmarkt, die zudem noch als unbequem gelten.

Ein Unternehmen, das im Umgang mit den „schöpferischen Zerstörern“ viel verstanden hat, ist der kalifornische Hightech-Konzern Cisco. Er beschäftigt rund 66.000 Mitarbeiter und macht hauptsächlich mit Rechnernetzen und Telekommunikation rund 60 Milliarden US-Dollar Jahresumsatz. Das Unternehmen hat sich quasi ein Start-up ins eigene Haus eingebaut: Die „Cisco Emerging Technologies Group“ ist eine hausinterne Kreativschmiede, in der die Uhren etwas anders ticken als sonst im Konzern. Die Grundidee: Querdenkern einen festen Job geben und sie auf alle Ressourcen eines Großunternehmens zugreifen lassen – und ihnen gleichzeitig ein Art Reservat einrichten, in dem sie sich austoben können, ohne dass Controller vom Schlage der Bewahrer ihnen ständig auf die Finger klopfen oder Wert-Schöpfer der Hardcore-Fraktion ihnen ständig nur „Umsatz, bitte!“ entgegenrufen.

DAS UNTERNEHMEN HAT SICH EIN START-UP EINGEBAUT.

Der Schlüssel zum Erfolg der Emerging Technologies Group liegt darin, dass dort nur sehr kreative Menschen arbeiten. Wer sich bewirbt, weil er nur ein wenig Lust auf Abwechslung verspürt, bekommt keine Chance. Zudem gibt es extrem anspruchsvolle Vorgaben: Innerhalb von fünf Jahren sollen 20 neue Produkte entwickelt werden. Und das dürfen nicht irgendwelche sein. Sondern Produkte, die in wiederum fünf Jahren nach ihrer Markteinführung ein Verkaufsvolumen von jeweils mindestens einer Milliarde Dollar erreichen können.

Hier zeigt sich ein weiterer Erfolgsschlüssel: Intelligente Unternehmen wie Cisco arbeiten mit hochgesteckten Zielen – ohne den Menschen vorzuschreiben, wie sie diese erreichen sollen. Ziele, die den Menschen mehr abverlangen, als sie bisher für möglich hielten.

Bei Cisco denkt man in großen Maßstäben. Größe geht hier aber nicht mit Schwerfälligkeit einher, sondern bedeutet, mit hoher Geschwindigkeit und auf kooperative Art und Weise zu extrem wertschöpfenden Ergebnissen zu kommen. Es geht nicht um kurzfristige Umsatzziele, sondern um langfristigen Erfolg. Denn die neuen Produkte sollen die bestehenden ja ergänzen und nicht kannibalisieren.

Sonst müsste die hausinterne Kreativschmiede vielleicht „Encroaching Technologies Group“ heißen. So aber ist das Querdenker-Reservat nicht nur gut für den Umsatz, sondern auch fürs Betriebsklima. Weil niemand an anderen Stellen im Konzern Angst haben muss, dass ihm von den Innovatoren das Wasser abgegraben wird. Der Wert der Kernprodukte bleibt erhalten, neue Märkte werden erschlossen und jeder im Unternehmen ist sich darüber bewusst, dass Anregungen und Bewegung willkommen sind – bis hinauf in die Führungsetage.

Um den Pool der Ideen zu erweitern, holte sich die Emerging Technologies Group mit einem Innovationswettbewerb zusätzliche Inspiration von außen. 2.500 Bewerber aus 104 Ländern reichten ihre Ideen ein. Für den besten Vorschlag bezahlte Cisco 250.000 Dollar Preisgeld und setzte diese Idee auch tatsächlich um. Die Besten unter den übrigen Teilnehmern bekamen ein Coaching, um ihre Idee selbst verwirklichen zu können. Züchtet sich Cisco damit nicht die eigene Konkurrenz heran? Die Antwort darauf hängt entscheidend vom Innovationsverständnis des Unternehmens ab: Wird Innovation als Aufgabe einzelner Experten gesehen? Sollen Mauern um deren Ideen errichtet werden? Dann wäre ein solches Vorgehen tatsächlich nicht zielführend. Cisco hingegen hat verstanden, dass die Entwicklung neuer Ideen längst nicht mehr das Geburtsrecht einiger weniger Spezialisten ist, sondern das Ergebnis der „Intelligenz der Vielen“. Ein solches Innovationsverständnis basiert immer auf geteiltem Wissen, verbindenden Beziehungen und offener Zusammenarbeit.

EXPERTENRIEGE: DER KREIS DER SPEZIALISTEN

Wertschöpfer, Bewahrer und schöpferische Zerstörer bilden also den Kern des Unternehmens. Er wird von einem Kreis umschlossen, in dem sich jene hochspezialisierten Zulieferer befinden, die nicht direkt bei dem Unternehmen angestellt sind, sondern mit ihm über Honorarverträge verbunden sind. Sie werden grundsätzlich nach Aufgabenstellung und nicht nach Anwesenheitszeiten entlohnt. Hier finden sich Vertragspartner genau so wie hochkarätige Einzelkämpfer. Experten, wie beispielsweise Juristen, Vertriebsleute, Produktentwickler oder andere Fachleute, die projektbezogen an der Wertschöpfung mitarbeiten.

Der Anstieg der Bedeutung von Spezialleistern hat seine Ursache in dem Zwang der Unternehmen zu Flexibilisierung, Geschwindigkeit und Effizienzsteigerung. Neben diesem wirtschaftlichen Aspekt spielt auch ein kultureller Aspekt eine wichtige Rolle: Immer mehr Spezialisten wollen gar keine lebenslange Anstellung. In einer solchen neuen Wirtschaftswelt ist die Grundeinheit nicht das einzelne Unternehmen, sondern der einzelne Mensch. Aufgaben werden nicht mehr zugeteilt und von einer Instanzenkette kontrolliert, sondern von mündigen Menschen eigenverantwortlich ausgeführt. Diese Individuen schließen sich zu flexiblen und temporären Netzwerken zusammen. Ist ein Projekt abgeschlossen – sei es nach einem Tag, einem Monat oder einem Jahr – löst sich das Netzwerk in seine einzelnen Akteure auf, die sich dann wiederum in anderer Zusammensetzung zusammenschließen, um ein nächstes Projekt zu machen. Diese Entwicklung bedeutet für die Unternehmen auch, dass das Management der Schnittstellen zu den externen Netzwerkpartnern eine enorme Bedeutung gewinnen wird.

Ja, es gab auch schon früher viele „Hired Guns“, die Unternehmen unterstützt haben, nicht selten über lange Zeiträume. Das ist richtig. Neu sind das Ausmaß und die Intensität, mit denen Unternehmen in Zukunft von externen Spezialisten und Vertragspartnern Gebrauch machen werden.

Stellen wir uns einfach mal vor, wir wären eine Firma: ein angesagtes Modelabel mit eigenen Geschäften auf der ganzen Welt. Andauernd fragt die Kundschaft zwischen Turin, Toronto und Tokio auch nach Unterwäsche. Anders als H&M, Esprit & Co. führen wir die aber nicht. Wir sollten da vielleicht was tun! Eine Wäschekollektion muss her, die zu unserem Label passt und die

AUFGABEN WERDEN NICHT MEHR ZUGETEILT, SONDERN VON MÜNDIGEN MENSCHEN EIGENVERANTWORTLICH AUSGEFÜHRT.

den Ansprüchen unserer Kundschaft genügt. Okay, wir brauchen also folgende Zutaten: einen Unterwäsche-Designer, ballenweise Baumwolle, dazu Seide und Nylon. Dann eine Weberei, aus Kostengründen am besten in China. Eine Färberei in Indien. Eine Schneiderei in Thailand. Einen Verpacker wieder in China. Jemand muss mit einem globalen Logistikunternehmen reden für den Transport. Dann mit den Banken, damit Thailand, China und Indien auch ihr Geld bekommen. Jemand muss Bügel und Etiketten kaufen. Und jemand muss auf die Qualität achten, damit wir uns nicht blamieren.

Schaffen wir das in vier Wochen? Nie im Leben! Und in vier Monaten? Unwahrscheinlich. Die Lösung: Spezialisten müssen her. In diesem Fall könnte das Unternehmen Li & Fung in Hong Kong die Spezialisten für uns auftreiben und koordinieren. Li & Fung würde jedes einzelne Unterwäscheproblem lösen: Design, Material, Produktion, Logistik und so weiter.

Dass Li & Fung das alles weltweit, schnell, günstig und flexibel tun kann liegt daran, dass das Unternehmen extrem schlank aufgestellt ist. Li & Fung beschäftigt selbst nur einen Kern von wenigen Mitarbeitern und arbeitet mit rund 7.500 Spezialleistern in 37 Ländern zusammen. Die wahren Dimensionen zeigt der Vergleich. Zum Beispiel mit der deutschen Otto Group: Li & Fung erwirtschaftet mit 30 Prozent weniger Mitarbeitern rund tausendmal so viel Umsatz.

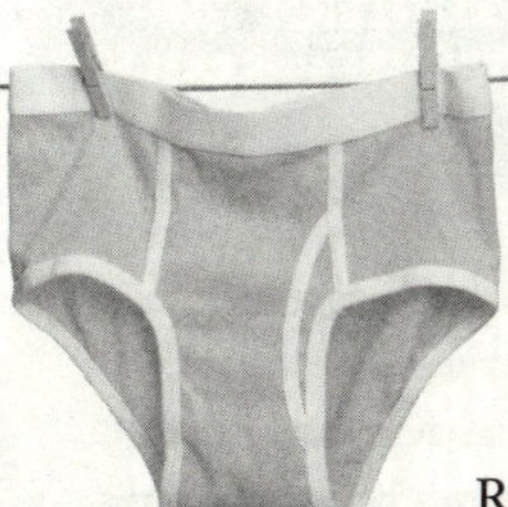

UNTERWEGS AUF NEUEN WEGEN

Wie groß ist in der „3x3-Organisationsstruktur" die Kernmannschaft in Relation zu den Spezialisten und den helfenden Händen? Auf diese Frage gibt es keine Musterantwort. Es hängt davon ab, in welcher Branche ein Unternehmen tätig ist, wie hoch dort die Veränderungsgeschwindigkeit und der Innovationsdruck sind. Und es gilt auch, dass eine solche Größenverteilung nie eine statische Größe ist, sondern sich im Laufe der Zeit immer wieder verändern wird.

Fest steht: Die „3x3-Organisationsstruktur“ verlangt dem Management eine ganze Ladung neuer Herausforderungen ab. Am meisten dürften Führungskräften die Interessenkonflikte zwischen den drei unterschiedlichen Menschentypen im inneren Kern zu schaffen machen.

Grundsätzlich sind sich die Wertschöpfer, die kreativen Zerstörer und die Bewahrer nicht besonders wohlgesonnen, weil sie vollkommen unterschiedlich ticken.

Das Management muss da eine Balance finden und gegenseitige Akzeptanz fördern. Hinzu kommt aber gleichzeitig noch das Führen der äußeren Kreise als erhebliche Herausforderung. Die helfenden Hände sind da vielleicht noch einfacher zu steuern, aber mit hoch qualifizierten Spezialisten, gegenüber denen Führungskräfte keine Weisungsbefugnis haben, ist das eine ständige Herausforderung.

NICHT UNTER ANDROHUNG VON WAFFENGEWALT WÜRDEN SIE SICH BEI EINEM „BLÖDEN KONZERN“ ANSTELLEN LASSEN.

Chefs müssen also plötzlich eine Vielzahl von Menschen führen, deren Verständnis des Unternehmens sich in der Spannbreite von „Mein Herz schlägt im Takt dieser Firma“ bis zu „Mir ist das alles hier im Prinzip total egal“ bewegt. Sie haben es mit Menschen zu tun, deren Beziehung zum Unternehmen seit vielen Jahren besteht, und mit anderen, die vor zwei Stunden zum ersten Mal durch die Tür gekommen sind, jetzt an einem Rechner sitzen und ihre Kosten wieder einspielen sollen. Und obwohl all diese Menschen in den konzentrischen Kreisen an den Chef berichten, hat dieser zu allem Überfluss nur noch ganz wenig formale Macht. Die Mitarbeiter akzeptieren die Autorität einer Führungskraft mehr oder weniger ausschließlich im Hinblick auf die gerade anstehende Aufgabe.

Letztlich muss eine Führungskraft in Zukunft ein Meister der Flexibilität sein. Er oder sie muss mit den unterschiedlichsten Menschentypen zurechtkommen und von all diesen Gruppen akzeptiert werden. Zum Beispiel: 10:00 Uhr – Der Manager hat ein Meeting mit externen Programmierern, die sich vor Computerbildschirmen wohler fühlen als in Gesellschaft anderer Menschen und deren Sozialverhalten von keinerlei Einsicht in die Dynamiken betrieblicher Sozialsysteme getrübt wird. Sie würden sich auch nicht unter Androhung von Waffengewalt bei einem „blöden Konzern" fest anstellen lassen. Aber als Programmierer sind sie verdammt gut! 11:00 Uhr – Weiter geht es zur Besprechung der aktuellen Zahlen mit den Controllern: wertkonservative Anzugträger im mausgrauen Einreiher mit dezenter Krawatte und randloser Brille. Jetzt sitzen die kennzahldominierten Formalisten am Tisch, die von Experimenten nicht viel halten. 13:00 Uhr – Nachdem der Manager in beiden Meetings seine selbstgesteckten Ziele erreicht hat, sitzt er beim Mittagessen mit seinen Kollegen zusammen. Menschen des Typs selbstbewusster Spielmacher mit ausgeprägtem Wettbewerbstrieb.

Die Führungskraft muss hier nicht nur von früh bis spät eine Kommunikationsebene mit allen diesen Leuten finden, sondern sogar in der Lage sein, so wie die jeweilige Gruppe zu denken. Das ist nicht einfach! Aber es wird über kurz oder lang Bestandteil des Kompetenzportfolios jeder Führungskraft sein.

Die Kennzeichen von wandlungsfähigen Unternehmen genauso wie von wandlungsfähigen Mitgliedern in deren Kernteams sind: strukturelle Flexibilität, eine grundlegende Veränderungsbereitschaft, die jedoch nicht die Kernwerte des Unternehmens verleugnet, und eine Denkhaltung, die Veränderung als Chance begreift. Der von Japanern als „Gott des Managements" verehrte Unternehmer Matsushita Konosuke nannte diese Haltung:

„torawarenai sunao – na kokoro":
einen Geist, der nicht festklebt.

6.

ÖFFNE DICH DER WELT! NUTZE DIE INTELLIGENZ DER VIELEN!

Wir stehen am Bahnhof, müssen schmunzeln und denken: Das ist mal Schweizer Beschaulichkeit wie aus dem Bilderbuch! Rüschlikon sieht wirklich nicht aus wie das Silicon Valley. Schon eher, als würde Heidi hier mittwochs ihren Emmentaler kaufen. Der kleine Kirchturm jedenfalls, der helles Glockengebimmel zu uns herüberschickt, wäre als Nachbildung die Zierde jeder Modelleisenbahn. Das Seebad unten am Ufer lockt an schönen Tagen wie diesem zum Schwimmen im Zürichsee. Und natürlich halten die 5.000 Einwohner des Örtchens die Straßen und Plätze blitzblank. Wer würde vermuten, dass sich hier gleich drei bedeutende Denkfabriken angesiedelt haben?

Tatsächlich befinden sich in dieser Idylle das Gottlieb Duttweiler Institut des Schweizer Einzelhandelsriesen Migros, das Centre for Global Dialogue der Swiss Re, des größten Rückversicherers der Welt, und schließlich das IBM Zurich Research Laboratory, das schon mehrere Nobelpreisträger hervorgebracht hat. Vorbei die Zeiten, wo die größten Metropolen einer Epoche auch ihre wichtigsten Vordenker beherbergten. Der Wirkungsgrad ist im Internetzeitalter eben keine Frage des Standorts mehr.

Wir sind mit Matthias Kaiserswerth verabredet, dem Direktor des „IBM Research“. Die unternehmensinterne Denkfabrik betreibt nicht nur technologische Forschung, sondern kümmert sich auch um Themen wie die Optimierung und Transformation von Geschäftsprozessen. Matthias Kaiserswerth ist ein freundlicher und zurückhaltender Mensch. Von ihm wollen wir mehr über einen der spannendsten Innovationswettbewerbe der letzten Jahre erfahren, der deshalb so einzigartig ist, weil er NICHT zum Ziel hatte, ein paar muntere Ideen der Mitarbeiter für Produktverbesserungen oder Kosteneinsparungen einzusammeln. Es ging um nichts Geringeres als die zukünftige strategische Ausrichtung der IBM. Nicht nur alle Mitarbeiter waren eingeladen, dazu einen Beitrag zu leisten, sondern auch Kunden, Wissenschaftler an Hochschulen und Forschungsinstituten und sogar Familienangehörige der Mitarbeiter.

ALS WÜRDE HEIDI HIER MITTWOCHS IHREN EMMENTALER KAUFEN.

Der „IBM Innovation Jam“ fand im Jahr 2006 statt und allein die Zahlen sind beeindruckend. 100 Millionen US-Dollar Investitionssumme stellte IBM bereit – für zehn Ideen, die es zu diesem Zeitpunkt noch gar nicht gab! Mehr als 140.000 Menschen aus 104 Ländern tauschten online ihre Ideen aus. Vier Themenbereiche hatten die Organisatoren dafür vorgegeben: Umwelt, Gesundheit, Mobilität und die Wirtschaft von morgen. Bei jedem Thema sorgten Moderatoren dafür, dass die Ziele im Blick blieben.

Nie zuvor dürfte die „Intelligenz der Vielen“ in einem Großunternehmen so systematisch organisiert und genutzt worden sein.

Aus allem, was die Gruppe in der Stärke der Einwohnerzahl Heidelbergs an Vorschlägen zusammengetragen und untereinander diskutiert hat, entstanden schließlich – nein, eben keine wolkigen Zukunftsdossiers! – sondern zehn konkrete Innovationsprojekte, die eine gemeinsame Bestimmung hatten: realisiert zu werden.

SENDESCHLUSS FÜR DIE WEISHEITSPÄCHTER

Ein einzelner Chef oder eine kleine Gruppe von Führungskräften kann nicht mit der Weisheit einer breiten und repräsentativen Gruppe intelligenter Menschen konkurrieren. Das hat das IBM-Projekt eindrucksvoll bewiesen.

Mit „Weisheit" ist damit weniger echte Klugheit oder Lebenserfahrung gemeint, sondern vielmehr das implizite Wissen, das sich aus der Vernetzung vieler einzelner Menschen speist.

So verschaffen sich immer mehr Unternehmen beispielsweise Klarheit darüber, in welche strategischen Zukunftsfelder sie investieren sollten oder welche Trends und Technologien für das Unternehmen in Zukunft sehr bedeutsam werden könnten. Der Zweck eines solchen Vorgehens besteht nicht darin, dem Top-Management die Entscheidungsbefugnis zu entziehen. Vielmehr geht es darum, die Unternehmensführung mit besseren Informationen zu versorgen.

Die Nutzung der kollektiven Intelligenz innerhalb und außerhalb der Unternehmensmauern spielt auch beim Thema Innovation eine bedeutende Rolle. Innovationen entstehen heute nicht mehr in den Köpfen einer kleinen Gruppe von Spezialisten aus dem Bereich Forschung & Entwicklung. Natürlich werden die F&E Abteilungen auch zukünftig noch ihren Platz haben. Innovationen werden sich aber zunehmend aus einem lebendigen kollektiven Wissen speisen – einem Wissen, das sich aufgrund systemischer Gruppenprozesse selbst revidieren und ständig aktualisieren kann. Die Open-Source-Bewegung, die etwa den Browser Firefox entwickelt hat, aber auch Anwendungen wie die Online-Enzyklopädie Wikipedia haben es vorgemacht: Kreative Arbeit im Umgang mit komplexen Zusammenhängen braucht keine hierarchischen Strukturen, sondern vor allem Freiräume für Kommunikationsflüsse und die Nutzung der Intelligenz der Vielen. Die Schmierstoffe einer globalen Wissensgesellschaft heißen „geteiltes Wissen, verbindende Beziehungen, offene Zusammenarbeit und grenzüberschreitendes Handeln" – so bringt es der kanadische Management-Vordenker Don Tapscott in seinem Buch „Wikinomics" wunderbar auf den Punkt.

Die wichtigste Voraussetzung, um die Intelligenz der Vielen zu nutzen und damit schneller und besser zu Innovationen zu gelangen als der Wettbewerb? – Das können wir bei Friedrich von Schiller nachlesen: „Gebt Gedankenfreiheit!" Nicht der Chef hat alle Antworten, sondern er gewährt sich und anderen die Freiheit der gemeinsamen Entscheidungsfindung – mit zunächst offenem Ergebnis. Nicht das Top-Management hat das letzte Wort. Unabhängig von Abteilungen und Hierarchien werden dort die besten Lösungen gefunden, wo Menschen am nächsten an der Sache dran sind. Die Lösung findet letztlich das Kollektiv. Und je komplexer diese Lösung ist, desto weniger lassen sich am Ende noch Spuren zu einzelnen Personen zurückverfolgen.

„GEBT GEDANKENFREIHEIT!"

Führungskräfte sind in einem solchen Umfeld nicht mehr Ansager und Entscheider, sondern Moderatoren von Entscheidungsprozessen. Nicht der Chef sagt, wo es langgeht. Vielmehr hat jeder eine Stimme und der Chef ist lediglich derjenige, der am besten integrieren und die geeignetsten Strukturen und Prozesse schaffen kann, damit neue Lösungen entstehen. Und diese Lösungen entstehen letztlich auf der Basis intelligenter Verknüpfungen zwischen vielen Punkten. Genau wie im menschlichen Gehirn.

Das klingt zunächst einmal einleuchtend. Ist aber so ziemlich das Gegenteil der üblichen Managementpraxis. Der Chef als Moderator von Entscheidungsprozessen? Schauen Sie sich um! Das hat echten Seltenheitswert. Kognitive Diversität fördern und nutzen? Schön wär's. Unser Eindruck ist, dass viel häufiger unkonventionelle Menschen mit eigener Meinung dazu gebracht werden, sich betrieblichen

Normen und Regeln zu unterwerfen. Vorstellungskraft und Initiative können sich so kaum entfalten. Ein solches Arbeitsumfeld ermöglicht zwar einen reibungslosen und disziplinierten Betriebsablauf, aber es schränkt die Innovationskraft der Organisation gewaltig ein. Es unterjocht den freien Geist und die Ideen der Menschen in der Organisation. Das ist eine Verschwendung von Innovationspotenzial, die wir uns nicht mehr leisten können. Und deshalb muss die gegenwärtige Managementpraxis überdacht und verändert werden.

Uns erinnert das irgendwie an den Übergang von der Monarchie beziehungsweise Diktatur zur Demokratie.

Wenige dürften heute noch bezweifeln, dass die Demokratie der Diktatur überlegen ist, wenn es darum geht, das Potenzial der Bevölkerung auf Dauer auszuschöpfen und in gemeinsame Leistungen umzumünzen. Eine Demokratie kann von der Intelligenz und der Erfahrung vieler Menschen profitieren. Wo die Dinge transparent sind und jeder über seine Angelegenheiten mitbestimmen kann, ist ein Großteil der Menschen aktiver und kreativer als dort, wo eine Hierarchie von Aufpassern den Menschen und ihren Ideen Ketten anlegt.

Selbstverständlich ist keine Demokratie perfekt. Es gibt Interessen-Klüngel, aufgeblähte Bürokratien, auf Verschwendung programmierte Institutionen. Doch bei allen Nachteilen gilt: Eine Demokratie zeichnet sich durch ihre Fähigkeit zur fortlaufenden Anpassung und Weiterentwicklung aus. Und das gleiche gilt für zukunftsfähige Unternehmen – sie müssen sich ebenso schnell wandeln wie ihr Marktumfeld. Die Konsequenz kann deshalb nur lauten: Strukturen und Prozesse rundum erneuern! Scheinbare Gegensätze miteinander vereinen! Wir müssen lernen, die Aktivitäten von Tausenden von Mitarbeitern zu koordinieren, ohne ihnen eine Bande von Kontrolleuren aufzubürden. Wir müssen lernen, die Ideen der Mitarbeiter und externen Partner strukturiert freizusetzen, ohne dass der Koordinationsaufwand dafür aus dem Ruder läuft.

Wir müssen lernen, in unseren Organisationen ein Umfeld zu schaffen, in dem sich Disziplin und Freiheit nicht ausschließen.

Keine ganz leichte Aufgabe.
Aber eine, für die sich der Einsatz
lohnt.

INTELLEKTUELLE OBSTIPATION

Eine große Zahl von Menschen ist im Normalfall klüger als einige wenige Personen. Eigentlich ist das eine Binsenweisheit. Doch wenn man sich anschaut, wie in großen Unternehmen Entscheidungen gefällt werden, hat man den Eindruck, dass sie sich noch nicht herumgesprochen hat. Klingt übertrieben? Dann schauen Sie sich doch einfach mal die wichtigen Entscheidungen Ihres Unternehmens in den vergangenen zehn Jahren an: Zum Beispiel die Ernennung neuer Führungskräfte, wichtige Investitionsentscheidungen, Innovationsprojekte, Akquisitionen – um nur mal einige zu nennen. Und nun mal ehrlich: In wie vielen Fällen ist tatsächlich die Intelligenz der Vielen eingeflossen? Wie viele Mitarbeiter hatten eine echte Chance, zu dem Entscheidungsprozess beizutragen? Unsere Vermutung: Viel zu selten und viel zu wenige.

Wenn es um die Entscheidung über große neue Projekte geht, die mit erheblichen finanziellen Risiken verbunden sind, stützt man sich in den allermeisten Unternehmen auf das Urteil eines kleinen Kreises von Führungskräften. Das ist normal. Und das ist auch komplett verrückt! Kleine Machtzirkel, die die wichtigen Entscheidungen unter sich ausklüngeln, statt die Weisheit der Vielen zu nutzen, gehen ein immens hohes Risiko ein, schlichtweg schlechter zu entscheiden als möglich. Unternehmen benötigen deshalb dringend Entscheidungsprozesse, bei denen sie verschiedene Perspektiven berücksichtigen und das Wissen der Mitarbeiter und darüber hinaus des externen Netzwerks mobilisieren. Und das geht nur, wenn Manager aufhören, auf ihre gewohnten Seilschaften zu setzen. Gary Hamel erklärt diese Logik in seinem Buch „The Future of Management“

mit einem sehr treffenden Bild: „Je größer der Genpool, desto besser“, schreibt er. Das Erfolgsprinzip der Natur heißt Fülle, nicht Mangel, so lautet die Erkenntnis dahinter.

Je mehr Möglichkeiten der „genetischen“ Neukombination es gibt, desto schneller findet die Evolution die beste Lösung.

Manager müssen sich an dieses evolutionäre Denken erst gewöhnen. Das ist ganz verständlich. *„Gleich und gleich gesellt sich gern“* – dieses alte Sprichwort wird durch die psychologische Forschung bestätigt. Menschen lieben es, sich mit ihresgleichen zu umgeben, weil das stabile Beziehungen und damit Sicherheit verspricht. Es handelt sich dabei um ein weit verbreitetes Phänomen in der Wirtschaft: Eine homogene Gruppe 45 bis 65 Jahre alter Männer hat sich schön bequem in den Schaltzentralen der Macht eingerichtet und sieht keinerlei Veranlassung, ihre Sessel zu räumen. Vorstandschef Peter Löscher urteilt in einem Interview mit der Financial Times Deutschland über die eigenen Kollegen bei Siemens: „Unsere 600 Spitzenmanager sind vorwiegend weiße deutsche Männer. Wir sind zu eindimensional.“ Wie wahr!

KLEINE MACHTZIRKEL, DIE DIE WICHTIGEN ENTSCHEIDUNGEN UNTER SICH AUSKLÜNGELN.

Globale Vielfalt. Unterschiedliche Lebensläufe. Verschiedenartige Lebenseinstellungen. Männer UND Frauen in Führungspositionen. Darum geht es. In einer Zeit, in der Wandlungsfähigkeit wichtiger ist als vermeintliche Sicherheit, müssen wir alle umlernen. Und das schnell. Wandlungsfähigkeit erfordert das Vorhandensein von Alternativen. Und ohne abweichende Meinungen gibt es keine Alternativen.

Je größer die Vielfalt an Vorstellungen, Kenntnissen, Einstellungen und Lebenserfahrung, desto größer das Potenzial. Intelligenz unterliegt der Normalverteilung. Sie ist kein Monopol einer homogenen Gruppe männlicher Nadelstreifenträger jenseits der 40. Unsere feste Überzeugung: Homogenität führt zu nichts. Außer zu Gruppenkonformismus und intellektueller Obstipation.

ENTSCHEIDEN FÜR FORTGESCHRITTENE

Wer die Intelligenz der Vielen zu nutzen versteht, kann breites und tiefes Wissen zugleich abschöpfen. In der Vergangenheit war es so, dass wenige Experten über tiefes Wissen auf einem bestimmten Gebiet, wie zum Beispiel Marketing, verfügten, aber weder untereinander noch in der Breite stark vernetzt waren. Dem gegenüber stand das breite Wissen, beispielsweise der Mitarbeiter außerhalb des Marketings, der Kunden und Partner. Erst das Internet bringt alle Beteiligten in einem kommunikativen Prozess zusammen und ermöglicht es Unternehmen, sowohl breites als auch tiefes Wissen zu erhalten.

In gewisser Weise sind wir alle es gewohnt, Lösungen zunächst in der Tiefe zu suchen. Motto: Frag mal einen, der sich mit sowas auskennt. In Zukunft werden wir lernen müssen, mehr in Analogien zu denken und Menschen um Beiträge zu einer Lösung zu bitten, denen wir das früher nicht zugetraut hätten.

Wenn die Mutter eines Mitarbeiters eine geniale Produktidee oder ein Kunde einen hochinteressanten Vorschlag für eine Serviceinnovation hat – warum sollten sie die für sich behalten müssen? Gleichzeitig können diejenigen, die in der Lage sind, die Intelligenz der Vielen zu nutzen, aber auch beim Expertenwissen noch tiefer bohren als je zuvor. So finden sie etwa übers Internet den Computerspezialisten in Novosibirsk, der genau das Problem, das ihr Rechenzentrum gerade lahmlegt, schon einmal ganz genau durchdacht hat, und können ihn um Hilfe bitten.

Fest steht: Wer die Intelligenz der Vielen nicht nutzt, wird für seine Ignoranz einen hohen Preis bezahlen.

Der Flaschenhals ist immer oben – das gilt auch für Unternehmen. Wer noch immer glaubt, ein kleiner Führungszirkel, bestehend aus

Menschen mit ähnlichen Biografien und vergleichbaren Wertsystemen, sei in der Lage, immer die besten Entscheidungen zu treffen, wird erkennen müssen, dass das in einer immer komplexeren Welt nicht mehr länger zutrifft.

Unternehmen, die heute schon die Intelligenz der Vielen nutzen, tun das in unterschiedlichen Spielarten, um zum Beispiel neue Ideen für Innovationen aufzuspüren, oder um in losen Netzwerken Gleichgestellter und Gleichgesinnter weltweit zu kooperieren, um Innovation und Wachstum voranzutreiben.

Der IBM Innovation Jam war vor diesem Hintergrund gleich in doppelter Weise zukunftsweisend. Denn er zeigt sowohl, wie Unternehmen die Intelligenz der Vielen nutzen können, um in hoher Schlagzahl an neue Ideen zu kommen, als auch welche neuen Managementprozesse erforderlich sind, um dies zu ermöglichen und aus den Ergebnissen Entscheidungen abzuleiten. Offener Innovationswettbewerb statt Kungelrunde im Boardroom hieß die Devise. Und das war bei einer Investitionsentscheidung in dieser Höhe Neuland.

IBM hat damit die übliche Vorgehensweise der Entscheidungsfindung vom Kopf auf die Füße gestellt. Der ganze Prozess lief offen und demokratisch ab. Alle Teilnehmer des Projekts konnten sich online in virtuelle Sitzungsperioden einloggen, die jeweils 72 Stunden lang waren. In der ersten Runde wurden die Ideen zusammengetragen. Ein paar Wochen später wurde das Ergebnis diskutiert, verfeinert und aufbereitet, damit am Ende zehn Projekte übrigblieben, die umgesetzt werden sollten. Allein in der ersten Phase waren 37.000 Ideen zusammengekommen. Für die zweite Phase waren dann nur noch ein paar Dutzend übrig geblieben.

Bei der Hälfte der letzten zehn Projekte handelte es sich um neue, bessere Ansätze von bereits bestehenden IBM-Projekten. Die anderen fünf Projekte waren für IBM vollkommen neu. Insgesamt waren ein Jahr später acht der Projekte immer noch aktiv. Zwei andere wurden nicht aufgegeben, aber vorläufig auf Eis gelegt. Alles in allem war der Innovation Jam zukunftsweisend.

Er hat gezeigt, dass die strategische Entscheidungsfindung sehr erfolgreich demokratisiert werden kann.

Bei IBM ist man eben nicht dem vertrauten Muster gefolgt, nur die Ideen zu finanzieren, die mächtige Befürworter im Top-Management haben. Beim Innovation Jam hatten zunächst alle Ideen die gleiche Startchance und sind dann in einem offenen und transparenten Prozess selektiert worden. Damit wurde sichergestellt, dass ein Prozess der natürlichen Auslese und nicht der Auslese durch das Top-Management darüber entscheidet, welche Ideen weiterverfolgt werden und welche nicht. Ein zweiter zukunftsweisender Aspekt des Innovation Jam:

Je vielfältiger der Ideenpool, desto besser.

Angesichts des beschleunigten Wandels in den Märkten ist die Investition in Ideenvielfalt kein Luxus, sondern eine Überlebensstrategie. Wer sagt denn, dass eine Riege grauhaariger Anzugträger am besten weiß, in welche strategischen Zukunftsfelder ihr Unternehmen investieren sollte?

Umso überraschender, dass diese Vorgehensweise noch kaum Nachahmer gefunden hat. Vielleicht liegt es daran, dass Chefs es als ihre Kernaufgabe ansehen, wichtige Entscheidungen zu treffen, denn – so die gängige Überzeugung – dafür werden sie ja schließlich bezahlt. Nicht umsonst ist „Entscheider“ ein Synonym für Manager. Vielleicht liegt es aber auch daran, dass Chefs einfach nie darüber nachgedacht haben, wie sich das Prinzip der Nutzung der Intelligenz der Vielen auf die strategische Entscheidungsfindung anwenden lässt. Was auch immer die Ursache ist, fest steht: Unternehmen bezahlen eine „Unwissenheitssteuer“, wenn die Entscheidungen der Führungsspitze nicht durch das kollektive Wissen der Mitarbeiter und weiterer externer Wissensträger bereichert werden.

Es kostet schlicht viel Geld, bestimmte Ideen und Informationen nicht zu haben. Es kostet viel Geld, Chancen nicht zu nutzen. Es kostet viel Geld, Effizienzpotenziale nicht zu heben.

Monarchien sind nicht nur rückständig. Sie sind auch furchtbar teuer!

GOLDGRÄBERSTIMMUNG

Goldcorp ist der drittgrößte Goldproduzent Nordamerikas. Das Unternehmen befand sich vor einigen Jahren ziemlich in der Bredouille. Überschuldung und explodierende Abbaukosten brachten das Traditionsunternehmen an den Rand des Ruins. Und dann schienen auch noch die Goldvorräte der firmeneigenen Mine in Red Lake, Ontario, zur Neige zu gehen.

Immerhin gab es einen Hoffnungsschimmer: Erfolgversprechende Probebohrungen am Rande des 22.000 Hektar großen Minenareals deuteten auf weitere reichhaltige Goldvorkommen hin. Die Sache hatte bloß einen Haken: Die Geologen konnten die genaue Lage und das exakte Volumen der Goldadern nicht bestimmen. Zufall – oder Schicksal: In genau dieser prekären Situation besuchte Rob McEwen, der Chef des kanadischen Bergbauunternehmens, einen Kongress, bei dem er einen Vortrag über das Open-Source-Betriebssystem Linux hörte. Ähnlich wie der Browser Firefox wird Linux von einer weltweiten Gemeinschaft von Programmierern weiterentwickelt. Der Quellcode liegt völlig offen und jeder kann sich an der Entwicklung beteiligen. Als er das hörte, machte es bei McEwan Klick: offener Quellcode!

McEwen begriff, dass er via Internet Experten in aller Welt erreichen kann, die ihm helfen könnten, die vermuteten Goldvorkommen für Goldcorp zu entdecken. Und er machte etwas, was in seiner überaus diskreten Branche als absoluter Tabubruch gilt: Er stellte wohlgehütete Firmengeheimnisse ins Internet: Kartenmaterial, bisherige Explorationsstrategien und Geodaten aus 50 Jahren Firmengeschichte! Gleichzeitig rief McEwen die „Goldcorp Challenge" aus, einen offenen Wettbewerb im Internet um die besten Vorschläge, wie man an das Gold kommen könnte. Preisgeld: insgesamt 575.000 US-Dollar.

Für Goldcorps fassungslose Wettbewerber, aber auch für viele altgediente Mitarbeiter, grenzte diese Aktion zunächst an unternehmerischen Selbstmord. Auch Rob McEwen war klar, dass der offene Wettbewerb ein großes Risiko war. Durch die Offenlegung der sensiblen Daten setzte er sein Unternehmen der Gefahr einer feindlichen Übernahme aus. Die Goldcorp Challenge war also ein Versuch mit ungewissem Ausgang und sehr hohem Risiko. McEwen war jedoch überzeugt:

Weiter zu machen wie bisher, war ein noch viel größeres Risiko.

Wie ging es aus? Rund 1.500 Menschen aus aller Welt nahmen an dem Wettbewerb teil: Hobby-Geologen, IT-Spezialisten, Mathematiker und Studenten. McEwen war fasziniert: „Noch nie in meinem Leben habe ich so eine geballte Kompetenz erlebt." Und die Ergebnisse für Goldcorp konnten sich sehen lassen. Von den 110 durch den Wettbewerb als Goldvorkommen identifizierten Punkten versprachen 80 Prozent Gold in substanziellen Mengen und brachten der Goldcorp Funde von insgesamt 8 Millionen Unzen Gold ein.

Das Erstaunlichste: Über 50 der eingereichten 110 Punkte wären für die Geologen von Goldcorp ohne den Wettbewerb noch nicht einmal in die engere Wahl gekommen. Hinzu kamen Vorschläge für radikal neue und höchst ergiebige Methoden, wo mit welcher Technologie nach Gold gesucht werden sollte. Innerhalb von nur vier Jahren konnte Goldcorp seinen Gewinn beinahe verzehnfachen. Das Unternehmen war buchstäblich wieder eine Goldgrube.

Wir lieben dieses Beispiel, weil es nicht nur zeigt, zu welchen Ergebnissen die Intelligenz der Vielen führen kann, sondern auch, wie sehr es sich lohnt, Unternehmensmauern einzureißen und die Dinge transparent zu machen.

Tag für Tag investieren Unternehmen Milliardenbeträge in risikobehaftete Initiativen: Das können wie im Fall von Goldcorp neue Explorationsstrategien sein – oder aber neue Produkte, neue Vertriebswege, neue Produktionsstätten, große Übernahmen und so weiter. Bei all diesen Initiativen geht es immer darum, Risiken intelligent zu minimieren. Dazu werden in den Unternehmen große Datenmengen gesammelt und ausgewertet, die dabei helfen sollen, bessere Entscheidungen zu fällen. Das Problem ist nur: Es gibt einen riesigen Unterschied zwischen Daten und Wissen. Anstatt am Mythos der allwissenden Top-Manager festzuhalten, die nur lange genug über den Datenbergen brüten müssen und dann die allerbeste Entscheidung treffen, ist es sehr viel intelligenter, einen anderen Weg einzuschlagen. Nämlich das in einem Unternehmen vorhandene und das in der Welt verteilte Wissen zu sammeln und intelligent miteinander zu verknüpfen. Um für ein solches Vorgehen den Weg frei zu machen, bedarf es allerdings einer entscheidenden Zutat: DEMUT. Führungskräfte müssen einsehen, dass einsam an der Führungsspitze getroffene Entscheidungen nicht automatisch die besten sind.

DIESE AKTION GRENZTE AN UNTERNEHMERISCHEN SELBSTMORD.

Aber mal Hand aufs Herz. Haben Sie schon mal einen Chef zu einem Kollegen oder Geschäftspartner sagen hören: „Bevor ich entscheide, lassen Sie mich mal das Wissen meiner Leute anzapfen"? In den meisten Unternehmen gälte das als untrügliches Zeichen einer gefährlichen Midlife Crisis oder einer sich ankündigenden Altersdemenz. Wir müssen uns zunächst von dem Der-Chef-weiß-es-am-allerbesten-Denkmodell befreien und dann den Weg freimachen für die Bündelung des Wissens innerhalb und außerhalb der Unternehmensmauern.

WERTSCHÖPFUNG NEU ORGANISIEREN

Unternehmen müssen lernen, Wertschöpfung auf neue Art und Weise zu organisieren. Und dazu gilt es, neue Kompetenzen auszubilden. Die Goldcorp Challenge ist ein anschauliches Beispiel dafür: Das kanadische Unternehmen hat eine weltweite Community interessanter Menschen zusammengebracht, in der zukunftsweisende Diskussionen stattgefunden haben und spannende Ideen generiert wurden. Was die Sache so herausfordernd macht: Die Mitglieder der Community sind geografisch über die ganze Welt verteilt und haben völlig unterschiedliche Lebenserfahrung, Ausbildung und Expertise. Diese heterogene Gruppe hat keinen Chef im traditionellen Sinne, sie muss sich keinerlei Weisung fügen und wird nicht über das klassische Gehaltssystem entlohnt. Trotzdem muss gewährleistet sein, dass produktiv „gearbeitet" wird und ebenso wichtig: Es muss sichergestellt sein, dass diejenigen, die die besten Ideen geliefert haben, auch einen fairen Anteil der geschaffenen Werte erhalten.

Wie lässt sich ein solch amorphes Netzwerk Gleichgestellter führen? Ein Netzwerk, in das sich Teilnehmer kurzfristig einklinken, eine Weile mitspielen und zur Wertschöpfung beitragen und dann zu anderen Projekten weiterwandern?

Mit den Führungswerkzeugen traditioneller Organisation lässt sich hier nur wenig erreichen.

Voraussetzung dafür, dass sich ein Netzwerk dieser Art überhaupt „leiten" lässt, ist eine sehr feine und kooperative Arbeitsteilung, die zwischen kleinen, sich selbst organisierenden Einheiten stattfindet. Weitere Voraussetzung: die Abschaffung zentralisierter und kontrollierter Prozesse zugunsten spontaner und dezentraler Formen der Massenkooperation.

Das klingt herausfordernd, und das ist es auch. Aber auf der anderen Seite bedeutet es auch, dass Unternehmen so die notwendige Flexibilität und Wandlungsfähigkeit erlangen, die sie so dringend in einem sich ständig wandelnden Marktumfeld benötigen.

EIN FISCH OHNE SCHWARM IST WIE …

Fischschwärme steuern ihre Bewegung durch permanente Kommunikation zwischen den einzelnen Fischen. Und das können in einem solchen Schwarm Millionen sein. Menschen hatten bis vor kurzem nicht die Möglichkeit, mit Millionen anderen permanent zu kommunizieren. Dann kam das Internet. Heute haben immer mehr Menschen weltweit Zugang zu Informationstechnologien und damit zu den Instrumenten, die erforderlich sind, um miteinander zu kooperieren und Werte zu schaffen. Damit hat erstmals jeder Einzelne grundsätzlich die Möglichkeit, an Innovation und Wertschöpfung in allen Bereichen der Wirtschaft mitzuwirken.

Alles, was ein Mensch heute für Wertschöpfung benötigt, ist ein Internetanschluss und eine wirklich gute Idee, die eine Lösung für das Problem des Unternehmens bietet. Diese Entwicklung ist das Tor zu einer neuen Welt, in der Wissen, Macht und Produktionsmittel breiter verteilt sind als je zuvor, und in der Wertschöpfung schnell, flexibel und kleinteilig ist. Die Verschiebung vom Herrschaftswissen einiger weniger Privilegierter zur vernetzten Intelligenz der Vielen ist längst im Gange. Sie lässt sich weder aufhalten noch rückgängig machen.

Die neue Regel heißt: Nutze die Chancen zur Kooperation oder du wirst zurückfallen. Wer das nicht begreift, wird zunehmend isoliert dastehen. Abgeschnitten von den Netzwerken, die Wissen zusammenbringen, anpassen und aktualisieren. Die Titanen des Industriezeitalters müssen lernen, dass die wahre Revolution gerade erst begonnen hat. Nur dass diesmal nicht die Erzrivalen aus ihrer Branche die Konkurrenten sind, sondern eine Masse von sich online selbst organisierenden Individuen, die ihr Schicksal in die eigenen Hände nehmen. Jetzt haben „gewöhnliche" Menschen die Macht, neue Dinge auf den Weg zu bringen und auf der globalen Bühne eine tragende Rolle zu spielen. Für Unternehmen, die so wandlungsfähig sind wie der Wandel, bedeutet das weder Konkurrenz noch Bedrohung. Sondern eine riesige Chance.

DAS BEDEUTET WEDER KONKURRENZ NOCH BEDROHUNG. SONDERN EINE RIESIGE CHANCE.

Eine solche Veränderung in Richtung Netzwerkökonomie hat natürlich auch Auswirkungen auf das Innenleben von Unternehmen. Hierarchische und starre Strukturen werden zunehmend spontaneren und dezentraleren Formen der Massenkooperation weichen.

Was nicht heißen soll, dass sich zukünftig die Lohnbuchhaltung oder die Logistik in Form spontaner Communitys organisieren werden.

Es wird auch weiterhin betriebliche Funktionsbereiche geben, die nicht als Netzwerke organisiert sind – und bei denen es auch keinen

Sinn machen würde, das zu tun. Die Organisation in Form spontaner Netzwerke bietet sich bei all den Aufgaben und Projekten an, bei denen das Ergebnis von der Intelligenz der Vielen profitiert. Wenn es sich dagegen um eine administrative oder operative Aufgabe handelt, die einfach erledigt werden muss, ist der Community-Gedanke fehl am Platz.

DER KOLLEKTIVE GLASKUGELBLICK

Wie entwickelt sich der Absatz eines bestimmten Produkts? Wie gut wird ein neuer Service bei den Kunden ankommen? Unternehmen wie Hewlett-Packard, Eli Lilly, Siemens oder Microsoft nutzen für solche Fragen so genannte Prognosebörsen. Das Prinzip funktioniert wie auf gewöhnlichen Wertpapierbörsen – mit dem Unterschied, dass auf virtuellen Prognosemarktplätzen keine Unternehmensanteile, sondern Erwartungen gehandelt werden. Das Prinzip funktioniert so: Das Unternehmen stellt eine Frage – zum Beispiel: *Wird das Produkt X bei der Zielgruppe Y erfolgreich sein?* Mitarbeiter, aber auch Partner, Lieferanten, Kunden und weitere Interessierte werden dann dazu eingeladen, virtuelle Aktien zu kaufen und zu verkaufen, je nachdem, auf welche Antwort sie tippen. Das Ergebnis sind Aktienkurse, die den Konsens der Gruppe über einen längeren Zeitraum abbilden. Das Faszinierende daran ist, dass die Schätzung der Teilnehmer mindestens genauso gut wie die Schätzung von Experten ist – häufig sogar noch besser.

Genau dieses Prinzip hat sich auch die Elektronikkette Best Buy zunutze gemacht. Jeff Severts, der Marketingchef des amerikanischen Unternehmens, war auf der Suche nach einer möglichst exakten Prognose über den Absatz von Geschenkgutscheinen im kommenden Monat. Klar, so etwas gehört zur Routine seines Jobs. Also fragt er die Experten aus der Marketingabteilung. Aber er macht noch etwas anderes: Er sendet die Frage per E-Mail an hunderte Angestellte bei

Best Buy und bittet sie um eine Prognose auf Basis des aktuellen Absatztrends. Als Anreiz lockt ein Geschenkgutschein über 50 Dollar für die beste Schätzung.

Als einen Monat später die Verkaufszahlen auf dem Tisch liegen, hat Severts allen Grund zur Freude: Die Schätzung der Marketingexperten lag nur um 5 Prozent neben dem tatsächlichen Resultat. Aber dann, er hat es geahnt, kommt die Sensation: Die Schätzung der „ahnungslosen" Angestellten weicht um lediglich 0,5 Prozent vom tatsächlichen Ergebnis ab. Seitdem ist Severts von Intelligenz à la Fischschwarm überzeugt. Davon, dass große Gruppen von Menschen oft klüger sind als ihre klügsten Mitglieder. Und er hebt eine Börse für Antworten auf Managementfragen aus der Taufe, die er „Tag Trade" nennt. Jeder der 115.000 Angestellten von Best Buy kann ab sofort mitmachen und für das Management wichtige Prognosen abgeben. Die Belohnung: Das gute Gefühl, dass die eigene Einschätzung zählt – und ab und zu auch mal ein Geschenkgutschein für den besten „Händler" dieser Prognosebörse.

Das Spannende an diesem Instrument ist, dass es eine relativ kostengünstige, auf Selbstorganisation beruhende Möglichkeit bietet, kollektive Intelligenz zu nutzen. Es gibt allerdings bei dem Instrument der Prognosebörsen – wie überhaupt bei der Intelligenz der Vielen – auch Grenzen. Es hat nur dann Erfolg, wenn sich genügend Menschen beteiligen. Und es setzt voraus, dass mehrheitlich Personen befragt werden, die einen Bezug zum Thema haben. Eine Form der Vorauswahl besteht darin, eine kleine Hürde fürs Mitmachen zu errichten. Je mehr Mühe es bedeutet mitzumachen, desto größer wird der Bezug zum Thema sein. An einer Blitz-Umfrage bei Spiegel-Online nimmt noch fast jeder Teil – dort, wo man sich erst in die Sache hineindenken muss, wird der Teilnehmerkreis kleiner, aber qualifizierter. Entscheidend ist aber, dass auch diese sozialen Prozesse letztlich selbststeuernd sind. Und damit weit entfernt von klassischen, Top-down bestimmten Kontrollgruppen.

Trotzdem gilt: Die Vielen beschäftigen sich immer mit dem, was schon da ist!

Prognosemärkte sind keine Kreativmaschinen, in die man oben Münzen einwirft und unten ein iPad

herausbekommt! Sie geben lediglich Antworten auf sehr konkret formulierte Fragestellungen.

Wer diese Grenzen sieht und angemessen berücksichtigt, kann mit der Intelligenz der Vielen erstaunlich weit kommen.

LÖSUNGSMARKTWIRTSCHAFT

Prognosemärkte zapfen kein Innovationswissen an – netzwerkbasierte Ideenbörsen tun das sehr wohl. Sie sind die Antwort auf die erodierenden Wissensmonopole des Industriezeitalters. Innovation geht daher immer mehr den Weg der konsequenten Vernetzung, indem das lose im Web verteilte Wissen gebündelt und genutzt wird. Diese Vernetzung über Firmengrenzen hinweg, wie sie im Sinne von Open Innovation praktiziert wird, verändert den Innovationsprozess nachhaltig. Für Unternehmen wird es immer wichtiger, dynamische Marktplätze zu schaffen, auf denen sie schnell an die Begabungen, Ideen und Kreativität anderer Menschen herankommen und diese Talente dann in eine kooperative und produktive Zusammenarbeit einbinden. Diese Marktplätze sind virtuelle Orte, an denen Angebot und Nachfrage zusammenkommen.

InnoCentive, eine aus Eli Lilly ausgegliederte Einheit, ist so ein Marktplatz. Das Vorgehen sieht so aus: Ein Unternehmen sucht beispielsweise eine Lösung für eine kindersichere Verpackung für ein neues Medikament. Dazu skizziert es seine Fragestellung mit ein paar Sätzen, Formeln oder Grafiken auf der Website von InnoCentive und lobt dazu eine Prämie aus, die zwischen 10.000 und 100.000 US-Dollar liegen kann. Weltweit schnappen sich dann Tüftler die hier gestellten Aufgaben. Derjenige, der die beste Lösung hat, bekommt die Prämie. Der Auftraggeber bleibt während des Prozesses anonym. Ganz einfach. Aber schlagkräftig!

NICHT NUR DIEJENIGEN, DIE DIPLOME ODER BERECHTIGUNGSAUSWEISE VORWEISEN KÖNNEN.

Von den teilnehmenden Unternehmen verlangt InnoCentive eine Jahresgebühr von 80.000 US-Dollar, für jede veröffentlichte Aufgabe zusätzliche Gebühren und bei Erfolg eine Provision von 80 bis 100 Prozent des Preisgeldes. Das sind keine Peanuts. Aber laut Untersuchungen rechnet sich das. An einer InnoCentive-Lösung verdienen Unternehmen im Schnitt 20-mal mehr als sie dem Erfinder zahlen. Zu den Kunden zählen Konzerne wie BASF, Novartis, Nestlé oder der Konsumgüterkonzern P&G.

In eine ähnliche Richtung zielt Nine Sigma. Es geht hier aber nicht um eine einmalige technische Lösung, sondern um die Vermittlung einer Partnerschaft zwischen Auftraggeber und Entwickler für die gemeinsame Problemlösung. Nine Sigma erstellt mithilfe des Auftraggebers die technische Spezifikation, die das Problem exakt definiert. Diese Spezifikation wird anschließend im Netzwerk verbreitet, das aus tausenden von potenziellen Entwicklern auf der ganzen Welt besteht. Jeder kann einen Lösungsvorschlag an Nine Sigma senden, der dann an das Auftrag gebende Unternehmen weitergeleitet wird. Wenn ein Vorschlag dem Unternehmen zusagt, stellt Nine Sigma den Kontakt her.

Üblicherweise kommen die Antworten sehr schnell. Manchmal sind es nur ein halbes Dutzend, manchmal mehr als 100 Lösungsvorschläge. Nine Sigma spricht von einer Rücklaufquote von etwa 30 Prozent der ausgeschriebenen Anfragen. Die Kosten für so ein Ausschreibungsverfahren aus zehn konkreten Problembeschreibungen liegen bei 150.000 US-Dollar. Nine Sigma hat bereits von über einer Million Forschern die Namen, Verbindungen, Fachgebiete und E-Mail-Adressen gesammelt. Andere netzwerkbasierte Ideenbörsen heißen „Your Encore“, „InnovationXchange Network“, „Eureka Medical“, „Atizio“, „Ideacrossing“ oder „Innovation Relay Centres“. Sie alle markieren erst den Anfang einer Entwicklung, von der wir noch viel hören werden. Hundertprozentig!

Noch einmal Don Tapscott in dem Buch „Wikinomics“: „Das kollektive Wissen, die kollektiven Fähigkeiten und Ressourcen, die in Netzwerken schlummern, können aktiviert werden und auf diese Weise wird mehr erreicht, als eine Firma allein schaffen kann. Ob es um die Konstruktion eines Flugzeugs, die Produktion eines Motorrads oder um die Entschlüsselung des menschlichen Genoms geht:

Zunehmend wird die Fähigkeit, die Talente unterschiedlicher Individuen und Organisationen einzubinden, zu der Schlüsselkompetenz von Managern und Unternehmen."

Das können wir nur dick unterstreichen. Maximilian Cartellieri, Urgestein der Internetökonomie und Mitgründer des Verbraucherportals Ciao, sagt in einem Interview mit brand eins dazu: Es geht um den „*Griff in die Köpfe, um die Kommerzialisierung von Wissen. Der Schlüssel ist die Schnelligkeit des Wissenstransfers. Es gibt keine Informationsmonopole mehr. Es geht nur noch darum, Substanz zu vernetzen, nutzbar zu machen.*" Das heißt: Heute schon und in Zukunft noch mehr, werden wir uns die Freiheit nehmen, neue Lösungen überall zu suchen und nicht nur bei denjenigen, die dafür Diplome oder Berechtigungsausweise vorweisen können. Wir werden dies können – aber auch müssen.

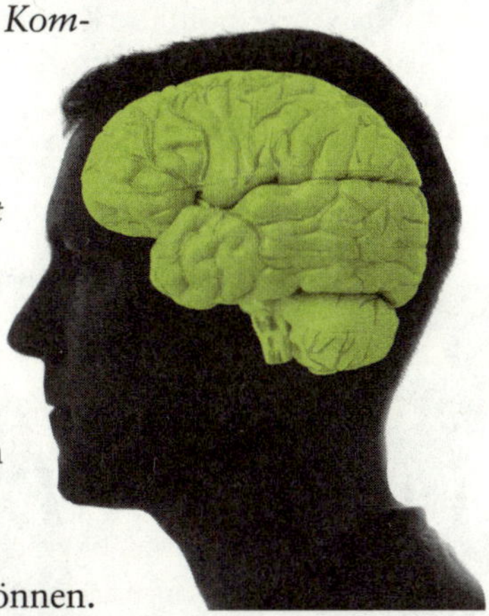

Bevor wir dem beschaulichen Rüschlikon und dem „IBM Research" den Rücken kehren, fragen wir Matthias Kaiserswerth, was den Erfolg des „Innovation Jam" im Kern ausgemacht hat. Was ist das grundlegende Prinzip, was ist der Generalschlüssel für alle, die künftig die Intelligenz der Vielen nutzen wollen? Er denkt kurz nach, schaut aus dem Fenster, lächelt und sagt ein einziges Wort: Freiheit.

Letztes Jahr in New York. Wir checken im Hotel ein. Riesige Lobby, es wimmelt vor Gästen. Auf dem Namensschild der jungen Dame an der Rezeption steht „Lydia“. Sie ist die Ruhe selbst.

„Ich habe ein schönes Zimmer für Sie in der 39. Etage. Von dort oben haben Sie eine tolle Aussicht.“ Sie strahlt uns an. „Zimmer 3.908. Hier ist Ihre Keycard.“

7. REISSE MAUERN EIN! WERDE TRANSPARENT!

Wir: „Sehr freundlich, herzlichen Dank. Aber wäre es vielleicht möglich, eines der frisch renovierten Zimmer zu bekommen? Also bis maximal zur 33. Etage?“

„Aber gern“, meint unser perfekt geschultes Gegenüber. Und lächelt. „Sie kennen sich ja gut aus bei uns! Also, da könnte ich Ihnen die 3.301 anbieten.“

„Bitte nicht gleich neben den Aufzügen, wenn es geht. Die machen Geräusche, da werden wir schlecht schlafen.“

„Also, dann hätte ich da noch die 3.309." Lydia lächelt immer noch. Jetzt scheint ihr Ehrgeiz angestachelt zu sein. „Das Zimmer hat einen sehr schönen Blick über die Stadt. Richtung Süden."

„Stimmt", erwidern wir. „Dieses Zimmer hätten wir gern. Und danke für Ihre Mühe!"

WER WILL SCHON MIT PANORAMABLICK AUF DIE MÜLLCONTAINER ÜBERNACHTEN?

„Sie müssen ja schon häufiger bei uns übernachtet haben", meint sie noch, als wir schließlich die Keycard mit der Nummer 3.309 in Händen halten.

„Nein, wir sind zum ersten Mal hier", geben wir zu. „Wir haben bloß zu Hause einen Internetanschluss."

Ob ein Hotel in Barcelona wirklich den schönen Park hat, den die Website der Edelherberge anpreist, oder ob es mehr ein Parkplatz für Reisebusse ist, lässt sich über Google Street View schnell prüfen. Man braucht dazu nur die genaue Adresse – und die steht schließlich auch im Internet. Oder: Was die Gäste von dem Lokal halten, das in den neuen Ausgaben der Schlemmerführer mit Sternen und Mützen überschüttet wird, kann jeder auf Qype nachlesen. Da kann sich dann im Extremfall schon mal ein Gourmet über den WC-Spray-Geruch an seinem Tisch auslassen, gegen den das Aroma des Carpaccio vom Weideochsen nicht mehr ankam.

Im Fall unseres New Yorker Hotels heißt des Rätsels Lösung „TripKick.com". Diese amerikanische Website bewertet nicht nur Hotels, sondern auch die einzelnen Zimmer. Und bewahrt Gäste so vor bösen Überraschungen. Bis ins Detail erfährt man, was sich hinter welchen Zimmernummern verbirgt. Ist das Zimmer groß oder klein? Ist es frisch renoviert oder löst sich schon die Tapete von der Wand? Reicht die Aussicht über die Skyline der ganzen Stadt oder bis zum Bürogebäude auf der anderen Straßenseite? Alle Antworten finden sich online. Es gibt sogar für jedes Hotel eine Rubrik mit Zimmernummern, die Gäste unbedingt meiden sollten. Wer will schon in der Nähe rumpelnder Aufzüge, neben dem Durchgang zur Küche oder mit Panoramablick auf die Müllcontainer übernachten?

DIE NEUE DURCHSICHTIGKEIT

Beileibe nicht alle Mitarbeiter von Unternehmen reagieren so freundlich und gelassen wie Lydia, wenn ihre Kunden sich bestens auskennen. Viele sind konsterniert, manche sauer. Es ist einfach noch nicht bei allen Unternehmen angekommen, dass es immer weniger Dinge gibt, die sie geheim halten können. Dabei betrifft die neue Durchsichtigkeit ja nicht nur Unternehmen. Eine Gruppe amerikanischer Hobbyspione hat es sich etwa zur Aufgabe gemacht, die Staatsgeheimnisse Nordkoreas zu enttarnen. Dazu brauchen sie nicht viel mehr als frei zugängliche Websites wie zum Beispiel Google Earth und eine ausreichende Vernetzung mit Leuten, die die online verfügbaren Informationen interpretieren können. Auf diese Weise haben die Freizeit-Schlapphüte nicht nur Militärstützpunkte, Gefangenenlager und Atomtestgelände eingekreist, sondern beispielsweise auch die streng geheime Prachtvilla des nordkoreanischen Staatschefs lokalisiert.

DIE INFORMATIONSFLUT LÄSST SICH NICHT MEHR DECKELN.

Für die Mächtigen wird es offensichtlich immer schwieriger, Tatsachen zu verstecken, zu verheimlichen oder schönzureden – es sei denn, sie zensieren das Internet, schneiden ihre Bürger von den Informationen ab und degradieren sie zum Status unmündiger Kinder. Für Nordkoreas Machthaber ist dieses Vorgehen die Garantie für das eigene Überleben – so hofft man dort zumindest.

Alleinherrschaft funktioniert nur, indem man mögliche Bedrohungen für die eigene Machtposition von vornherein ausmerzt.

Und unzensierte Informationen sind eine solche Bedrohung. Aber die Geschichte zeigt uns, dass sich ein solches Vorgehen nicht unendlich lang durchhalten lässt. Die ehemalige DDR ging auch deshalb unter, weil die Nomenklatura die Informationsströme nicht mehr länger unter Kontrolle hatte. Und das hatte zur Folge, dass das Politbüro in Berlin seine Bürger nicht mehr in seinem Sinne steuern konnte. Die Transparenz, die aus der globalen Informationsflut resultiert, ist für jeden Herrscher mit uneingeschränktem Machtanspruch ein echter Alptraum.

Und was für die Mächtigen in der Politik gilt, gilt ebenso für die Wirtschaft: Man kann versuchen, Mauern zu errichten und Informationen unter Verschluss zu halten. Aber es ist ein aussichtsloses Unterfangen, denn die Informationsflut lässt sich längst nicht mehr deckeln.

In dem Maße wie durch das Internet die Werkzeuge zur Erzeugung und Verbreitung von Informationen, Wissen und Meinungen demokratisiert werden und für jedermann verfügbar sind, verschiebt sich Macht von Organisationen hin zu Individuen.

Der Wandel ist in vollem Gang. Es hat keinen Sinn, am Spielfeldrand zu hocken und darauf zu warten, dass andere das Spiel für uns entscheiden. Wir müssen mitspielen. Oder um es mit den Worten des Schriftstellers und Philosophen Ralph Waldo Emerson auszudrücken: „Es gibt immer zwei Parteien – die Partei der Vergangenheit und die Partei der Zukunft, das Establishment und die Bewegung.“ Auf welcher Seite stehen Sie?

MAUSMACHT

„Mister Gorbatschow, tear down this wall!“ Der legendäre Appell, den der damalige amerikanische Präsident Ronald Reagan in seiner Rede im Juni 1987 vor dem Brandenburger Tor an seinen sowjetischen Amtskollegen richtete, hatte in vielerlei Hinsicht visionäre Qualitäten.

Command-and-Control-Kommunikation war gestern. Heute funktioniert das weder in der Politik. Noch in der Gesellschaft. Noch in der Welt der Wirtschaft. Im Zeitalter zunehmender Transparenz haben wir nur noch eine Chance: Loslassen! Raus mit den Informationen! Weg mit den Mauern! Wer heute noch immer meint, er könne Wähler, Kunden und Öffentlichkeit manipulieren und mit seiner Version der Wahrheit infiltrieren, der wird eines Besseren belehrt – und zwar von den Menschen, die begriffen haben, welche Macht sie mittels ihrer Hand auf der Maus ihres Computers haben.

Wer aber in die Offensive geht, hat alle Möglichkeiten in der Hand! Denn:

Wer Transparenz praktiziert, baut eine Beziehung zu seinen Kunden, Mitarbeitern, Partnern und der Öffentlichkeit auf, die auf Vertrauen basiert.

Die Tugend der Transparenz beinhaltet vieles, was wir schon in diesem Buch angesprochen haben: Führungskräfte, die Kontrolle abgeben, offen für Feedback sind und Informationen weitergeben. Unternehmen, die sich öffnen für lebendiges und kollektives Wissen aus allen Bereichen innerhalb und außerhalb der Organisation und Kunden, die ein aktives Mitspracherecht bei der Produktgestaltung haben.

Ein Unternehmen, das die Tugend der Transparenz in einem Ausmaß praktiziert, dass sich selbst den Hausanwälten des Unternehmens so manches Mal die Eingeweide zusammenkrampfen, wenn der Pressesprecher ans Mikrofon tritt, ist Seventh Generation aus Vermont. Das 1988 gegründete Unternehmen produziert Produkte wie Waschmittel, Haushaltsreiniger und Hygienepapier. Transparenz bedeutet bei Seventh Generation: Jeder – nicht nur die Kunden, auch die Konkurrenz – darf wissen, was genau in ihren Produkten steckt.

Sie finden, das sei nichts Besonderes? Dann suchen Sie mal bei Persil, Lenor & Co. nach einer detaillierten und vollständigen Auflistung eines jeden Inhaltsstoffs, der in den Produkten enthalten ist. Wir haben es ausprobiert – Fehlanzeige! Sowohl auf der Produktverpackung als auch im Internet. Doch

DASS SICH DEN HAUSANWÄLTEN DIE EINGEWEIDE ZUSAMMENKRAMPFEN, WENN DER PRESSESPRECHER ANS MIKROFON TRITT.

es geht nicht nur um Transparenz in Bezug auf die Inhaltsstoffe bei Seventh Generation: Jeder Mitarbeiter, jeder Kunde kann sich über aktuelle und strategische Unternehmensentscheidungen informieren. Und jeder darf erfahren, wenn etwas schief läuft. Ganz im Sinne der zwölften These des Cluetrain-Manifests: „Es gibt keine Geheimnisse!“ Dieses Unternehmen nimmt sich die Freiheit, einfach alle Informationen freizugeben. Und das zahlt sich aus: Nach schwierigen Anfangsjahren ist Seventh Generation mittlerweile gut am Markt aufgestellt.

Um die gewünschte Transparenz auch für die Kunden einfach und praktikabel zu machen, ersann das Unternehmen die „Show-The-World-What's-Inside-Kampagne“. Dazu wurden spezielle Widgets entwickelt: Applikationen für den Computer oder das iPhone, die wie ein Chemielexikon erklären, wofür welche Stoffe eingesetzt werden und inwieweit sie harmlos oder schädlich sind. So haben Kunden schon im Supermarkt die Möglichkeit, sich mit den Inhaltsstoffen der Produkte vertraut zu machen. Wenn Kunden, Partner und Mitarbeiter sehen, was los ist, bilden sie sich auch keine düsteren Theorien. Dann vertrauen sie. Kunden, die vertrauen, kaufen. Partner, die vertrauen, sind verlässlich. Mitarbeiter, die vertrauen, bringen Engagement, Kreativität und Leidenschaft mit zur Arbeit.

Mit Jeffrey Hollender, Chief Inspired Protagonist und Mitgründer von Seventh Generation.

Wieder einmal zeigt sich hier der untrennbare Zusammenhang zwischen technologischer und sozialer Veränderung. Es bildet sich ein neues Lebensgefühl aus, das Offenheit und Transparenz auf der Ebene des sozialen Miteinanders einfach erwartet. Sogar von Polizisten, die einen Gehweg absperren, verlangen Passanten heute selbstverständlich eine Begründung. Vor 100 Jahren hätte der Untertan einfach auf den Hacken kehrt gemacht und sich nicht getraut, den Wachtmeister zu fragen, was das Ganze soll. Und hätte er doch gefragt, wahrscheinlich so etwas zur Antwort bekommen wie: „Befehl von oben!“

24 STUNDEN IM LICHT DES HELLLICHTEN TAGES

Immer öfter nutzen Menschen die Werkzeuge, die ihnen das Internet in die Hand gegeben hat, und verbreiten ihre Gedanken, ihre Ideen und ihr Wissen weiter – freiwillig, oft ohne direkte Gegenleistung, immer öfter viele Stunden pro Woche. Über Blogs, E-Mails, Chats, Tweets, Forenbeiträge, SMS, MMS, Videocasts und so weiter lassen ganz gewöhnliche Menschen andere an allem teilhaben, was sie umtreibt. Und nicht nur das. Sie sind gleichzeitig aktive Meinungsbildner der Gesellschaft. Indem sie über Dinge kommunizieren, die sie freuen oder ärgern, die sie als gerecht oder ungerecht empfinden, die sie eingeführt oder beseitigt sehen wollen. Sie schlüpfen in die Rolle von Journalisten, die über Ereignisse berichten, die auf der Welt passieren. Und in die Rolle von Kommentatoren.

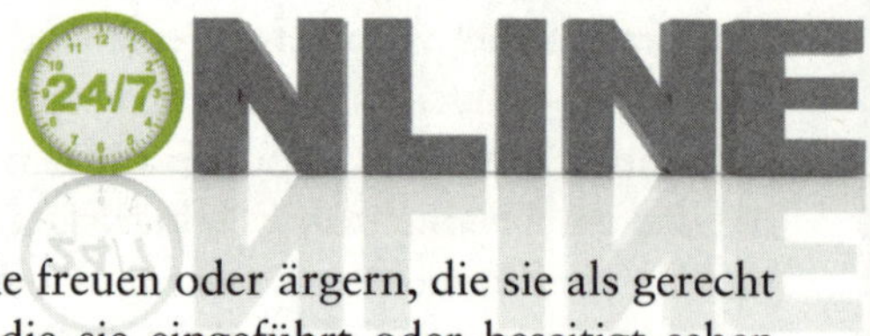

Noch bevor irgendein Kamerateam die Chance hätte, vor Ort zu sein, hat jemand schon sein Handy gezückt und ein Ereignis, wie beispielsweise eine Demo vor einer Konzernzentrale, gefilmt und auf YouTube hochgeladen. Ganz gewöhnliche Menschen spielen auch seit Jahren schon Produkttester, schreiben oder filmen ihren Eindruck von einem Produkt und veröffentlichen das Ganze über die Feedbackfunktion von Händlerwebsites wie Amazon oder auf Meinungsportalen wie Ciao, Yopi oder Dooyoo. Manche suchen auch einfach immer wieder, was über sie selbst im Netz steht. „Ego-Googlen" ist mittlerweile zu einer Art Volkssport geworden. Eine vom IT-Branchenverband Bitkom veröffentlichte Studie hat ergeben, dass ein Drittel der Deutschen schon mal das Internet nach dem eigenen Namen durchforstet hat. Das lässt nur die Schlussfolgerung zu, dass die anderen zwei Drittel entweder keinen Internetanschluss haben oder aber tot sind – was aus soziologischer Sicht auf das Gleiche hinausläuft.

Aber zurück zu den Meinungsportalen und Kundenfeedbacks:

Bei alledem zeigt sich eine klare Tendenz: Menschen vertrauen anderen Menschen mehr als Unternehmen.

Eine aktuelle Nielsen-Studie bestätigt, dass persönliche Empfehlungen und Erfahrungsberichte glaubwürdiger Online-Foren die vertrauenswürdigste Art der Werbung darstellen. Die Studie fand heraus, dass 90 Prozent aller Onlinekunden den Empfehlungen persönlicher Bekannter Glauben schenken sowie 70 Prozent den Urteilen von anderen Onlinekunden in Meinungsportalen.

SOGAR KNACKIS LASSEN ES SICH NICHT NEHMEN, IHREN KNAST IM WEB ZU BEWERTEN.

Daraus folgt: Die glaubwürdigsten Informationen über Produkte und Dienstleistungen kommen heute nicht mehr von Unternehmen, sondern von Kunden. Neben Meinungsportalen gibt es dazu auch Foren, in denen Interessenten und Kunden Produkte und Dienstleistungen besprechen. Wie zum Beispiel „Porsche friends worldwide“, ein privat betriebenes Forum mit 30.000 angemeldeten Mitgliedern. Oder Motor Talk, das Dickschiff unter den Autoforen – mit sage und schreibe 750.000 registrierten Nutzern und über 16 Millionen Beiträgen.

Kurios: Sogar Knackis lassen es sich unter „knast.net“ nicht nehmen, ihren Knast zu bewerten. Benutzer „butty“ zum Beispiel gibt der JVA Büren (NRW) fünf Sterne: *„Sehr gut, war ok, Beamte korrekt, Freizeit gut, Essen ok“*. Eher schlecht schneidet die JVA München ab. Benutzer „koppels“ gibt nur einen Stern: *„Unter aller Sau! Dreckig, versifft, unfreundlich, menschenunwürdig. Mitleid mit jedem, den es dahin verschlägt!“*

Die neue Transparenz geht allerdings über die reinen Online-Besprechungen weit hinaus. Zunehmend gibt es Websites, die sich damit auseinandersetzen, ob Unternehmen sich umweltfreundlich, menschenrechtskonform oder verbraucherfreundlich verhalten. „GoodGuide.com“ zum Beispiel widmet sich umwelt- und sozialverträglichen Markenprodukten. Und „Fatburgr.com“ listet die Nährwerte der Speisen von Fastfood-Restaurants auf. So erfährt

man im Internet, dass ein „Monster Thickburger“ bei Hardee’s satte 1.320 Kalorien hat. Soviel wie drei Tafeln Schokolade oder sieben Kilo Spargel. Ohne Sauce hollandaise, wohlgemerkt.

Positives Feedback wiederum von möglichst vielen Kunden an möglichst vielen Stellen im Netz kann für Unternehmen ungeheuer verkaufsfördernd sein. Was für die einen Grund zum Jubeln ist, wird also für die anderen zum Fluch. Wenn ein Unternehmen grottenschlechten Service bietet, Nachfragen seiner Kunden arrogant abbügelt oder auch nur seine Produkte den blumigen Ankündigungen des Marketings nicht voll und ganz entsprechen, machen die Kunden heute kurzen Prozess. Sie nutzen das Internet, um ihrem Ärger freien Lauf zu lassen. Und diese negativen Botschaften verbreiten sich rasend schnell.

WIDERSTAND ZWECKLOS

Jeff Jarvis war stocksauer. Der amerikanische Journalist, Medienprofessor und Buchautor hatte sich ein neues Notebook von Dell gekauft. Bekanntlich vertreibt der Hardware-Hersteller seine Produkte ausschließlich über das Internet. Das ist schnell, bequem und spart Kosten, die Dell als Vorteil an seine Kunden weitergibt. So weit, so gut. Doch was, wenn etwas schief läuft? Jarvis hatte Pech und einen „Montagscomputer“ abgekriegt, der immer wieder zickte. Kein Problem, dachte Jarvis zunächst, denn er hatte einen Wartungsvertrag abgeschlossen, der dem Kunden im Falle des Falles garantiert, dass innerhalb von 24 Stunden ein Techniker vorbeikommt und sich der Sache annimmt. Zumindest in der Theorie. In der Praxis sah es dann so aus, dass Jarvis Stunden über Stunden in der Warteschleife der Help-Line versauerte. Sein neues Notebook gab er mehrfach zur Reparatur ab – und bekam es jedes Mal zurück, ohne dass das Problem beseitigt worden wäre. Das Wort

„Austauschgerät“ schien dagegen in den Wörterbüchern bei Dell gar nicht erst vorzukommen. Wer jemals einen „Montagscomputer“ hatte – egal welches Herstellers –, dem kommt dieses Szenario vielleicht bekannt vor …

DIESER BLOGBEITRAG SCHLUG EIN WIE EINE GRANATE.

Irgendwann platzte Jeff Jarvis der Kragen. „Dell sucks. Dell lies“ betitelte er jenseits aller Business-Etikette einen Beitrag in seinem in der Medienszene viel gelesenen Blog. In weiteren nicht weniger drastischen Worten beschrieb er seinen Kampf mit dem Service von Dell. Und vor allen Dingen sein Gefühl des totalen Ausgeliefertseins als Kunde eines Konzerns, in dem er niemanden erreichen konnte, der wirklich willens und in der Lage war, sich um die Sache zu kümmern. Dieser Blogbeitrag schlug ein wie eine Granate. Schon nach wenigen Minuten kamen erste Kommentare von Leuten, die ähnlich schlechte Erfahrungen mit dem Service von Dell gemacht haben. Innerhalb der nächsten Woche waren es täglich Hunderte auf der ganzen Welt, die über die Kommentarfunktion des Blogs von Jeff Jarvis ihren Frust über Dell loswurden. Und da dieser Blog hauptsächlich von Journalisten gelesen wird, fand sich die Geschichte kurz darauf auch überall in den klassischen Printmedien.

Die spannende Frage aus Unternehmenssicht ist jetzt: Wie reagierte Dell auf diesen PR-Super-GAU? Man mag es kaum glauben, aber die Antwort lautet: GAR NICHT! Weder entschuldigte sich das Unternehmen bei Jeff Jarvis noch suchte überhaupt jemand Kontakt zu dem Medienprofessor. Dell machte weder einen weiteren Vorstoß zur Reparatur des Computers noch fühlte sich das Unternehmen bemüßigt, der Öffentlichkeit irgendetwas zu erklären. Jeff Jarvis gab aber nicht auf. „Hallo, Dell!“, schrieb er in sein Blog. „Hört mich da irgendjemand? Ich weiß, dass ihr mich hört!“ Jarvis verlangte weiter die Reparatur seines Notebooks. Es gelang ihm sogar, sich zu Managern bei Dell durchzutelefonieren. Nur blitzte er dort ebenfalls ab.

Irgendwann schaffte es dann ein anderer Journalist, der die ganze Sache verfolgt hatte, einen Mitarbeiter von Dell auszuquetschen. „Das Ganze ist offizielle Firmenpolitik“, verriet ihm der Informant.

Dell habe an alle Mitarbeiter die Anweisung ausgegeben, Kommentare über das Unternehmen im Internet zwar zur Kenntnis zu nehmen, aber unter gar keinen Umständen auch nur mit einer Silbe darauf einzugehen! Im Vergleich dazu darf der Regierungssprecher von Nordkorea geradezu als Dampfplauderer gelten. Es dauerte ein weiteres Jahr, in dem das Dell-Bashing im Internet kein Ende nahm, bis der Konzern schließlich einlenkte und eine Wende um 180 Grad vollzog. Dell gab seine Fehler zu und seine Informationspolitik nach dem Vorbild des Stalinismus auf. Der Computerhersteller war endlich im Internetzeitalter angekommen.

Welchen Laptop Jeff Jarvis mittlerweile verwendet, wissen wir nicht. Dell hat in jedem Fall mindestens zwei Dinge versäumt, die Unternehmen in einer solchen Situation unbedingt beherzigen sollten. Erstens so schnell wie möglich reagieren. Und zweitens direkt auf die Beiträge im Netz eingehen. Ganz sachlich und ohne Polemik. Am besten mit derselben Kommentarfunktion, die auch der Kritiker verwendet hat. Dazu ist es allerdings unabdingbar, seinen Mitarbeitern zu vertrauen.

Wenn ein einzelner Kundenbetreuer nicht autorisiert ist, sich zu dem von ihm verantworteten Vorgang in einem Internetforum zu äußern, dann ist ein Unternehmen schlicht nicht reaktionsfähig.

Die Zeiten, in denen kritische Fragen ausschließlich vom Pressesprecher beantwortet wurden, ist angesichts unzähliger Kommentare und Feedbacks über ein Unternehmen im Web Geschichte. Heute muss ein Unternehmen so viele Sprecher haben wie Mitarbeiter.

Der Fall Dell zeigt überdeutlich, dass jeder Widerstand von Unternehmen gegen die durch das Internet geschaffene Transparenz zwecklos ist. Wer seine Unternehmensmauern nicht freiwillig einreißt, wird über kurz oder lang seinen 9. November erleben. Nur dass der Imageschaden bis dahin wahrscheinlich schon katastrophale Ausmaße angenommen hat. Und möglicherweise weltweit. Dell mag seine Unternehmenspolitik noch so sehr verändert haben und heute unseretwegen Fünf-Sterne-Gold-Service bieten – die Geschichte, die Jeff Jarvis mit Dell erlebt hat, kann nach wie vor jeder innerhalb von drei Sekunden googlen. Sie wirkt noch auf Jahre fort. Jetzt steht sie auch noch in diesem Buch, wo sie ohne die anhaltende Präsenz im Internet auch nicht hingelangt wäre.

Fahren Unternehmen da nicht besser, wenn sie von vornherein klar, transparent und wahrhaftig kommunizieren? Auch, wenn das bedeutet, ab und zu mal Fehler zuzugeben? Hin und wieder seine Politik zu ändern? Sich auch mal bei Kunden vorbehaltlos zu entschuldigen?

UNTERNEHMEN GLASHAUS

Tony Hsieh teilt täglich über seinen Blog und über Twitter seine Gedanken und Gefühle mit der ganzen Welt. Das tun Millionen andere Menschen auch? Stimmt. Aber die wenigsten davon dürften Vorstand eines Unternehmens wie Zappos mit einer Milliarde US-Dollar Jahresumsatz sein. Und wie viele von den wenigen twitternden Vorständen machen tatsächlich ihren Businessalltag transparent? Auch Tony Hsieh gibt offen zu, dass er bei der Live-Berichterstattung von seinem Chefsessel anfangs ein mulmiges Gefühl hatte. „Als ich bei Twitter Mitglied wurde, ging es mir so wie wahrscheinlich den meisten Leuten am Anfang“, erzählt der Chef des weltweit größten Internetkaufhauses für Schuhe. „Ich fühlte mich ein wenig unwohl dabei, der Öffentlichkeit mitzuteilen, was ich gerade tat und worüber ich gerade nachdachte. Aber weil radikale Transparenz nun mal Teil der Twitter-Kultur ist, wollte ich zumindest versuchen, so transparent wie möglich zu sein, sowohl im Hinblick auf mich persönlich als auch auf Zappos.“

Schnell merkte Tony Hsieh, dass dieser mutige Schritt honoriert wurde: „Ich fand heraus, dass die Leute Offenheit und Ehrlichkeit wirklich honorieren. Die Leute entwickelten bald eine viel persönlichere Beziehung zu Zappos und zu mir als wahrscheinlich zu den meisten anderen Unternehmen und Geschäftsleuten, die auf Twitter vertreten sind." Inzwischen hat Tony Hsieh sich an die Transparenz und an die permanente Kommunikation über Twitter gewöhnt. Er vergleicht das mit dem Gefühl, ständig vor einer Kamera zu stehen. Und das macht ihn weder paranoid noch hat er deswegen Popstar-Allüren entwickelt. Obwohl er heute über 1,6 Millionen „Follower" auf Twitter hat – und damit mehr als zum Beispiel CBS News, die amerikanische „Tagesschau". Vielmehr hat Twitter Tony Hsieh zu einer enormen Selbstdisziplin angespornt. Wenn die Kunden, Mitarbeiter und Geldgeber jederzeit alles mitbekommen, was man gerade so tut und denkt, überlegt man sich zweimal, ob man um des kurzfristigen Vorteils willen mit Halbwahrheiten und fiesen Tricks arbeiten will. Und wenn man erlebt, dass sich Ehrlichkeit und Authentizität wirklich in Kundentreue und steigenden Umsätzen niederschlagen, wird man es nicht mehr anders halten wollen.

Wenn Chefs von Unternehmen mit Milliardenumsätzen ihre Gedanken und Gefühle per Blog und Tweet der Öffentlichkeit mitteilen, dann sind wir in einem neuen Zeitalter demokratischer Kommunikation angekommen. Wir sind Zeugen eines radikalen Umbruchs in der Unternehmenswelt.

NIRGENDWO DAS UNREGELMÄSSIGE RELIEF ECHTER, UNGESCHÖNTER WAHRHEITEN.

Nur zur Erinnerung: Es ist noch gar nicht lange her, da waren die einzigen öffentlichen Statements, die von einem Großunternehmen zu erwarten waren, von PR-Profis und Spin-Doktoren getextete Pressemitteilungen und von der Rechtsabteilung abgesicherte und mit Textbausteinen aus dem Unternehmensleitbild durchsetzte Vorstandsreden. Aber ist dieses Kommunikationsverhalten tatsächlich ein Relikt der jüngsten Vergangenheit? Schluss, aus und vorbei? Etwas, über das man heute in den großen Konzernen nur noch milde lächelnd den Kopf schüttelt? Schön wär's! Wer sich die Mühe macht, einmal querbeet durch die Landschaft offizieller Unternehmensdarstellungen zu lesen, geht in einer Flut rhetorischer

Sprachhülsen und plumper Floskeln unter. Nicht viel besser ergeht es dem willigen Leser, wenn er sich die Geschäfts- und Quartalsberichte, Pressemitteilungen oder Berichte von Investor-Relations-Konferenzen genauer ansieht: Glattgebügelte offizielle Verlautbarungen ohne sprachliche Ausreißer. Nirgendwo das unregelmäßige Relief echter, ungeschönter Wahrheiten. Da fühlen wir uns beinahe herausgefordert, Schmutz und Lug und Trug zu vermuten, der da luftdicht unter Verschluss gehalten wird – obwohl das vielleicht gar nicht der Fall ist. Hochglanz ist verdächtig ...

Selbstverständlich verlangt niemand vom Vorstand, dass er vor seine Aktionäre tritt und ihnen erklärt: *„Unser Unternehmen läuft im Moment sowas von neben der Spur. Ganz ehrlich: Wir sind ein richtiger Saftladen und wenn uns nicht bald was Gescheites einfällt, können Sie Ihre Aktien im Kamin verheizen.“* Aber ein bisschen mehr Transparenz ist schon wünschenswert. Menschen sind immer weniger bereit, rhetorische Verbarrikadierung zu akzeptieren. Sie wollen GELEBTE TRANSPARENZ – oder sie drehen sich um und gehen davon.

In Zukunft wird es nicht mehr darum gehen, über Dinge, die nicht entdeckt werden sollen, zu schweigen. Sondern es wird darum gehen, Dinge, die nicht entdeckt werden sollen, gar nicht erst zu tun. Diese These vertritt Volker Klenk in seinem Buch „Corporate Transparency“. Und sie ist nichts als die Schlussfolgerung aus der Erkenntnis, dass in Zukunft jedes unternehmerische Handeln öffentlich ist. Wir leben und arbeiten in Zeiten, in denen die Transparenz der Unternehmen von Kunden und Lieferanten, Politikern und Gewerkschaften, Verbraucherschützern und Aktionären schlicht eingefordert wird. Wir alle wollen wissen, woran wir sind. Im Hinblick auf alle unsere Partner.

Deshalb geht es auch nicht mehr nur darum, transparent zu kommunizieren. Es geht darum, transparent zu sein. Bei der Unternehmenskommunikation fängt es an. Aber letztlich betrifft es die Unternehmenskultur!

Das weiß man auch bei dem Schuhversender Zappos, der sich mittlerweile im Besitz von Amazon befindet. Ein twitternder Vorstand könnte ja auch einfach eine exotische Randerscheinung sein. So wie ein Banker mit Vorliebe für rosa Socken. Nichts, was irgendetwas grundsätzlich ändert. Aber so ist es nicht. Tony Hsieh sagt selbst, dass ihn das tägliche Twittern nur daran erinnert, die Werte, zu denen sich sein Unternehmen bekennt, auch tatsächlich im Alltag zu beherzigen: „Weil ich wusste, was ich tun würde, wenn ich regelmäßig über alles twittere, was ich mache und denke, wurden mir unsere Werte wieder stärker bewusst. Ich strengte mich mehr an, den zehn Kernwerten, die die Kultur von Zappos definieren, auch wirklich gerecht zu werden."

Die zehn Kernwerte von Zappos, von denen Tony Hsieh hier spricht, sind mehr als irgendein beliebiges Blabla aus dem Textbausteine-Supermarkt, das im goldenen Rahmen über der Empfangstheke der Firmenzentrale in Las Vegas hängt. Mit ihnen verpflichtet sich Zappos zu einem Ausmaß an Transparenz und Aufrichtigkeit wie es – noch – selten ist. Die Sätze hören sich dabei zunächst einmal ziemlich einfach an. Etwa: „Schaffe offene und ehrliche Beziehungen durch Kommunikation" – Nummer 6. Oder: „Erreiche mehr mit weniger" – Nummer 8. Oder einfach: „Übe Demut" – Nummer 10. Aber diese knappen Bekenntnisse sind außerordentlich kraftvoll. Sie lösen im Unternehmen wirklich etwas aus. Kein Wunder, denn um an wirkliche Offenheit, Leidenschaft und Authentizität zu appellieren, braucht es nicht viele Worte. Wortreich sind eher die von hochbezahlten Beratern getexteten, wolkigen Statements jener Konzerne, bei denen der im Leitbild proklamierte Anspruch und die gelebte Wirklichkeit nicht weiter auseinanderklaffen könnten.

Woher man bei Zappos weiß, dass die Kultur der Ehrlichkeit und Transparenz für die Mitarbeiter wirklich einen Unterschied macht? Nun, das Unternehmen macht zum Beispiel allen Neulingen ein ungewöhnliches Angebot. Es stellt jeden Mitarbeiter nach der vierwöchigen Einarbeitungsphase vor die Wahl, zu bleiben – oder wieder zu gehen und neben dem vollen Gehalt für die geleistete Arbeit eine Abfindung von 2.000 Dollar zu kassieren. 2.000 Dollar klingen für europäische Ohren vielleicht nicht allzu verlockend, wenn man anschließend wieder arbeitslos ist. Man muss sich aber hier die amerikanische Hire-and-fire-Kultur vor Augen führen, in der einfache Lagerarbeiter oder Call-Center-Agenten oft nur für wenige Wochen bei einem Unternehmen anheuern und sich dann anderswo den nächsten Job suchen. Insofern ist es sensationell, dass 97 Prozent der Mitarbeiter, die erst einmal für die Dauer von vier Wochen bei Zappos waren, unbedingt bleiben wollen – und die 2.000 Dollar gegenleistungsloses Einkommen dafür in den Wind schießen. Wer sich übrigens fürs Management beworben hat, der muss erst mal ins Call Center und mindestens zwei Wochen lang täglich mit Kunden kommunizieren. Nur wer die Kunden wirklich kennt und gelernt hat, ihnen reinen Wein einzuschenken, qualifiziert sich für „höhere" Aufgaben.

WAS HÄLT EIGENTLICH MICROSOFT VON MICROSOFT?

Wenn Unternehmen durch Blogs, Foren und Tweets im Internet gezwungen sind, sich gegenüber der Öffentlichkeit radikal zu öffnen, werden sich innerhalb des Unternehmens nicht gleichzeitig die alten Mauern aufrecht erhalten lassen. Transparenz funktioniert nur in beide Richtungen. Das Internet gibt auch den Mitarbeitern im Unternehmen alle Werkzeuge an die Hand, um maximale Transparenz zu schaffen. Und Mitarbeiter nutzen es und verbreiten ihre Ideen, Erkenntnisse und Gedanken weiter.

Und wenn Mitarbeiter in einem Unternehmen das Gefühl haben, intern nicht ausreichend zu Wort zu kommen, dann äußern sie sich eben außerhalb des Unternehmens. Früher geschah das typischerweise am Abendbrottisch oder in der Kneipe – und wenn da nicht zufällig ein *Spiegel*-Reporter mit am Tisch saß, blieb die Resonanz gering. Heute äußern sich Mitarbeiter in ihren Blogs darüber, was sie in der Firma offiziell nicht sagen können oder wollen. Das führt dazu, dass heute jeder, der will, tiefe Einblicke in ein Unternehmen bekommen kann. Er muss nur ein wenig durch die Blogosphäre stöbern. Die Zahl der Blogger wächst ständig. Ihre Blogs werden geschickt an den offiziellen Websites der Unternehmen vorbei lanciert und die Autoren schreiben oft unter Pseudonym. Man kann also nie wissen – vielleicht ist „antologia42" ja Ihre Chefsekretärin, die über ihren Alltag schreibt und dabei eine Menge interessanter Dinge zu berichten weiß.

Einer der bekanntesten Mitarbeiterblogs ist „Mini-Microsoft". Den Blog gibt es seit 2004. Betreiber ist ein anonymer Mitarbeiter von Microsoft, der unter dem Pseudonym „Who da'Punk" schreibt und sich über Firmen-Interna auslässt. Diese werden dann regelmäßig von zahlreichen anderen anonymen Microsoft-Mitarbeitern und der interessierten Öffentlichkeit kommentiert. „Who da'Punk" ist kein frustrierter Quertreiber, sondern schreibt meist sachlich und verfügt offensichtlich über tiefes Branchenwissen und Insiderkenntnisse. Und er macht immer wieder Vorschläge, wie man die Marktposition von Microsoft verbessern könnte. Dabei nimmt er allerdings kein Blatt vor den Mund. Gern lästert Mini-Microsoft über Gründer Bill Gates und Vorstandschef Steve Ballmer.

Als die Einführung des glücklosen Betriebssystems Vista verschoben wurde, forderte er sogar die Absetzung des Konzernchefs. Innerhalb weniger Tage hatte allein dieser Post 500 Kommentare ausgelöst, darunter etliche von Microsoft-Mitarbeitern. Das Überraschende an den Kommentaren war, dass es neben einigen wenigen wütenden Angriffen viele gut durchdachte Ideen zur Produktentwicklung und zur Verbesserung des Managementsystems des Unternehmens gab.

DAS IST DOCH VERRÜCKT!

Die Frage, die sich hier geradezu aufdrängt: Warum werden solche wichtigen und fruchtbaren Diskussionen nicht im Unternehmen geführt?

Warum lässt man das in den Posts und Kommentaren enthaltene intelligente Verbesserungs- und Veränderungspotenzial so nutzlos verpuffen?

Die Qualität der Posts und die hohe Anzahl an Kommentaren zeigen nachdrücklich, wie wertvoll eine offene, dynamische und ungehinderte Diskussion über die Strategie, die Ausrichtung und die Politik des Unternehmens ist. Und es zeigt, wie bereitwillig eine solche Debatte von den Mitarbeitern angenommen wird. Solange ein solch wichtiger und offener Austausch nur über Mitarbeiterblogs und nicht in ähnlich breiter Form in den Unternehmen stattfindet, verschwenden Unternehmen Potenzial in großem Stil.

Natürlich gilt auch für Blogs: Jede Medaille hat zwei Seiten. Einerseits steckt in einem Blog wie Mini-Microsoft ein hohes Maß an intelligentem Potenzial. Andererseits kann es für Unternehmen auch peinlich werden, wenn besonders offenherzige Mitarbeiter in Blogs die Firma schlecht aussehen lassen. Oder wenn Firmengeheimnisse ausgeplaudert werden. Aber können Unternehmen Mitarbeiterblogs verhindern? Nein! Haben Unternehmen Möglichkeiten, Mitarbeiterblogs zu kontrollieren und zu beeinflussen? Auch nicht! Lassen sich anonyme Blogger fristlos kündigen, abmahnen oder teeren und federn? Wohl kaum! Unternehmen müssen deshalb lernen, mit Mitarbeiterblogs souverän umzugehen. Und das ist gar nicht so schwer. Man muss dazu nur begreifen, dass auch diese Form der Transparenz letztlich viel weniger Bedrohung ist als Chance. Die gute Nachricht: Die notorischen Nörgler und die sinnfreien Querulanten sind in der Minderheit! Die Mehrzahl der Mitarbeiterblogs steht dem jeweiligen Unternehmen positiv gegenüber. Eine Studie des Marktforschungsunternehmens Intelliseek zeigt, dass doppelt so viele Blogger davon sprechen, ihren Arbeitsplatz zu lieben als ihn zu hassen.

FROSTIGE KOMMENTARE

Wenn Mitarbeiter ohnehin im Web in ihren Blogs oder per Twitter über ihren Arbeitsalltag plaudern – warum nutzt ein

Unternehmen das nicht, indem man sie zu Kommunikationspartnern macht und eine unternehmenseigene Plattform schafft, die die Mitarbeiter nutzen können, um genau das zu tun: sich über ihren Alltag, ihre Ideen, über Dinge, an denen sie arbeiten, Spaß haben oder verzweifeln, auszutauschen?

Der Tiefkühlkosthersteller Frosta, ein Mittelständler aus Bremerhaven mit rund 1.500 Mitarbeitern, hat es gewagt. Der „Frosta-Blog“ wird von dem Unternehmen selbst betrieben. Die Beiträge werden von Frosta-Mitarbeitern geschrieben und sind öffentlich. Lesen und kommentieren kann sie jeder, also auch Kunden des Lebensmittelherstellers oder sogar die Konkurrenz aus Hamburg mit dem Fischstäbchen-Käpt’n aus der Fernsehwerbung. Klar, dass es da bei aller Offenheit einige Blog-Regeln gibt, die auf der Website kommuniziert werden. Dort heißt es etwa: „Diskriminierungen und Beleidigungen können wir auf unserem Blog nicht dulden. Wir behalten uns vor, entsprechende Kommentare zu löschen. Das gilt insbesondere für negative Kommentare über fremde Marken und Unternehmen.“ Oder auch: „Fremdwerbung mögen wir nicht so gern. Kommentare, die nur der Eigenwerbung dienen, können wir nicht akzeptieren.“ Im Rahmen solcher Regeln versucht Frosta jedoch, eine wirklich offene, unzensierte Kommunikation zu ermöglichen.

TRANSPARENZ OHNE RELEVANZ MACHT KEINEN SINN.

„Blogs müssen authentisch sein, sonst wird es uninteressant“, erklärt dazu Torsten Matthias aus dem Marketing von Frosta. „Ich glaube, dass man den Leser nervt, wenn man werblich wird oder mit vorformulierten Texten arbeitet.“ Der Manager charakterisiert den Unternehmensblog mit einem gewissen Stolz: „Im Frosta-Blog finden Sie einerseits sehr informative und fundierte Berichte, zum Beispiel über unsere Rohwarenbeschaffung, und andererseits wahren Nonsens über die dunkle Seite der Macht. Die meisten Blogger haben mittlerweile ihren eigenen Stil gefunden und wir haben einen interessanten Themenmix. Das schafft man natürlich nur dann, wenn man beim Bloggen keine Vorgaben bekommt.“

Sieht ganz so aus, als hätte hier ein Mittelständler verstanden, wovon die meisten Konzerne noch weit entfernt sind. Im Internetzeitalter gilt: Autorität ist nicht da, wo oben ist. Und kann auch nicht mit einem großen Marketingbudget erkauft werden. Um im Internet glaubwürdig zu sein, muss man etwas schreiben, das eine Vielzahl von Menschen interessiert. Und man muss transparent, glaubwürdig und authentisch sein. Und das bedeutet gerade nicht, jede noch so unbedeutende Kleinigkeit hinauszuposaunen und mit maximaler Geschwätzigkeit um die Aufmerksamkeit der Leser zu buhlen.

Transparenz ohne Relevanz macht keinen Sinn. Aber Transparenz, strategisch klug eingesetzt, ist ein entscheidender Erfolgsfaktor.

Transparenz nur als ein Kommunikationsthema zu begreifen – das ist viel zu kurz gedacht. Transparenz ist elementarer Bestandteil der Unternehmensstrategie und -kultur. Wenn man sich allerdings in so manchem Konzern umsieht, drängt sich der Eindruck auf, dass diese Entwicklung noch in den Kinderschuhen steckt. Okay, erste Ansätze zu Transparenz und freier Meinungsäußerung lassen sich erkennen. Immerhin gibt es Wikis und Online-Diskussionsforen, die eingerichtet werden, um den Austausch von Ideen und Know-how zu erleichtern. Und hin und wieder gibt es auch mal eine Mail vom Vorstand, in der dieser in wohl gesetzten Worten eine neue Strategie oder einen überraschenden Personalwechsel an der Konzernspitze ankündigt. Aber wurde diese Mail ernsthaft in der Absicht versendet, dass eine Vielzahl von Empfängern darauf antwortet? Wer's denn glaubt! Oder sollte die Mail etwa als eine Aufforderung zu einer offenen, fruchtbaren und auch kontroversen Diskussion verstanden werden? Man muss kein Pessimist sein, um zu vermuten, dass die Wahrscheinlichkeit, dass so etwas tatsächlich gewünscht ist, ungefähr so hoch ist wie die, dass der Papst eine offene und kontroverse Zölibatsdebatte anzettelt.

Dabei sind nicht die fehlenden technologischen Voraussetzungen der Grund, warum eine solche Offenheit weder in der katholischen Kirche noch in den meisten Unternehmen denkbar ist. Der Grund ist ein anderer. Die meisten Organisationen – die Kirche ist da ganz vorne mit dabei – sind im Gegensatz zum Internet nicht auf dem Prinzip der Offenheit aufgebaut, sondern auf dem Prinzip der Kontrolle und des Herrschaftswissens. Und neue oder kontroverse Ideen sind nun mal gefährlich – sie tragen das Potenzial in sich, die „heilige" Ordnung zu stören.

Schon Niccolò Machiavelli schrieb im Jahr 1513 über die „Gefahr der neuen Ordnung" Folgendes: *„Man muss sich nämlich darüber im Klaren sein, dass es kein schwierigeres Wagnis, keinen zweifelhafteren Erfolg und keinen gefährlicheren Versuch gibt, als eine neue Ordnung einzuführen. Denn jeder Neurer hat alle die zu Feinden, die von der alten Ordnung Vorteile hatten, und in jenen nur laue Verteidiger, die sich von der neuen Ordnung Vorteile erhoffen."* Das erklärt exakt, warum die Idee weitgehender Transparenz nicht allzu viele Fans in den Reihen derjenigen hat, die von der Intransparenz prächtig profitieren. Wer aus der alten Ordnung Gewinn zieht, hat keinen Grund, damit zu brechen. Mitarbeiter, die offene und konstruktive Kritik an Entscheidungen üben können? Nein danke! Eine Organisation, in der es eine echte Pluralität von Ideen gibt und in der die Ansichten des Chefs mit denen der Mitarbeiter konkurrieren? Alles, aber bitte das nicht!

Die Vorstellung allein ist sehr beunruhigend, denn so beginnen Aufstände.

DIE KRUX MIT DER OFFENEN KOMMUNIKATION

Natürlich ist uns klar, dass Transparenz auch missbraucht werden kann. Es wird immer den einen oder anderen Kollegen geben, der diese neue Offenheit dazu nutzt, persönliche Attacken zu reiten. Oder die Gelegenheit beim Schopfe packt, um sich zu rächen, weil er sich ungerecht behandelt fühlt. Und klar besteht auch die Gefahr, dass jemand auf diesem Weg schmutzige Wäsche wäscht und diese Inhalte an die Öffentlichkeit gelangen. Das Unternehmen zahlt für Transparenz einen Preis. Aber Intransparenz gibt es ebenfalls nicht zum Nulltarif. Abweichende Meinungen zu unterdrücken oder wichtige Diskussionen abzuwürgen, die helfen, die Qualität von Entscheidungen dramatisch zu verbessern – das kostet! Oder das Engagement der Mitarbeiter zu knebeln, weil sie sich zu entscheidenden Unternehmensfragen nicht äußern dürfen. Das hat seinen Preis! Unsere Überzeugung ist: Wir sind alle frei zu wählen: Welchen Preis wollen wir zahlen?

AUCH INTRANSPARENZ GIBT ES NICHT ZUM NULLTARIF.

Transparenz erfordert Selbstdisziplin und Verantwortungsbewusstsein. Transparenz bedeutet nicht, dass Mitarbeiter von nun an alles ausplaudern. Es gibt Informationen, die vertraulich bleiben müssen. Dazu gehören Finanzdaten oder wichtige strategische Entscheidungen oder einfach Ideen, die noch zu unausgereift sind, um darüber in der Öffentlichkeit zu sprechen. Die Aufforderung „Werde transparent" ist also nicht zu verwechseln mit: Erzähle jedem alles.

Vertraulichkeit ist nicht das Gegenteil von Transparenz, sondern es sind zwei Seiten ein und derselben Medaille.

Die Diagnose ist einfach: Wir müssen uns an deutlich mehr Transparenz gewöhnen und lernen, damit umzugehen. Der inzwischen pensionierte Chefvolkswirt der Deutschen Bank, Norbert Walter, schrieb bereits im Jahr 2005: *„Wenn unsere Kunden über uns bloggen, wenn Mitarbeiter anfangen zu bloggen, wenn die Öffentlichkeit und nicht mehr allein die traditionellen Medien uns aufspießen, was wird uns dann alles blühen? Wie werden wir die so losgelassenen Geister wieder los? Oder wie beherrschen wir sie? Nette Fragen. Falsche Fragen. Unlösbare Fragen. Stattdessen: Ohne Erfahrung im Blogschwarm werden wir nichts ausrichten. Ohne virtuos mit den Möglichkeiten und sorgsam mit den Gefahren des neuen Mediums umzugehen, verlieren wir … Wir brauchen alle kreativen Geister zur Entwicklung und zum Marketing unserer ständig erneuerten Produkte – nach innen wie nach außen. Die Feedbackkultur muss uns zur Natur werden."* Amen.

Wow! Der Trompeter und seine Band schlagen uns zwei Stunden lang restlos in ihren Bann: Nils Wülker stellt sein neues Album „6“ vor. Da wir die Band und ihren melodiösen und groovigen Jazz bereits von früheren Auftritten kennen, fallen uns zwei Veränderungen auf: Zur Stammbesetzung gehört jetzt auch ein Gitarrist und die neuen Songs sind rockiger und gitarrenlastiger als früher.

8. ERMÖGLICHE KREATIVITÄT! VERTRAUE IDEEN!

Die Atmosphäre in der Alten Feuerwache in Mannheim ist ziemlich intim, darum plaudern wir nach dem Konzert noch mit Nils Wülker. Er ist ein sympathischer und lockerer Typ Anfang dreißig, meilenweit entfernt von irgendwelchen Star-Allüren. Peter steht noch ganz unter dem Eindruck des Konzerts und sagt zu ihm: „Weißt du, ich hab ja selbst mal Gitarre gespielt. Aber zur neuen Stammbesetzung in deiner Band hätte ich es wohl nicht gebracht. Da fehlt es mir doch an Talent und musikalischer Kreativität." Darauf entgegnet Nils Wülker wie aus der Pistole geschossen: „Glaube ich nicht."

Wir schauen erst mal reichlich verdutzt. Aber dann sind wir neugierig, worauf er hinaus will.

„Vielleicht wird ja aus dir kein zweiter Carlos Santana mehr", grinst Nils Wülker. „Aber letztlich gilt: Wenn du ein richtig guter Gitarrist werden willst, brauchst du Talent und musst dich jeden Tag mindestens drei Stunden mit deinem Instrument beschäftigen."

MIT DER LEIDENSCHAFT, NICHT LOCKER ZU LASSEN – UND ZU ÜBEN, ÜBEN, ÜBEN …

Und dann erzählt Nils Wülker von seinem Werdegang. Ab seinem siebten Lebensjahr hat er Klavierunterricht bekommen und ab zehn klassische Trompete gelernt. Seitdem übt er sieben Tage die Woche. Mit großer Selbstdisziplin.

Zugegeben, einen Jazzmusiker hatten wir uns irgendwie anders vorgestellt. Mehr als Genie, dem die musikalische Begabung schon in die Wiege gelegt wurde. Als einen Typen, der mittags aufsteht, nachmittags in einem trendigen Café seine besten musikalischen Ideen hat und sich dann abends auf der Bühne einfach dem Flow hingibt. So wie man sich einen waschechten „Kreativen" eben vorstellt. Stattdessen bringt Nils Wülker Kreativität und künstlerische Höchstleitung mit harter, konsequenter Arbeit in Verbindung. Und mit der Leidenschaft, nicht locker zu lassen, an sich zu arbeiten, sich zu entwickeln – und zu üben, üben, üben … Das hat uns verblüfft.

MEHR KREATIVITÄT FÜR ALLE!

Unterliegen nicht auch viele Unternehmen heute einem ähnlichen Missverständnis von „Kreativität"? Wenn wir uns mit Führungskräften unterhalten, dann ist der Satz „Kreativität ist ein entscheidender Wettbewerbsvorteil" längst eine Plattitüde. Damit werden auch die Präsidenten der IHKs von Ansbach bis Zittau nur zustimmendes Nicken in den Reihen ihrer Zuhörer ernten. Kreative

Lösungen, um dem Wettbewerb eine Nasenlänge voraus zu sein – das wollen sie alle. „Land der Ideen“ und ähnliche Sprüche schreiben Wirtschaftsförderer gerne auf Plakate. Das alles ist ja auch gut und richtig. Denn die Wucht der Veränderung hat uns voll erwischt. Alles ist offen.

Die alten Spielregeln gelten nicht mehr. Wir leben in einem Marktumfeld, das sich in rasendem Tempo verändert. Ständige Erneuerung und Veränderung sind deshalb für Unternehmen nicht nur wichtig, sondern überlebenswichtig. Was erfolgreiche Unternehmen von weniger erfolgreichen unterscheidet, sind ihr Innovationskönnen und die Zeit, in denen es ihnen gelingt, möglichst rasch mit neuen Produkten oder Dienstleistungen am Markt zu sein. Und die Voraussetzung für Innovationskönnen ist Kreativität. Um es an dieser Stelle auch begrifflich sauber voneinander zu trennen:

Mit Kreativität meinen wir den Denkprozess, mit dem Ideen kreiert werden. Kreativität ist das gedankliche Fundament, auf dem dann die Innovation entsteht.

Innovation umgesetzt in unternehmerisches Handeln bedeutet, eine Idee zu realisieren – in Form neuer Produkte, Dienstleistungen oder neuer Geschäftsmodelle.

Es geht also darum, aus der Fülle des menschlichen Wissens und der Kreativität der Individuen zu schöpfen und es in neue, nützliche Anwendungen zu übersetzen. Dazu braucht man Menschen, für die es zum Alltag gehört, sich etwas Neues einfallen zu lassen. Die mithilfe ihrer Vorstellungskraft aus dem Vorhandenen neue Kombinationen entwickeln. Schaut man aber genauer hin, dann sind es auf gesellschaftlicher Ebene die üblichen Verdächtigen – Schauspieler, Musiker, Künstler, vielleicht noch Designer – denen dieses kreative Potenzial zugetraut wird. Auf Unternehmensebene sieht es nicht anders aus: Dort sind es die „Kreativen“ aus der Werbeabteilung oder die „Erfinder“ unter den Ingenieuren im Bereich Forschung und

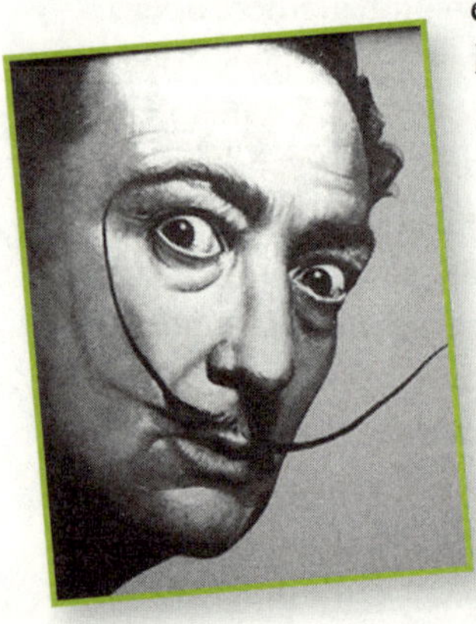

Entwicklung, denen ein fortwährender kreativer Beitrag zugestanden wird. Alles Menschen, die sich qua Berufswahl oder Karriereweg für die Rolle des „Kreativen“ entschieden haben und deshalb eben „kreativ“ sein dürfen. Die haben es gut getroffen. Und was ist mit dem großen Rest?

Gibt es etwa im Privatleben so eine Trennung in wenige „Kreative“ und den großen Rest? Nein, ganz im Gegenteil: Die meisten Menschen tragen den Drang in sich, schöpferisch tätig zu sein. Sie leben diesen Drang auch auf ganz unterschiedliche Art und Weise in ihrer Freizeit aus: Sie basteln oder nähen, gestalten ihren Garten oder probieren neue Kochrezepte aus. Sie fotografieren, malen oder musizieren. Sie schreiben Texte oder produzieren kleine Videos. Dank technischer Innovationen erleben wir gerade einen wahren Boom von neuen Möglichkeiten, wie Menschen ihre Kreativität ausdrücken können. Ein Beispiel ist das Softwarepaket iLife von Apple. iMovie ermöglicht Mac-Besitzern, Filme ganz einfach zu schneiden. Normale Menschen werden so in ihrer Freizeit zum Drehbuchautor, Regisseur, Produzenten und Cutter in einer Person. Mithilfe von GarageBand können auch musikalische Neueinsteiger Klavier oder Gitarre spielen lernen, eigene Musik komponieren und aufnehmen. Mit iWeb lässt sich auch ohne Programmierkenntnisse eine eigene Website bauen und veröffentlichen.

DORT, WO DIE MENSCHEN DIE FREIHEIT HABEN, DIESE WERKZEUGE AUCH ZU NUTZEN, DEFINIEREN SIE DIE GRENZEN IHRER MÖGLICHKEITEN NEU.

Anderes Beispiel: Zu Beginn dieses Jahrzehnts wurden bereits Monat für Monat fast zwei Millionen Videoclips bei YouTube hochgeladen. Die Besucher der Seite sahen sich jeden Tag mehr als 100 Millionen Clips an. Die allerwenigsten der Anbieter von Inhalten waren Profis aus der klassischen „Kreativwirtschaft“. Oder: Unzählige Fotografen haben ihre Bilder bei Flickr veröffentlicht. Tausende von Indie-Bands veröffentlichen ihre Songs auf MySpace und nutzen diese Plattform, um Fans zu finden und bekannt zu werden. Und eine kaum noch überschaubare Zahl von Hobbyprogrammierern bastelt eigene Apps für iPhone, iPod und iPad, die dann im „App-Store“ von Apple für andere Anwender zum Download bereitstehen. Allein in den ersten 18 Monaten konnte Apple 120.000 Programmierer für das iPhone gewinnen.

Die Werkzeuge sind also alle da. Sie ermöglichen es heute jedem, Dinge zu tun, für die man früher eine teure Ausstattung, aufwendige Schulungen oder Spezialisten brauchte. Dort, wo Menschen die Freiheit haben, diese Werkzeuge auch zu nutzen – in ihrer Freizeit also –, definieren sie die Grenzen ihrer Möglichkeiten neu. Warum aber ist diese Entwicklung noch nicht in den Unternehmen angekommen? Was sind die Ursachen dafür, dass dieses vorhandene kreative Potenzial in viel zu wenigen Fällen gehoben wird? Liegt das an den Menschen oder an den Unternehmen? Mangelt es eher an den Fähigkeiten oder mangelt es an den Möglichkeiten für Menschen, im Unternehmen kreativ sein zu dürfen?

Um diese Fragen zu beantworten hilft ein Vergleich. Noch vor 20 Jahren hat man es „normalen“ Mitarbeitern in der Produktion nicht zugetraut, sich mit dem Thema Qualität zu beschäftigen und selbst auf die Einhaltung von Qualitätsstandards zu achten. Stattdessen wurden Abteilungen für „Qualitätssicherung“ eingerichtet und Spezialisten damit beauftragt, „Qualitätsmanagement“ zu betreiben. Heute erscheint uns das grotesk, weil längst klar ist, dass die Mitarbeiter in der Produktion, die ein Werkstück täglich in die Hand nehmen, auch die größten Experten für dessen Qualität sind. Entscheidend für den heutigen Umgang mit Qualität war aber nicht diese Einsicht allein. Der Schlüssel war vielmehr, Mitarbeitern die Freiheit zu geben, ihr Wissen und ihre Fähigkeiten im Bereich Qualität auch wirklich einsetzen zu können. Eine ähnliche Veränderung steht nun auch beim Thema Kreativität bevor.

Unternehmen werden es sich zukünftig nicht mehr leisten können, das Kreativpotenzial ihrer Mitarbeiter nicht zu nutzen. Und das hat zur Folge, dass Unternehmen allen Mitarbeitern die nötigen Freiräume sowie die erforderliche Zeit und die Werkzeuge zur Entfaltung ihrer Kreativität gewähren müssen. Nur so lassen sich Wettbewerbsvorteile durch neue, intelligentere Produkte und Prozesse erschließen.

Wenn Menschen also den Drang in sich tragen, schöpferisch tätig zu sein und Kreativität keine bloße Gottesgabe ist, dann bedeutet das auch, dass sich Kreativität trainieren lässt. Also ganz so wie einen Muskel, den man täglich trainiert und aufbaut. Unternehmen brauchen dann in einer Wirtschaft, in der zunehmend die kreativsten Lösungen den Markt abräumen, so etwas wie geistige Fitnessstudios für ihre Mitarbeiter. Wer von früh bis spät am Schreibtisch sitzt und Aufgaben abarbeitet, verliert nicht nur seine körperliche Fitness, sondern auch seine Kreativmuskulatur.

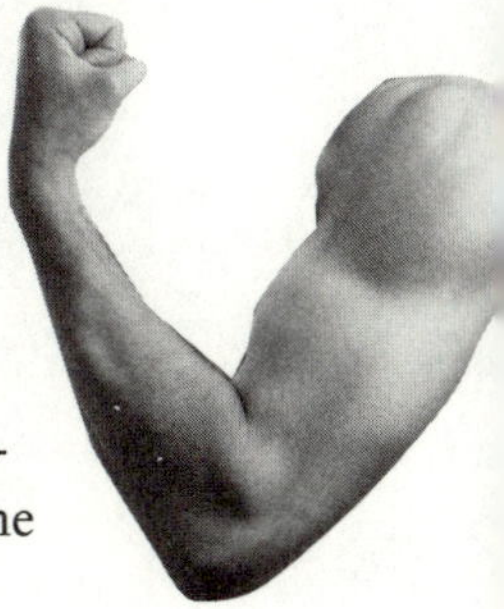

BEENDET DIE KREATIVE APARTHEID!

Was wir in Unternehmen allzu oft erleben, ist die Grundhaltung, man könne Menschen nicht beibringen, kreativ zu sein. Die Überzeugung lautet: Entweder man ist kreativ oder man ist es nicht. Sicherlich sind manche Menschen kreativer als andere, aber unserer Überzeugung nach schöpfen viele Mitarbeiter in ihren eintönigen Jobs in tristen Büros ihr kreatives Potenzial nicht einmal annähernd aus. Eine ungeheure Verschwendung von menschlicher Vorstellungskraft! Woran liegt das? Die Mitarbeiter haben keinen Zugang zu den geeigneten Werkzeugen und Ressourcen, man gibt ihnen kaum Zeit, ihr kreatives Potenzial zu trainieren und die Entfaltung ebendieses Potenzials wird nicht honoriert.

STATTDESSEN BELÄSST MAN ES BEI PHRASENTRIEFENDEN KREATIVITÄTSAPPELLEN.

Ergebnis ist eine „kreative Apartheid“, bei der nur diejenigen, die aufgrund ihrer klassischen beruflichen Rolle als „Kreative“ definiert werden, auch die Mittel und Möglichkeiten bekommen, ihre Kreativität zu entfalten. Der Rest geht leer aus. Es entbehrt dabei nicht einer gewissen Ironie, dass in den Festtagsreden des Topmanagements trotzdem von jedem Sachbearbeiter mehr Kreativität gefordert wird. Aber statt die Voraussetzungen dafür zu schaffen, belässt man es bei phrasentriefenden Kreativitätsappellen.

Dieses Vorgehen ist ungefähr so logisch, als würde man dem einen Mitarbeiter einen Porsche als Dienstwagen geben und dem anderen eine Monatskarte für den ÖPNV, aber vom zweiten erwarten, dass er genauso schnell beim Kunden ist wie der erste. „Wer Zäune um Menschen baut, bekommt Schafe", sagt William McKnight, ein ehemaliger Vice President von 3M, und fährt fort: „Geben Sie Menschen den Raum, den sie brauchen!"

Dafür sind keine Milliarden-Investitionen nötig. Was primär zählt, ist der Wille, den Mitarbeitern Freiheit zu gewähren. Wie immer beim Thema Freiheit gibt es allerdings auch hier eine andere Seite der Medaille: Mitarbeiter werden unter stärkeren Druck geraten, ihre Möglichkeiten auch zu nutzen. Und Führungskräfte sowie klassische „Kreative" werden sich daran gewöhnen müssen, dass sie längst kein Kreativitätsmonopol mehr besitzen. Ihre Rolle verändert sich dadurch zunehmend in die Richtung von Moderatoren kreativer Prozesse. Dazu reichen dann auch nicht mehr ein paar gute Ideen, sondern dazu brauchen sie fundiertes Wissen über die Bedingungen von Kreativprozessen und über funktionierende Methoden. Auch hier ist also umdenken angesagt. Weiter denken. Und loslassen.

RISIKEN UND NEBENWIRKUNGEN

Kreativität ermöglichen. Wie das geht? Jörg Mehlhorn, Vorsitzender der Gesellschaft für Kreativität, hat dafür folgenden Vorschlag: „… Menschen eine angstfreie und vertrauensvolle Umgebung bieten, in der sie frei assoziieren und sich neugierig, spontan und ohne Hemmungen in die Aufgabe versenken können. Denn kreativ zu sein bedeutet, altbekannte Wege zu verlassen, von der Norm abzuweichen – was Mut erfordert."

Das erfordert von Ihnen: EINS. Menschen Freiräume gewähren, in denen sie ihre Vorstellungskraft entfalten können. ZWEI. Ein Umfeld schaffen, in dem es gestattet ist, spontan und neugierig sein zu dürfen. DREI. Eine Unternehmenskultur leben, in der das Infragestellen tradierter Überzeugungen nicht als Verrat an der eigenen Sache gilt, sondern als Zeichen von intelligentem Mitdenken. Eins, zwei drei, klingt ganz einfach und logisch. Existiert in vielen Unternehmen aber nur in kreativen Wunschträumen.

Warum das so ist? Kreativität ist eben nicht frei von Nebenwirkungen. Wirklich kreative Köpfe im Unternehmen zuzulassen und sie zu fördern – das ist anstrengend und oft auch ziemlich ungemütlich. Die Problematik bringt Gabriele Fischer, Chefredakteurin des Wirtschaftsmagazins *brand eins*, auf den Punkt: *„Es gibt ein tiefes Misstrauen, das dem Kreativen, also Anarchischen, in Wirtschaft und Gesellschaft entgegengebracht wird. Und das nicht ohne Grund: Wenn Kreativität zum Produktivfaktor und die Fähigkeit zu immer neuen Ideen zum Erfolgsgeheimnis wird, ist mit der alten Ordnung nicht mehr viel auszurichten. Ob es um Arbeitszeiten geht oder um die Bereitschaft, mit Traditionen zu brechen – alles muss infrage gestellt werden. Wer will das schon?“* Kreativität steht immer im natürlichen Wettstreit mit etablierten Ideen und Überzeugungen. Und das macht es so unbequem.

ALSO LEGT DIE VERSAMMELTE GRUPPE DIE STIRN IN FALTEN UND SCHAUT INTENSIV AN DIE DECKE.

Kreativität „stört“ die alte Ordnung. Und ein solcher Störfaktor wird eliminiert. Nicht für jeden sofort erkennbar, aber sehr effektiv. Das Mittel dazu: Der gewohnheitsrechtliche Verhaltenskodex in den Unternehmen, der dafür sorgt, dass sich Kreativität erst gar nicht entfalten kann. Jede wirklich gute Idee, die in die Kategorie „andersartig“ fällt, wird sofort ausgesondert. Anschauungsmaterial liefert da so manches Brainstorming-Meeting, das in allerbester Absicht einberufen wurde. Alles beginnt mit einer vermeintlich simplen Frage, wie etwa: „Welche neuen Produkte können wir uns vorstellen?“ Also legt die versammelte Gruppe die Stirn in Falten und schaut intensiv an die Decke. Und dann kommen die ersten Vorschläge: Ideen, wie man die alten Produkte etwas besser machen könnte. Neue Farbe. Neues Design. Vielleicht ein neues Logo. Zustimmendes Nicken in der Runde. Aber halt, da kommt der ewige Quertreiber. Der Anders-

denker, der immer so merkwürdige Gedankengänge hat. Er trägt seine Idee für ein Produkt vor, das es so noch nie im Unternehmen gegeben hat. Seine Idee ist wirklich neu, ungewöhnlich, überraschend – und hat mehrere entscheidende Nachteile: Sie entspricht nicht dem Standard. Sie weicht vom existierenden Produktportfolio ab. Sie ist komplex und auch nicht so schnell umsetzbar. Und sie erfordert eine Investition.

Und wumms – schon schlägt der unternehmenseigene Ideenfilter zu:

Muss sich nahtlos ins Produktportfolio einpassen. Schnell umsetzbar sein. Darf nichts kosten und die Früchte, die müssen wir sofort ernten können. Tja, das war's dann wohl. „Was der immer für komische Ideen hat." Damit ist die Idee, kaum hat sie das Licht der Welt erblickt, sogleich wieder ins Abseits befördert. Was übrig bleibt sind Ideen, die Altbekanntes in neuen Farben und Formen aufwärmen, eine kleine Produktverbesserung hier – ein wenig Oberflächenretusche dort. Brainstormings führen in solcher Weise nicht zu wirklich neuen, saftigen Ideen, sondern zu trockener Innovationsaskese und freudloser Ideendiät im Light-Format.

Die Grundlage für die Entfaltung von Kreativität ist eine Unternehmenskultur, die bereit ist, Andersartigkeit zu akzeptieren, sich mit komplexen Ideen ernsthaft auseinanderzusetzen und wirklich Neues nicht als Verrat am System zu brandmarken.

Kreativ sein am Arbeitsplatz heißt, seine Vorstellungskraft so anzuwenden, dass sie einen Wert schafft. In „kreativen Unternehmen" haben Mitarbeiter nicht nur irgendwelche Ideen, sondern sie verstehen es auch, sie zu entwickeln, sich mit anderen darüber auszutauschen und sie schließlich produktiv zu machen. Eine ganze Reihe von Unternehmen auf der Welt ist hier Vorreiter. Sie haben eine Unternehmenskultur, die es Mitarbeitern überhaupt erst möglich macht, an ihrem Arbeitsplatz kreativ zu werden.

DAS FITNESSSTUDIO FÜR KREATIVITÄT

CPP ist die Dateiendung für Quelltexte in der Programmiersprache C++, die Abkürzung der kommunistischen Partei der Philippinen und der Firmenname eines innovativen Unternehmens in Offenbach. Bei CPP Studios Event – so der vollständige Name – hat man sich auf die inhaltliche Konzeption, Planung und Durchführung multimedialer Produktionen und Veranstaltungen spezialisiert. Das Spektrum reicht dabei von der Cebit bis zum Kirchentag. Dabei gilt: Jedes Event ist einzigartig. Maßgeschneidert nach den Wünschen des Kunden – und das bedeutet: Jedes Event wird neu „erfunden". Jedes Mal aufs Neue.

Das Offenbacher Unternehmen betreibt Wertschöpfung durch die Ansammlung und Anwendung seines kreativen intellektuellen Kapitals. CPPs wichtigste Ressource trägt Schuhe und spaziert jeden Tag gegen neun Uhr – manchmal auch später – zur Tür herein. Alles dreht sich um TALENT! Die dreißig Mitarbeiter des Unternehmens sind vielfältige und kreative „Talente", die an anspruchsvollen, manchmal auch ziemlich nervenaufreibenden Projekten arbeiten. Man kann es auch anders ausdrücken: Was bliebe vom Unternehmen CPP ohne seine Mitarbeiter übrig? Nicht viel.

WER AM MEISTEN VON EINER SACHE VERSTEHT, HAT AM MEISTEN ZU SAGEN – SOLANGE ES UM DIE SACHE GEHT.

Als wir Gernot Pflüger, den Chef der CPP Studios besuchen, führt er uns zunächst durch das geräumige ehemalige Fabrikgebäude mit den roten Klinkerwänden. Unser Rundgang geht vorbei am Kickertisch und der Küchenzeile, wo einige junge Mitarbeiter gerade essen und dabei technische Details diskutieren. „Fräulein", der grau-wuschelige Firmenhund, begrüßt uns freundlich schwanzwedelnd. Im Lager hängt ein Boxsack. Geschäftsführer Gernot Pflüger, ein Mann nach dem Muster „ganz oder gar nicht", erzählt uns, dass er sich beim Boxen mit Kollegen schon eine Rippe und die Nase gebrochen hat.

Im Musikstudio nebenan stehen Gitarren, Keyboard und Verstärker. Einige der Mitarbeiter sind auch Musiker, erklärt uns Pflüger. Die üben hier mit der firmeneigenen Band. Praktischer Nebeneffekt: Im Zeitalter horrender GEMA-Gebühren können sie mal eben eigene Soundtracks für Produktionen komponieren und einspielen. Pflüger führt uns anschließend ins firmeneigene Mini-Kino, das gerade leer steht. Direkt unter der Leinwand steht ein Klappbett – nein, kein Filmrequisit. Wenn eine wichtige Produktion ansteht, wird eben auch nachts gearbeitet und zwischendurch mal eine kurze Runde geschlafen. Generell gilt: Feste Arbeitszeiten gibt es nicht: Von 11 bis 16 Uhr ist zwar „Kernzeit", aber auch daran halten sich längst nicht alle. Der IT-Administrator sei ein Nachtmensch und komme selten vor 14 Uhr ins Büro, sagt Pflüger.

Im Großraumbüro, genannt „Pinguinkolonie", stehen die Schreibtische dicht beieinander. Hier werden Konzepte entwickelt und Drehbücher geschrieben, hier wird getextet, programmiert und gestaltet. Drei Mitarbeiter beugen sich gerade über einen Flachbildschirm und begutachten eine Grafik, ein anderer flitzt mit einem Tretroller durch den langgestreckten Raum. Gernot Pflüger ist immer mittendrin. Ein eigenes Büro hat er nicht. Und wenn Pflüger mal eine kleine Kreativpause machen will, kramt er aus den Papierbergen auf seinem Schreibtisch den kleinen ferngesteuerten Panzer und ärgert die Kollegen ein bisschen.

Selbstbestimmte Arbeit steht bei CPP an erster Stelle. „Unsere Mitarbeiter entscheiden selbst: Sollen wir das machen oder nicht?", sagt Gernot Pflüger. Und wir haben den Eindruck, dass er das vollkommen ernst meint. Den Mitarbeitern steht es frei, ihre Neigungen auszuleben und neue Arbeitsbereiche auszuprobieren. Stellenbeschreibungen gibt es nicht. Jeder steigt irgendwo ein und kann sich dann weiterentwickeln. Hierarchien gibt es nur in rudimentärer und sehr beweglicher Form. Die beiden Geschäftsführer Gernot Pflüger und Thomas Lutz haben die letzte Entscheidungskompetenz, legitimiert durch ihr persönliches Risiko als Eigentümer. Pflüger bezeichnet das als die einzig reale Hierarchiestufe, die allerdings nur sehr selten zum Tragen kommt. Ansonsten gibt es nur eine „Kompetenzhierarchie" und das bedeutet: Wer am meisten von einer Sache versteht, hat am meisten zu sagen – solange es um die Sache geht.

CPP ersetzt also die traditionelle Hierarchie (Oben Chef. Unten Masse), die in so vielen Organisationen noch quicklebendig ist, durch eine „natürliche" Hierarchie, bei der Status und Einfluss jedes Einzelnen nicht von dessen Position, sondern von seinem Beitrag zur Organisation abhängen. Aber wie lässt sich der eigene Beitrag realistisch einschätzen? Ganz einfach. Ich muss wissen, wie Kollegen und Kunden meine Arbeit einschätzen. Das erfordert eine konstruktive Feedbackkultur. Und ich muss das Gesamtergebnis kennen. Um hier Transparenz zu schaffen, hat jeder jederzeit Einblick in die wirtschaftliche Situation des Unternehmens. Es herrscht völlige Kassentransparenz. Die Zahlen liegen für alle offen: Umsätze, Außenstände, Gehälter und so weiter.

Neue Mitarbeiter haben es bei CPP nun nicht unbedingt leichter als in anderen Unternehmen. Für jeden neuen Mitarbeiter gilt: Er oder sie muss sich sechs Monate lang behaupten. Okay, ein halbes Jahr Probezeit gibt es überall. Aber bei CPP entscheidet nicht der Chef über Top oder Flop. „Während der Probezeit hat jeder Kollege das Recht zu sagen: ‚Mit dem komme ich nicht klar' ", erklärt uns Gernot Pflüger. Und wenn dieses Urteil definitiv ist, kann der Neue einpacken. Selbst der zweite Geschäftsführer Thomas Lutz musste sich, als er in die Firma kam, diesem Verfahren stellen. Bei CPP ist man überzeugt: Das schafft eine Art „Buy-in" der Mitarbeiter und ist ganz wichtige Voraussetzung für ein Höchstmaß an Engagement und Initiative.

Wir sehen hier klar: Wenn ich als Mitarbeiter Entscheidungen entweder gar nicht erst verstehe oder nicht mitzutragen bereit bin, dann kann ich auch nicht mit vollem Herzen dabei sein. Das funktioniert nicht. Außerdem gilt:

Flexibilität, Kreativität und Engagement der Mitarbeiter können nur in einem Umfeld gedeihen, das von einem hohen Maß an Vertrauen geprägt ist.

In einem solchen Arbeitsumfeld können abweichende Meinungen oder Kritik frei geäußert werden. Wenn beispielsweise der Auszubildende bei CPP das Gefühl hat, dass die beiden Geschäftsführer in Hinsicht auf moderne Technologien nicht mehr so ganz auf dem neuesten Wissenstand sind, dann kann er das ganz offen in der wöchentlichen Projektbesprechung zur Sprache bringen. Ohne seine Worte in Watte zu packen. Ohne die sofortige Strafversetzung in das Unternehmensäquivalent zum Archipel Gulag fürchten zu müssen.

Was uns außerdem aufgefallen ist: Die Atmosphäre in dem Unternehmen ist entspannt und gleichzeitig sehr geschäftig. Man spürt eine familiäre Atmosphäre, die trotzdem hochprofessionell ist. Es gibt Freiräume für jeden Mitarbeiter, dennoch machen alle Dampf, wenn es darauf ankommt.

Gernot Pflüger hat seine Firma nach dem kategorischen Imperativ gestaltet: „Führe das Unternehmen stets so, dass du jederzeit selbst gerne darin arbeiten würdest." Festgefahrene Strukturen sieht er als Bedrohung von Produktivität und Innovationsfähigkeit. Und so ist eben innerhalb der Firma jeder gleich. Es gibt keinen Chefgrafiker und keinen Verantwortlichen für die Technik – zumindest nicht intern. „Nach außen müssen wir wie eine normale Firma funktionieren, mit Produktionsleitern und Kundenkontaktern", erläutert Pflüger. Nach innen gilt: Wer die Idee hat, ist verantwortlich und leitet damit die Produktion. Beim nächsten Projekt kann wieder alles anders sein. Wer gestern noch Produktionsleiter war, entwirft morgen die Logos. Dafür ist Talentmix gefragt, jeder kann und muss sich ausprobieren. Die meisten Mitarbeiter bei CPP beherrschen denn auch mindestens zwei Arbeitsbereiche: Der Kameramann kann auch den Videoschnitt übernehmen, der Texter kann auch Regie führen oder arbeitet bedarfsweise in der Verwaltung. Und jeder schaut regelmäßig, was er sonst noch machen könnte. Die Ratio: Dadurch, dass solche Experimente oft gut und selten schlecht ausgehen, verliert man im Lauf der Zeit die Berührungsängste. Man traut sich einfach mehr als früher.

DENNOCH MACHEN ALLE DAMPF, WENN ES DARAUF ANKOMMT.

Aber CPP ist keine idealistische Weltanschauungsgemeinschaft gutmenschelnder Postmaterialisten mit Gernot Pflüger als ökobioveganem Ober-Guru. CPP ist ein ganz normales Unternehmen, in dem ganz normale Menschen arbeiten. Auch hier gibt es Cliquen, Anfeindungen und Menschen, die mit einigen nicht so gut können – dafür aber mit anderen Kollegen umso besser. Immerhin gibt es dafür die wöchentliche Besprechung im Konferenzraum, dem sogenannten Neckermann-Zimmer. Er heißt deshalb so, weil der riesige Konferenztisch einst beim gleichnamigen Versandhaus stand und der Legende nach schon der ehemalige bayrische Ministerpräsident Franz Josef Strauß und Altkanzler Helmut Kohl auf den dazugehörenden türkisfarbenen Polstersesseln saßen. Heute werden hier jeden Montag Projekte besprochen. Und wenn erforderlich, kommt eben auch mal zu Sprache, warum es immer derselbe ist, der die Kaffeemaschine entkalkt. Hier darf gemeckert und mit dem Finger aufeinander gezeigt werden. Und dann findet man gemeinsam eine Lösung. Fast immer.

Am Neckermann-Tisch mit Gernot Pflüger

DIE MAUERN BESTIMMEN DAS BEWUSSTSEIN

Die Unternehmenskultur hat entscheidenden Einfluss auf die Kreativität der Mitarbeiter. Und die Architektur hat es auch. Räume können einen offenen Gedankenaustausch, Kommunikation und Kreativität fördern – oder aber auch das Gegenteil davon bewirken. John Rockefeller wird der Ausspruch zugeschrieben: „Kleinliche Gebäude beherbergen kleinliche Gedanken." Wie wahr. Menschen, die morgens über einen gesichtslosen Büroflur mit Kunststofffußboden schleichen, um dann in ihrer bienenwabengleichen

Arbeitszelle zu verschwinden, können nicht zu kreativer Höchstleistung auflaufen. Unmöglich!

Anders herum: Wie sehr Architektur die kreative Zusammenarbeit der Mitarbeiter unterstützen kann, zeigt sich sehr prägnant bei Pixar, dem kalifornischen Studio für Animationsfilme, über das wir an einer anderen Stelle in diesem Buch schon geschrieben haben. Kein Geringerer als Apple-Legende Steve Jobs machte den ersten Entwurf zur neuen Firmenzentrale, nachdem er das Unternehmen 1986 gekauft hatte. Den Mittelpunkt des Pixar-Gebäudes bildet bis heute ein großes Atrium. Auf den ersten Blick eine enorme Platzverschwendung. Steve Jobs wusste aber, dass Mitarbeiter in jedem Unternehmen Grüppchen bilden, selbst wo es offiziell keine Abteilungen gibt. Die Programmierer hocken zusammen, die Animatoren, die Designer, die Verkaufsrepräsentanten und so weiter. Statt dagegen anzukämpfen – was ohnehin aussichtslos ist –, ließ Jobs die Abteilungen bestehen, packte aber alle zentralen Funktionen in die Mitte des Gebäudes, auf dass die Mitarbeiter sich immer über den Weg laufen. So sind nicht nur die Konferenzräume, die Postfächer und die Kantine im zentralen Atrium, sondern perfiderweise auch sämtliche Toiletten, was die Mitarbeiter anfangs schier in den Wahnsinn getrieben hat. Doch die Rechnung ging auf. Alle Mitarbeiter begegnen einander regelmäßig und kommen so ins Gespräch.

Seinen individuellen Arbeitsbereich darf bei Pixar wiederum jeder selbst gestalten. Der eine hat sich eine kleine Westernstadt nachgebaut, bei dem anderen sieht es aus wie am Strand von Hawaii. Steve Jobs fand das am Anfang albern, aber sein Managementkollege John Lesseter war davon überzeugt, dass man die Leute ihre kleinen Verrücktheiten ausleben lassen soll.

„Eine lockere, freie Atmosphäre macht Kreativität möglich“, glaubte Lesseter. Bei Pixar wie auch bei CPP zeigt sich:

Kreativität kann nicht angeordnet werden. Aber das Umfeld, das Mitarbeiter vorfinden, kann das Management sehr wohl gestalten!

Erfolgsentscheidend ist, eine Umgebung zu schaffen, in der jeder Mitarbeiter seinen individuellen Drang, schöpferisch tätig zu sein, entfalten kann und es gleichzeitig genug Transparenz gibt, um ihn zu selbstständigem Denken und Handeln zu befähigen. Winston Churchill hat das mal so ausgedrückt: „Zuerst gestalten wir Gebäude, dann gestalten sie uns."

LOB DER FAULHEIT

Kreativität benötigt „Slack time". Mit diesem schwer zu übersetzenden Wort bezeichnet die englische Sprache eine Art „Freizeit während der Arbeitszeit". Bei CPP gibt es deshalb den Tischkicker, das kleine Kino, den Boxsack oder die E-Gitarren im Studio. Als wir ankamen und unser Auto parkten, bauten einige Mitarbeiter vor der Tür gerade einen Schneemann und machten anschließend noch eine Schneeballschlacht. In den meisten Unternehmen wäre so etwas völlig undenkbar. Selbst wenn mal nichts zu tun ist, muss jeder immer pseudo-beschäftigt aussehen: Handy am Ohr, Laptop unterm Arm und beim Gehen noch schnell die aktuellen Absatzzahlen durchgeblättert.

CMC nennt man diese Idiotie – kurz für Constant Multitasking Craziness.

Wer es nicht glaubt, setze sich in seiner Firma mal zwischendurch ganz entspannt mit einem Espresso auf die Besuchercouch. Vielleicht kommt ihm bei diesem Espresso die beste Idee des Tages? Wer da nur so lümmeln kann und keine abschätzigen Blicke der Kollegen kassiert, hat es gut. In den meisten Unternehmen, die wir kennen, ist es besser für die Karriere, sich an den Computer zu setzen und Beschäftigung zu simulieren als zehn Minuten aus dem Fenster die Wolken zu beobachten und dabei eine wirklich geniale Idee zu haben.

Aber nicht nur die Unternehmenskultur steht uns dabei im Weg. Wir selbst auch. Unser Drang, rund um die Uhr beschäftigt und erreichbar zu sein, ist der größte Feind des Nachdenkens. Wie soll das auch funktionieren, wenn das Handy quasi am Ohr festgewachsen ist und der Besitzer dieses Geräts unter akuter Nomophobia – kurz für No-Mobile-Phobia – leidet? Derart Betroffene fühlen eine geradezu panische Angst, temporär nicht erreichbar zu sein, weil sie eventuell keinen Netzempfang haben oder aber – welch schreckliche Vorstellung – ihr Handy verlieren könnten. Wer sein Leben im Standby-Modus lebt, muss – mitunter mühsam – erst wieder lernen, einfach den Stecker zu ziehen, den Ausknopf des Handys zu drücken und hin und wieder mal eine Denkpause einzulegen.

WER SEIN LEBEN IM STANDBY-MODUS LEBT, MUSS ERST WIEDER LERNEN, EINFACH DEN STECKER ZU ZIEHEN.

Große Ideen sind niemals das Ergebnis von permanentem Beschäftigtsein. Sie entstehen nicht durch Beschleunigung, sondern durch Entschleunigung. Durch nichts TUN müssen, sondern einfach SEIN dürfen. Innehalten. Ein solch „kreatives Nichtstun“, das zweckfreie spielerische Treibenlassen, muss in unserer modernen 24-Stunden Gesellschaft von vielen Menschen erst wieder erlernt werden. Da hilft oft nur die Selbstüberlistung: Sich einmal am Tag einfach auf die Couch setzen – MIT Espresso in der Hand und OHNE Handy am Ohr und Laptop auf dem Schoß. Und nach Feierabend nicht noch mit Herzfrequenzmessgerät und Stoppuhr die persönliche Fitnessbestmarke verbessern – getrieben von den zwei wichtigen Lebensfragen „Bin ich aerob genug?“ und „Kann ich mehr Kilokalorien pro Stunde verbrennen als mein Aktienportfolio an Wert pro Tag zulegt?“ Sondern nach getaner Arbeit einfach locker durch den Wald traben und mental abschalten. Damit die Balance wieder stimmt.

Diese kurzen Auszeiten werden immer wichtiger, je weiter ständiger Wandel und verschärfter Wettbewerb den kreativen Anteil an der Arbeit jedes Einzelnen nach oben treiben.

Menschen müssen lernen, sich selbst kreative Auszeiten zu genehmigen. Unternehmen müssen lernen, loszulassen und Räume des Zweckfreien zuzulassen. Denn gerade dort tut sich oft Entscheidendes. Der Klassiker ist hier der Geistesblitz, der frühmorgens unter der Dusche kam – und eben nicht Punkt neun am Schreibtisch. Fließbänder funktionieren auf Knopfdruck, Kreativität tut es nicht. Man kann Menschen dressieren, sich dem Rhythmus von Fließbändern anzupassen. Zur Kreativität abrichten lassen sich Menschen nicht. Ausgepowerte Fließbandarbeiter lassen sich – krass ausgedrückt – austauschen wie Ersatzteile. Bei Mitarbeitern, die auf der Basis von Wissen und Erfahrung arbeiten, geht das nicht. Also gilt für Führungskräfte: Habt Vertrauen! Habt Vertrauen, dass gute Ideen entstehen und sich entfalten werden, wenn ihr die Möglichkeiten dazu schafft.

ZEITINSELN

Bei Google zum Beispiel, einem Unternehmen, dem man alles nachsagen kann, bloß nicht mangelnden wirtschaftlichen Erfolg, soll jeder Entwickler bis zu 20 Prozent seiner Zeit einfach mal irgendwas ausprobieren. Dinge vorantreiben, die für die gerade anstehenden Projekte eigentlich bedeutungslos sind. Das macht den Leuten Spaß. Aber es steckt mehr dahinter. Google erweitert so permanent seine Innovationsoptionen. Mehr als die Hälfte der neuen Produkte von Google hat ihren Ursprung in dem ziellosen Ausprobieren eines Entwicklers während jener 20 Prozent seiner Zeit, in der er an keinerlei Vorgaben gebunden ist. So funktioniert Kreativität!

Das Gegenstück bei dem Mischkonzern 3M ist die „15-Prozent-Regel“ im Bereich Forschung und Entwicklung. Dieser Regel verdankt die Firma beispielsweise den Klebstoff, der heute für die Post-it-Haftnotizen eingesetzt wird, den Scotchgard-Faserschutz und Imiquimod, einen Wirkstoff, der das Immunsystem gegen Hautschäden aktiviert. Um Ideen zu entwickeln, und dann zu planen, wie man diese Ideen umsetzen kann, benötigen kreative Menschen Denkzeit, und zwar fernab vom Schreibtisch, vom nächsten Anruf, der nächsten E-Mail. Seit der Antike nannte man das „Muße“. Damit war nie Faulheit gemeint, sondern jene Zeit, in der sich Gedanken neu ordnen und verknüpfen.

In seinem Buch „Morgen komm ich später rein“ plädiert der Autor Markus Albers „Für mehr Freiheit in der Festanstellung“. Uns gefällt vor allem die Passage, in der Albers unterstreicht, dass Phasen des selbstbestimmten Müßiggangs notwendige Voraussetzung für Kreativität sind. Er treibt es sogar noch auf die Spitze, indem er behauptet: „Faul sein ist nützlich.“ „Faulheit“ sei – anders als das Wörterbuch behauptet – nicht das Gegenteil von Fleiß und Freizeit nicht der Feind der Arbeit. Deshalb sei es so wichtig, den stupiden Zeitzwang des Alltagstrotts zu ersetzen durch eine Regelung, die es Mitarbeitern ermöglicht, zu kommen und zu gehen, wann sie wollen. Deshalb sei es unabdingbar, dass Mitarbeiter zumindest zeitweise aus der Monotonie des Tagesgeschäfts befreit werden, um selbstbestimmt an eigenen Projekten zu werkeln. Und manchmal, um einfach nur eine Runde zu joggen oder eine Viertelstunde zu schlafen.

FAULHEIT IST NICHT DER FEIND DER ARBEIT.

Wer hingegen den ganzen Tag nur hektisch Aufgaben abarbeitet, wer zwischen E-Mails und Meetings keine freie Minute zum Nachdenken hat, wer auf diese Weise die Wochen, Monate und Jahre vorbeiziehen sieht, läuft nur noch auf Autopilot. Ob Sie im Hamsterrad rennen oder nicht, das entscheidet sich vor allem über die kleinen Auszeiten, die Sie sich täglich gönnen oder nicht. Wir machen zum Beispiel jeden Tag eine Stunde Sport. Ganz bewusst ohne GPS-Trittfrequenz-Bodymass-HF-Statistik-Pedometer. Fahren mit dem Mountain-Bike durch den Wald, laufen am Neckar entlang oder gehen ins Fitnessstudio. Wir nehmen uns Zeit zu lesen, zu reisen und das Gespräch mit interessanten Menschen außerhalb unseres Arbeitsfelds zu suchen. Genau das sind die Dinge, die unsere geistigen Akkus wieder aufladen. Die Kunst besteht allerdings darin, die Pläne, Ideen und guten Vorsätze aus den Auszeiten nicht wieder im Arbeitsalltag untergehen zu lassen.

AUF DER SUCHE NACH DER VERLORENEN KREATIVITÄT

Freiräume für Kreativität sind nicht zu verwechseln mit Kuschelbüros, in denen bunte Knautschwürfel herumliegen und Mitarbeiter zum kostenlosen Latte Macchiato jederzeit noch eine Thai-Massage bestellen dürfen. Kreative Arbeit wird an ihren Ergebnissen gemessen – wie jede andere Arbeit auch. Und das bedeutet: Mehr Kreativität in die tägliche Arbeit einfließen zu lassen, ist ein hoher Anspruch an jeden einzelnen Mitarbeiter. Den Schlüssel zur eigenen Kreativität beschreibt der britische Vordenker und Kreativitätsexperte Sir Ken Robinson in seinem Buch „The Element: How Finding Your Passion Changes Everything" sehr prägnant. Der Schlüssel liegt darin, sein Element zu finden!

„Unser Element", so Sir Ken Robinson, „ist der gemeinsame Nenner zwischen den Dingen, die wir lieben und den Dingen, die wir gut können." Das war schon immer so.

Zwei, die ihr Element gefunden haben

Neu ist, dass jeder Mitarbeiter in unvergleichlich größerem Maß als früher selbst dafür verantwortlich ist, in seinem Unternehmen sein eigentliches „Element" zu finden.

Er wird die entscheidenden Hinweise dazu weder in seiner Stellenbeschreibung finden noch beim Einstellungsgespräch von seinem Chef ins Ohr geflüstert bekommen. Die Bereitschaft, sich zu öffnen, auf Neues einzulassen, zu experimentieren und auch für Rückschläge und Niederlagen geradezustehen ist unabdingbar, wenn Mitarbeiter ihr Element finden wollen.

Jaaaa!, hören wir jetzt alle Manager ausrufen. Niemals würden sie in ihrem Unternehmen, den Mitarbeitern verbieten, kreativ zu sein! Nur: Wenn der einzige Beweis dafür sein soll, dass im betreffenden Unternehmen ein Briefkasten für Verbesserungsvorschläge hängt und man in der Kantine ein Wahlessen anbietet, dann wird es Zeit für den Gary-Hamel-Test. Der amerikanische Businessautor schlägt diesen kleinen Test für Unternehmen vor, die behaupten, dass ihnen die Kreativität ihrer Mitarbeiter wichtig sei.

Okay, los geht's. Ab zu den Mitarbeitern, in die Fabrikhalle, in die Büros, an die Schreibtische und ihnen ein paar einfache Fragen gestellt:

1. Seid ihr trainiert worden, kreativ zu sein?
2. Wenn ihr Ideen habt, steht euch zur Umsetzung keinerlei Bürokratie im Weg?
3. Bekommt ihr Zeit, Geld und Ressourcen für eure Ideen?
4. Interessieren eure Ideen irgendjemanden in der Organisation?
5. Bekommt ihr irgendeine Anerkennung für eure Ideen?

Und? Wenn die Antwort weniger als drei Mal „Ja" lautet, dürfte ziemlich klar sein, dass sich das Thema Kreativität aller Mitarbeiter in dem betreffenden Unternehmen mehr auf Festreden und Unternehmensbroschüren beschränkt. Dann ist es, als sollte ein Firmenteam auf einem uralten, geliehenen Kahn an einer Segel-Regatta teilnehmen. Ohne vorheriges Training natürlich. Das Team hätte nicht den Hauch einer Chance.

Merkwürdigerweise passiert genau das in so manchem Unternehmen. Man hätte gerne Kreativität auf Weltniveau, investiert aber nicht darin. Veraltetes Material, keine Chancen zu trainieren, kein Geld, keine Zeit. So wird das nichts. Kreative Freiheit ist ein fortwährender Prozess, bei dem neben ausreichenden Ressourcen ein gehöriges Maß an Disziplin und Durchhaltevermögen nötig ist. Das haben wir von Nils Wülker gehört. Und Karl Lagerfeld sagt dazu: „Man darf sich nicht festrennen und eine plötzliche Idee gleich für den Sieg halten. Man muss ständig weitermachen, sich aber auch mit seinen Ideen der Zeit anpassen."

Kreative Prozesse erfordern also DISZIPLIN, DURCHHALTEVERMÖGEN – und noch etwas: FLEISS. Denn Kreativität ist auch eine Folge schierer Produktivität. Wenn ein kreativer Mensch die Zahl der Treffer steigern möchte, kann er dies nur, wenn er bereit ist, mehr Misserfolge zu produzieren. Die erfolgreichsten Kreativen sind sehr häufig diejenigen, die die meisten Fehlschläge aufzuweisen haben. Unternehmerlegende Richard Branson hat bisher über 250 verschiedene Firmen gegründet – viele davon sind schon recht bald wieder in der Versenkung verschwunden. Prince hat während seiner Karriere angeblich über 1.000 Songs komponiert, von denen die meisten im Safe liegen und bisher nicht veröffentlicht worden sind. Sicher ist, dass Johann Sebastian Bach jede Woche eine Kantate komponiert hat. Thomas Edison hat 1.039 Patente angemeldet. Albert Einstein hat 240 wissenschaftliche Abhandlungen geschrieben und Pablo Picasso 20.000 Kunstwerke geschaffen. Noch Fragen?

9.

ERTRAGE NICHTWISSEN! EXPERIMENTIERE!

Der Borneo-Flugfrosch Rhacophorus pardalis besitzt Häute zwischen den Zehen sowie im Ellenbogengelenk. Auf der Flucht vor Feinden lässt er sich von Bäumen fallen und segelt mithilfe der Flughäute zu Boden. Diese Flughäute waren genau wie die Schwimmhäute anderer Frösche eigentlich einmal zur Bewegung im Wasser angelegt. Ein praktischer Zufall, dass sich diese Häute auch als Fallschirm nutzen lassen und den Frosch

damit gleitflugtauglich machen. Irgendwann „merkte“ die Evolution, dass damit Frösche auch zu Segelfliegern werden konnten.

So funktioniert die Evolution. Die Natur entwickelt eine ganze Reihe von Vorab-Anpassungen gewissermaßen auf Vorrat, die dann im Verlauf der Zeit, beim Eintritt bestimmter Umweltbedingungen, verwirklicht werden – oder aber ungenutzt bleiben. In der Evolutionsbiologie nennt man dieses Phänomen „Prädisposition“.

Das Prinzip gilt auch in der Wirtschaft: Auch hier ändern sich die Umweltbedingungen, auch hier können Unternehmen „aussterben" oder eben sich anpassen und weiterentwickeln. Wollen sie überleben, müssen sie das Ausprobieren lernen. Führungskräfte werden sich in Zukunft nicht mehr so sehr mit der Frage befassen, was kommen WIRD. Sie werden sich stattdessen mit der Frage beschäftigen, wie gut ihr Unternehmen für all das gerüstet ist, was kommen KÖNNTE.

ES IST WIE DAS PFEIFEN IM DUNKLEN WALD.

Ist ihr Unternehmen „prädisponiert", bei unterschiedlichen Entwicklungen der Bedingungen jeweils am Markt zu bestehen? Besitzt es eine Prädisposition zu einem Erfolg, der sich realisiert, wenn bestimmte Bedingungen eintreten?

Eines ist sicher: Die Bedingungen bleiben nicht mehr die gleichen. Die Lebenszyklen der Strategien werden darum immer kürzer. Beschleuniger dieses Wandels sind erodierende Marktbarrieren: Vertriebsmonopole, Patentschutz, Importschranken, regulatorische Barrieren oder geschützte Standards sind in ihrer Wirksamkeit schon heute Relikte der Vergangenheit. Das Internet trägt ganz erheblich dazu bei, ehemals schützende Bollwerke einzureißen. Und es führt dazu, dass viele neue Marktteilnehmer gar keine globalen Infrastrukturen mehr aufbauen müssen, sondern mit voller Geschwindigkeit in Märkte eindringen können.

Das hat es beispielsweise Unternehmen wie Amazon oder eBay ermöglicht, innerhalb weniger Jahre zu globalen Handelsplätzen zu werden. Zudem lässt das Web Transaktions- und Kommunikationskosten in ungeheurem Ausmaß schrumpfen. Und dann sind da auch noch die Kunden, deren Macht sich dank der durch das Internet hergestellten Transparenz enorm erhöht hat.

Transparenz, Erosion von Eintrittsbarrieren, mächtige Kunden, neue und extrem effiziente Wettbewerber: All das trägt dazu bei, dass es keine „einfachen" Erfolgsstrategien mehr gibt, die „garantiert" zu einer gesicherten Marktposition in Verbindung mit satten Margen führen. Je mehr Leute versprechen, dass alles auch ganz einfach sein könne, man nur genug „simplifyen", „einfach managen" oder „Komplexität reduzieren" müsse, desto deutlicher wird das.

Es ist wie das Pfeifen im dunklen Wald, das den Wald auch nicht heller macht.

Der Wunsch nach einer einfachen Welt ist verständlich. Aber die Einsicht, dass sie nicht einfacher wird, setzt sich offenbar langsam durch. Im Buchmarkt lässt sich das am Niedergang der Ratgeberliteratur ablesen. Der Bedarf an allzu simpel gestrickten Rezeptbüchern für Manager, die Erfolg nach Anleitung versprechen, ist seit einigen Jahren rückläufig. Erfolgsstrategien in der Art von: „In sieben Schritten zum perfekten Chef", „Die zwölf geheimen Rezepte der Sieger", „Die zehn Gebote für Weltmarktführer", „Die Tarzan-Strategie" oder „So erschließen Sie täglich fünf neue Märkte" – waren in den 90er Jahren noch die Renner, heute nicht mehr. Sowohl der Buchhandel als auch die Verlage haben reagiert und bauen Produktion und Einkauf von Ratgebern ab. Der Markt scheint den einfachen Rezepten nicht mehr zu vertrauen.

Kein Wunder: Eine komplexer werdende Welt erfordert eben auch komplexere, individuellere und wandlungsfähigere Lösungsansätze. Also das Gegenteil von einfachen Rezepten. Wir leben in einer Zeit, in der Unternehmen sich so schnell wandeln müssen wie der Wandel selbst, um zu überleben. Und der Wandel hat es ziemlich eilig! Die Veränderung der Lebensbedingungen, die wir überall auf dem Globus beobachten, vollzieht sich rasend schnell. Irgendwo am Golf waren vorgestern noch Nomaden, gestern war der Ölboom, dann kam die Immobilienblase, dann die Pleite und dann schon wieder etwas Neues. Orte in Indien sind erst Bauerndörfer, dann Slums, dann Hippie-Kolonien, dann High-Tech-Zentren – und dann? Europäische Staaten wurden vor fünf Jahren noch als Boom-Nationen gefeiert und stehen heute kurz vor der Pleite.

Wie wird es weitergehen? Wir wissen es nicht. Niemand kann das mit Bestimmtheit vorhersagen, da die Entwicklungen selbst immer schwieriger vorhersagbar sind. Unternehmen müssen trotzdem lebendig bleiben. Führungskräfte müssen heute handeln, ohne ganz genau zu wissen, was morgen kommen wird. Manager, die noch mit Jahresplanungen und Strategien über Fünfjahreszeiträume groß geworden sind, müssen lernen, mit Unsicherheit umzugehen. Und das bedeutet: Wir müssen lernen zu akzeptieren, dass die Halbwertzeiten von Strategien immer kürzer werden und dennoch einen Weg finden, unsere Organisation in die Zukunft zu steuern. Und wir müssen lernen zu experimentieren.

Denn einzig das Experiment ist die geeignete Antwort auf eine nicht mehr vorhersagbare Zukunft.

FÜNF WEGE PFLASTERN – UND EINEN GEHEN

„Das Geheimnis heißt Risikostreuung durch Variation“, erklärt Eric Beinhocker in einem Interview. Er ist Senior Fellow am McKinsey Global Institute und hat ein interessantes – aber leider auch verdammt dickes – Buch geschrieben. Darin bringt er das Prinzip der Prädisposition mit der Entstehung und dem Erhalt unseres Wohlstands in direkten Zusammenhang. „Wir können unser ökonomisches Schicksal nicht bis ins Letzte steuern. Da wir nicht wissen, in welche Richtung uns die Evolution führen wird, brauchen wir immer so viele neue Entwürfe wie unter den gegebenen Umständen möglich.“

ANSTATT SICH ALS ORAKEL ZU BETÄTIGEN, SCHUF GATES EIN PORTFOLIO KONKURRIERENDER GESCHÄFTSPLÄNE.

Wofür Beinhocker – vereinfacht ausgedrückt – plädiert: Wir müssen experimentieren, experimentieren und nochmals experimentieren. Denn, so Beinhocker weiter: „Es wäre verheerend, alle Anstrengungen auf ein einziges Produkt, eine einzige Strategie zu bündeln. Wir können die ökonomische Evolution zwar nicht vorhersagen oder dirigieren, aber wir können unsere Unternehmen mehr oder weniger evolutionstauglich gestalten. Das gilt auch für Institutionen und sogar ganze Gesellschaften. Die Evolution durchsucht den Möglichkeitsraum nach geeigneten Entwürfen, und nur, was tauglich ist, wird weiterverfolgt und setzt sich durch."

Ein treffendes Beispiel für das Grundprinzip der Prädisposition in der Wirtschaft ist für Beinhocker die Strategie von Microsoft bei der Einführung von Windows. Die Entscheidung für Windows war das Ergebnis einer ganzen Reihe von offenen Experimenten bei Microsoft.

Mitte der 1980er Jahre hatten sich die PCs so weit entwickelt, dass wegen der besseren Grafik und höheren Prozessorleistung das Ende von MS-DOS, des damaligen Betriebssystems von Microsoft, absehbar war. Bill Gates setzte nun aber nicht allein auf die Entwicklung von Windows. Er und sein Team verfolgten nicht weniger als fünf strategische Ansätze gleichzeitig. Zunächst investierte man in die organische Weiterentwicklung von MS-DOS. Gleichzeitig ging man ein Joint Venture mit IBM bei deren Betriebssystem OS/2 ein. Daneben schloss Microsoft diverse Kooperationsabkommen mit Unternehmen, die Unix-Projekte verfolgten, wozu beispielsweise der Telekommunikationsriese AT&T zählte. Darüber hinaus kaufte Microsoft Anteile an einem auf dem Markt bereits etablierten Anbieter von Unix-Systemen. Und außerdem investierten die Manager in Seattle in die Entwicklung eines ganz neuen Ansatzes namens Windows.

Anstatt sich als Orakel zu betätigen, welche Lösung auf dem Markt auf die größte Akzeptanz treffen könnte, schuf Bill Gates gewissermaßen ein Portfolio konkurrierender Geschäftspläne. Diese waren aber nicht willkürlich gewählt, sondern versuchten abzubilden, welche Ansätze zu diesem Zeitpunkt von den wichtigsten Marktteilnehmern verfolgt wurden. Sie waren damit eine Art Spiegel des Stands der Evolution. Und am Schluss setzte sich eben Windows als der Weg durch, der am besten zur weiteren Entwicklung auf den Märkten passte. Gerade weil Microsoft sich eingestanden hatte, die beste Strategie zu Beginn nicht zu kennen, kam eine Vorgehensweise heraus, die sich als robust erweisen sollte. Okay, und dann kam die Marktmacht ins Spiel und nicht zu knapp. Aber erst dann.

Mittlerweile haben eine ganze Reihe von überdurchschnittlich erfolgreichen Unternehmen ganz ähnliche Wege beschritten. Dazu noch einmal Eric Beinhocker vom McKinsey Global Institute: „In diesem Zusammenhang sind etwa auch Akquisitionen wie die von YouTube durch Google zu sehen. Niemand weiß, ob sich die Investition je amortisieren wird. Es ist zunächst einfach ein zusätzlicher Geschäftsplan, der dem Evolutionsgeschehen als Material dient. Ob er der Selektion standhält, wird sich in Zukunft zeigen. Auf jeden Fall hat Google dadurch seine Chance auf einen tauglichen Entwurf unter allen Möglichkeiten von Geschäftsplänen erhöht."

Den Möglichkeitsraum durch eine Vielzahl an Optionen erweitern lautet also das Gebot der Stunde.

Für Führungskräfte ist eine solche Herangehensweise Fluch und Segen zugleich. Fluch, weil ausnahmslos alle, die offen experimentieren, dabei auch Rückschläge und Niederlagen erleiden. Segen weil wir neue Ufer nur dann erreichen, wenn wir zu ihnen aufbrechen, also spannende Dinge ausprobieren.

Wir müssen lernen, damit umzugehen, dass wir nicht mehr auf Königswegen wandeln, sondern bestenfalls noch Trampelpfaden folgen können. Und es steht dabei viel auf dem Spiel.

OKAY, UND DANN KAM DIE MARKTMACHT INS SPIEL UND NICHT ZU KNAPP.

Experimentieren in der freien Wildbahn der Wirtschaft ist etwas anderes, als wenn ein Weißkittel in seinem Labor eine Panne erlebt und sich denkt: Tja, dumm gelaufen, aber dann mach ich nach dem Mittagessen mal einen längeren Spaziergang und versuch's danach nochmal. Top-Manager, die nicht wissen können, ob ihre Pläne aufgehen, werden gleichzeitig bedrängt von Investoren, die finanzielle Sicherheiten wollen, Mitarbeitern, die Arbeitsplatzgarantien wollen, und nicht zuletzt eigenen Familienangehörigen, die gerne wüssten, ob das Konto im nächsten Monat noch gedeckt ist.

Dabei hilft es Führungskräften wiederum, wenn sie Macht abgeben und Verantwortung teilen. Hier zeigt sich einmal mehr: Es gibt nicht den einen seherisch begabten Chef, der allein entscheiden könnte, welche der zahlreichen infrage kommenden Alternativen auf lange Sicht die beste ist. Deshalb bringt es auch hier die besten Resultate, wenn sich möglichst viele Mitarbeiter an möglichst vielen Experimenten beteiligen. Und dann, wenn sich herausstellt, dass eine bestimmte Option von einer Menge Leuten als vielversprechend bewertet wird, ist es die Aufgabe von Führungskräften, den Fortgang sicherzustellen und mit mehr Ressourcen zu unterstützen.

CITRUS-SCHOKOLADE BETA

Sie brauchen eine neue Pulsuhr und wollen eine schnelle Übersicht über Preise und Anbieter? Da gibt es doch was von Google – die „Google Produktsuche“. Sie tippen „Pulsuhr“ in das Suchfeld ein und schon erscheinen die Resultate Ihrer Suche nach Preis sortiert auf dem Bildschirm. Schön. Praktisch. Nur wer genau hinsieht, entdeckt rechts unterhalb des Eingabefelds das Wörtchen „beta“. Will heißen: Der Kunde nutzt ein Produkt, das streng genommen noch nicht fertig entwickelt ist. Sozusagen einen weit fortgeschrittenen Prototypen. Und merkt fast gar nichts davon. So war beispielsweise Google Maps lange Zeit noch „beta“, als Menschen auf aller Welt schon ganz alltäglich mit dieser geografischen Suche umgingen. Oder dann Google scholar, die Suchmaschine für wissenschaftliche Dokumente. Alles erst mal „beta“. In der Softwarebranche ist das längst ein gängiges Verfahren. Auch Microsoft stellte sein Betriebssystem Windows 7 acht Monate vor dem offiziellen Marktstart schon als Betaversion zum Download zur Verfügung. Für Neugierige. Und Mutige – schließlich war eifrige Fehlersuche die Gegenleistung, die der Softwareriese für diesen Sneak-Preview erwartete.

WER KOMMT AUF IDEEN WIE DEN SCHOKOLADEN-BETATEST?

Außerhalb der Softwareindustrie hat sich das „Beta“-Prinzip noch kaum etabliert. Oder können BMW-Kunden ein Jahr vor dem

Marktstart des neuen 3er schon mal den Erlkönig leasen? Erhalten Ikea-Fans Vorabversionen eines neuen Sessels in unterschiedlichen Designvarianten? Dürfen Schokoladeliebhaber immer mal zwischendurch kosten, wenn bei ihrer Lieblingsmarke eine Sorte neu einwickelt wird? Stopp! Ja, sie dürfen. Sie dürfen tatsächlich. Zumindest, wenn es sich um die amerikanische Schokoladenmarke TCHO handelt. Der Hersteller dunkler Schokoladen, der „letzten guten Droge“, wie die Firma aus San Francisco selbst wirbt, entwickelte tatsächlich über 1.000 „Betaversionen“ diverser Schokoladensorten, die von den Kunden und baldigen Fans der neu gegründeten Marke – inzwischen auch „TCHO-coholics“ genannt – getestet und bewertet wurden. Nach einer rund einjährigen „Betaphase“ sind dann vier Schokoladensorten als finale „Version 1.0“ erschienen. Zarte Versuchung, inspiriert durch das nahe Silicon Valley.

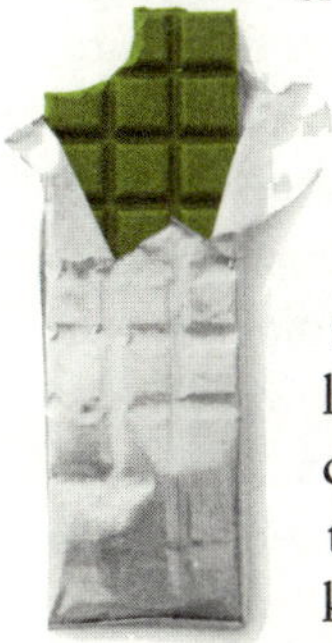

Wer kommt auf Ideen wie den Schokoladen-Betatest? Bei TCHO haben sich zwei branchenfremde Querdenker mit einem Insider zusammengetan. **Louis Rossetto**, der Mitgründer des Zeitgeist-Magazins *Wired*, hatte irgendwann Lust, seine süße Leidenschaft zum Beruf zu machen. Gemeinsam mit dem früheren Nasa-Ingenieur Timothy Childs und Karl Bittong, einem Veteranen der Schokoladenindustrie, gründete er TCHO.

Mit Louis Rossetto, Tcho´s Chief Creative Officer

Mit einem guten Schuss Ironie ernannte CEO Louis Rossetto seinen Mitstreiter Timothy Childs zum CCO, zum „Chief Chocolate Officer“. Im ersten Jahr nach der Gründung vergingen manchmal nur 36 Stunden, bis den „Betatestern“ – Schokoladenfans aus dem ganzen Land, die über das Internet auf TCHO aufmerksam geworden waren – eine neue Schokoladenmischung angeboten wurde. Das unternehmerische Ziel des monatelangen Trial-and-Error: Schokoladensorten entwickeln, wie sie die Leute wirklich wollen. Und die Faszination für die Kunden beziehungsweise Betatester: dabei sein, einen Unterschied machen – und dazu noch gute Schokolade genießen!

Was für Software und Schokolade gilt, wird in Zukunft für immer mehr Produkte gelten: Die Grenzen zwischen Prototyp und fertigem Produkt verschwimmen. Angesichts von Computern, die mit ständigen automatischen Updates nerven und Autos, die von den Herstellern permanent in die Werkstatt zurückgerufen werden, ist ja schon heute die Frage, inwiefern es so etwas wie ein „fertiges" Produkt überhaupt noch gibt. In Zukunft wird ganz offen das „Beta"-Prinzip regieren. Und zwar nicht nur bei der Produktentwicklung, sondern auch im Marketing oder bei der Unternehmensstrategie.

AUS SPIEL WIRD ERNST – UND UMGEKEHRT

Auch künftig ist es wichtig, Strategien zu entwickeln – aber die sind eben nicht starr. Und sie stehen der Notwendigkeit fortlaufender Experimente nicht im Weg. Es müssen ja nicht gleich 1.000 Produktvarianten innerhalb eines Jahres sein – aber sich schnell an veränderte Märkte anzupassen, offen zu sein für Veränderung, das zählt. Was nicht mehr funktioniert, ist die Fortschreibung des Status quo in die Zukunft, denn er trägt keine Legitimation mehr in sich selbst. Der Satz „Die Zahlen sind doch gut" ist keine Ausrede mehr. Deshalb gilt es, dem Status quo umso mehr zu misstrauen, je besser er auf den ersten Blick aussieht.

Unternehmen müssen Weltklasse werden im Prüfen von Alternativen. Und die Dinge nicht nur prüfen, sondern dann auch auf den Weg bringen. Zumindest ein Stück weit. Bis der Nebel sich lichtet und sich etwas erkennen lässt.

Die Kunst besteht darin, fortlaufend bei möglichst niedrigem Kostenrisiko in Experimente zu investieren.

DER SATZ „DIE ZAHLEN SIND DOCH GUT" IST KEINE AUSREDE MEHR.

Und dann zu sehen, was funktioniert und was nicht. Managementsysteme müssen dazu neu justiert werden: Mehr Optionen, mehr Experimente, weniger große Visionen, weniger rigide Strategien – so sieht die neue Voreinstellung der Systeme aus.

Michael Schrage, Direktor am Massachusetts Institute of Technology und einer der weltweit führenden Experten für Innovation, beschreibt das Vorgehen der Zukunft als „ernsthaftes Spielen". Sprachlich gesehen ist das ein Paradox, aber inhaltlich gleichzeitig der Kern von Innovation überhaupt. Unternehmen „spielen", indem sie immer möglichst schnell möglichst viele Prototypen bauen und ausprobieren. Wobei „Prototyp" hier im weitesten Sinn auch ein neuer Prozess oder ein neues Beratungsprodukt sein kann – eben alles, was unreif ist und noch nicht auf Herz und Nieren getestet wurde. „Wahre Innovation", so Schrage, „entsteht nicht aus der Idee an sich, sondern aus den Reaktionen auf einen Prototypen."

Das ist einleuchtend. Erst wenn etwas sichtbar und erlebbar in der Welt ist, reagieren Menschen darauf, können Feedback geben und Verbesserungsvorschläge machen. Die ursprüngliche Idee entwickelt sich in den Köpfen zahlreicher Menschen weiter. Manchmal so weit, dass der ursprüngliche Gedanke dahinter gar nicht mehr erkennbar ist. Wer denkt heute schon noch darüber nach, dass das Internet ursprünglich dazu dienen sollte, Universitäten und Forschungseinrichtungen untereinander zu verbinden, um die knappen Kapazitäten der Rechenzentren besser zu nutzen? Es ist schließlich etwas ganz anderes, viel Größeres daraus geworden.

Bevor sich aber nun jeder oberfränkische Systemadministrator schon als Entdecker eines zweiten Internets sieht, sei vorsichtshalber noch mal daran erinnert: Viele Versuche bedeuten auch viele Fehlversuche. Kaum einer weiß das besser als Ideo. Die Firma ist eine weltweit agierende Design- und Innovationsberatung und gilt als einer der Vorreiter im Bereich Human Centered Design. David Kelley, Professor an der Stanford Universität, gründete das Unternehmen, das seinen Hauptsitz im Silicon Valley hat. Wer die Unternehmenszentrale in Palo Alto besucht, kann eine Ausstellung von Objekten zu vergangenen Projekten besichtigen. Dort steht ein großer transparenter Behälter voller Plastikteile, die alle entfernt an eine Computermaus erinnern. Des Rätsels Lösung: Es sind alles Prototypen der Computermaus.

Diese Ausstellung der Fehlversuche soll ein Prinzip verdeutlichen: Man kann viel Zeit und Energie in die Suche nach dem bestmöglichen Ergebnis stecken. Oder man schraubt fünf oder sechs Prototypen zusammen, lässt diese auf die Menschheit los und sieht, welche Reaktionen auf die einzelnen Konzepte kommen. Dann nimmt man die so gewonnenen Feedbacks hinzu und entwickelt die nächsten Prototypen. Die Risiken sind umso geringer, je früher im Prozess die Fehlschläge auftreten. „Bei der raschen Produktion von Prototypen geht es darum, zu handeln ohne alle Antworten zu kennen. Es geht darum, Chancen beim Schopf zu ergreifen, sich vorwärts zu bewegen, hin und wieder ein wenig zu stolpern und schließlich doch ans Ziel zu gelangen“, sagt der Ideo-Geschäftsführer Tom Kelley.

Was der Behälter mit den fehlgeborenen Computermäusen auf einen Blick illustriert, ist in der offiziellen Lesart von Ideo ein Verfahren in fünf Schritten: Beobachtung, Brainstorming, schnelles Prototyping, Feinabstimmung und schließlich Umsetzung. Nach dieser Methode sind sämtliche Innovationen von Ideo entstanden.

Martin Schneider hat ein ganzes Buch darüber geschrieben, wie große Entdeckungen durch kleine Zufälle entstanden sind und nur deshalb groß wurden, weil jemand offen genug war, den neuen Nutzen zu erkennen und zu akzeptieren. „Teflon, Post-Its und Viagra“ heißt sein Werk und nennt im Titel bereits drei Produkte, die alles andere als das Ergebnis zielstrebiger Entwicklungsbemühungen sind. Auch Tesafilm, Penicillin

ES GEHT DARUM, CHANCEN BEIM SCHOPF ZU ERGREIFEN!

oder die Kunstfaser Nylon entstanden mehr zufällig, als die jeweiligen Forscher eigentlich auf etwas anderes hinauswollten. Schneiders Schlussfolgerung: Keine Innovation ist vom Himmel gefallen. Notwendig war immer die entsprechende Einstellung, also neugierig zu sein, zu testen, auszuprobieren.

„Der amerikanische Chemiker Roy Plunkett hätte sich verärgert mit der Zwangspause abfinden können, die eine vermeintlich leere Gasflasche seinen Experimenten bescherte. Ebenso wäre es verständlich gewesen, hätte Alexander Fleming seine verschimmelten Bakterienkulturen einfach in den Müll geworfen, als er nach dem Urlaub zurück ins Labor kam. Dass sich beide näher mit dem vermeintlichen Missgeschick beschäftigten, bescherte der Menschheit so nützliche Dinge wie Teflon und Penicillin", schreibt Schneider treffend. Und zitiert dann den Chemiker Louis Pasteur: „Der Zufall begünstigt nur einen vorbereiteten Geist".

Die hohe Aufmerksamkeit für die Potenziale vermeintlicher Nebensächlichkeiten scheint wohl ein gängiger Charakterzug genialer Erfinder zu sein. „Entdeckung bedeutet zu sehen, was jeder gesehen hat, aber zu denken, was noch keiner gedacht hat", brachte es der Medizinnobelpreisträger Albert Szent-Gyorgyi auf den Punkt. So muss es auch James Dyson gegangen sein, als er an einer Weiterentwicklung des Händetrockners experimentierte. Der Trockner trocknete nicht nur, sondern riss seltsamerweise auch eine große Menge von der umgebenden Luft mit. Dyson überlegte zunächst, wie er diese Störung am besten eliminieren könnte. Sein nächster gedanklicher Schritt bestand darin zu überlegen, was er damit wohl sonst noch anstellen könnte. Am Ende kam erneut etwas nie Dagewesenes heraus: Ein Ventilator ohne Rotorflügel. Und nicht nur das: normalerweise bewegen Ventilatoren die Luft durch ziehen und drücken der Luftströme. Dysons Air Multiplikator hingegen bewegt die Luft mit nur einem einzigen kreisförmigen Flügel.

Was sich zuerst als Hindernis darstellte, war nun eine revolutionäre Erfindung und ein neues Produkt.

MANAGEMENT BY I DON'T KNOW

Als wir den britischen Kreativitätsexperten Sir Ken Robinson in London zu einem Gespräch treffen, erzählt er uns folgende Geschichte von seinem Sohn: „James war vier Jahre alt, da wurde in seinem Kindergarten das Krippenspiel aufgeführt. Es gab da diesen wunderbaren Moment, als drei kleine Jungen auf die Bühne traten – sie spielten die Heiligen Drei Könige. In den Händen hielten sie ihre Geschenke für das Jesuskind: Gold, Weihrauch und Myrrhe. Nun, einer der Jungen wurde ein bisschen nervös und kam irgendwie mit seinem Text durcheinander. Der erste Junge hatte gesagt: ‚Ich bringe Gold.' Der zweite Junge hatte gesagt: ‚Ich bringe Myrrhe.' Und der dritte Junge improvisierte dann einfach und sagte: ‚Das soll ich dir von Frank geben.' Jetzt fragt man sich natürlich: Wer ist Frank? Der dreizehnte Apostel? Der Autor des verlorenen Evangeliums nach Frank?"

Wir müssen schmunzeln. Und ahnen schon, was Ken Robinson damit sagen will. Er selbst formuliert es dann so: „Das Schöne an der Geschichte ist, dass sie zeigt, wie wenig Probleme Kinder damit haben, einen Fehler zu machen. Wenn sie sich in einer bestimmten Situation nicht sicher sind, was sie tun sollen, dann improvisieren sie halt und schauen mal, wo sie das hinführt. Was man daraus lernen sollte, ist keineswegs, dass kreativ sein und Fehlermachen ein und dasselbe ist. Manchmal ist ein Fehler einfach nur ein Fehler. Aber man sieht wieder einmal, dass Fehlermachen unvermeidlich ist, wenn etwas Neues entstehen soll."

Kluge Unternehmer und Führungskräfte wissen das. Neues kann ohne Fehler nicht entstehen. Irrtümer sind Teil jeder Innovation.

Massimo Baratto, Chef des Bergsportausrüsters Salewa International, sagte in einem Magazin-Interview: „Setzte Salewa lediglich auf gute, solide, akzeptable Ideen, wären wir bald pleite. Was wir brauchen, sind echte Wow-Ideen. Um solche aufsehenerregenden Erfolge feiern zu können, müssen wir auch aufsehenerregende Misserfolge in Kauf nehmen. Das heißt, wir müssen Mitarbeiter, die Fehler machen, beschützen und ihre Kreativität belohnen – auch wenn das Projekt misslungen ist." Und von Philip Knight, Gründer und CEO von Nike, stammt die Aussage: „Wenn wir nicht genügend Fehler machen, heißt das, dass wir nicht genügend neue Dinge ausprobieren."

NEUES KANN OHNE FEHLER NICHT ENTSTEHEN. IRRTÜMER SIND TEIL JEDER INNOVATION.

Innovationspreise gibt es mittlerweile wie Sand am Meer. In Indien gibt es allerdings einen Innovationspreis, der so gar nicht in die übliche Kategorie passt. Er wird verliehen für Innovationsideen, die sozusagen auf bewundernswert hohem Niveau gescheitert sind. Der „Dare to try Award" des indischen Industriekonglomerats Tata belohnt den Mut, es versucht zu haben, auch wenn nichts draus geworden ist. Vergeben wird der Preis im Rahmen eines regelmäßigen internen Innovationswettbewerbs des Multis, der mit knapp 100 Einzelunternehmen und umgerechnet rund 50 Milliarden Euro Jahresumsatz die größte Unternehmensgruppe Indiens ist. Der Preis für den besten gescheiterten Versuch wurde beispielsweise an die Tee- und Getränkesparte Tetley vergeben, die eine Form von Aromastoff entwickelt hatte, mit dem der Verbraucher jedes beliebige Getränk aromatisieren sollte, heiß oder kalt, mit oder ohne Kohlensäure und so weiter. Letztlich ließen sich universelle Löslichkeit und einfache Handhabung nicht für den Verbraucher befriedigend kombinieren. Aber man war einer revolutionären Idee für den Getränkemarkt sehr nahe gekommen – und das sollte ausdrücklich anerkannt werden.

In wie vielen anderen Unternehmen gibt es Preise für gescheiterte Innovationen? Da fallen uns ehrlich gesagt nicht sehr viele ein. Und das ist auch nicht wirklich verwunderlich, denn die weitverbreitete Auffassung lautet: Eine Innovationsidee, die gescheitert ist, wird möglichst schnell ad acta gelegt – aber doch nicht gefeiert! Die Denkhaltung in vielen Unternehmen ist eine, bei der Fehler „ausgemerzt" werden. Auf der Suche nach der perfekten Strategie zur Fehlervermeidung haben es gerade industrialisierte Systeme zur wahren Meisterschaft gebracht. Das ist auch gut und richtig so. Vor dem Hintergrund der Massenfertigung ist Fehlervermeidung ein überaus vernünftiges Ziel.

Es ist jedoch ein überaus unvernünftiges Ziel, wenn es um die Suche nach neuen Produkten, Services, Geschäftsmodellen und Lösungen geht.

Der größte Fehler ist hier die Angst vor einem Fehler. Wer Neues sucht, muss experimentieren, probieren und neue Wege beschreiten. Auch wenn mal was danebengeht.

Hier steht uns noch einiges an Umdenken bevor. In vielen Organisationen regiert allerdings noch immer das Denken und Handeln des Industriezeitalters: In der industriellen Produktion gelten fixe Standards und Normen. Und jede Abweichung von der Norm ist ein fataler Fehler, der die gesamte Produktion zunichte macht. Deshalb grassiert eine geradezu pathologische Angst vor Fehlern. Und folglich wird alle Kraft darin investiert, ein praktisch fehlerfreies Unternehmen aufzubauen. Ein solches Unternehmen ist allerdings NIEMALS EIN ANPASSUNGSFÄHIGES UNTERNEHMEN – eines, das so veränderungsfähig ist wie die Veränderung selbst.

Sie haben die Wahl: Sie können ein praktisch fehlerfreies oder aber ein sehr anpassungsfähiges Unternehmen anstreben. Aber Sie können nicht beides gleichzeitig haben. So gesehen ist Vollkommenheit der Feind der Überlebensfähigkeit.

Wer sich für den Weg der Experimente entscheidet, mit dem Potenzial des Neuen aber auch dem des Scheiterns, der verpflichtet sich gleichzeitig zum Verzicht auf strikte Planbarkeit. Er muss lernen, Macht abzugeben und Fehlversuche zuzulassen.

Es ist weder einfach noch bequem, sich den Fehlern zu stellen, die im Zuge des Experimentierens unweigerlich passieren. Und es bedeutet, sich von lieb gewonnenen Routinen und Gewohnheiten zu verabschieden. Der Journalist Wolf Lotter hat es mal so ausgedrückt: „Nachfragen und nachdenken sind aufwendige Sportarten – das ist nicht jedermanns Sache. Und gleichsam sind Fragen immer Zweifel daran, ob das Bestehende tatsächlich ein so uneingeschränktes Recht hat, sich als Königsweg zu bezeichnen. Aus Fehlern werden Fragen, aus Fragen wird Veränderung. Das ist der Sinn des Nach-Denkens, des Experiments, der ständigen Folge von Versuch und Irrtum."

Und daraus ergibt sich ein klares charakterliches Anforderungsprofil für Führungskräfte: Der Abschied von der Illusion der eigenen Unfehlbarkeit. Veränderungsbereitschaft, gepaart mit Führungsstärke sind elementare Führungsfähigkeiten. Ein starker Chef macht seinen Mitarbeitern Mut, sich einer ungewissen Zukunft zu stellen und im Experiment den besten Weg zu finden. Die Hauptaufgabe der Führungskräfte auf allen Ebenen wird es deshalb sein, die überholten alten Wahrheiten ad acta zu legen und sämtliche Mitarbeiter dahin zu bringen, Veränderungen nicht als Bedrohung zu begreifen, sondern als Chance. Sie davon zu überzeugen, dass nur derjenige, der Veränderungen akzeptiert, auch wachsen kann. Und das bedeutet, dass es zum täglichen Handwerk gehört, Innovationen vorzuschlagen, zu testen, zu verwerfen, zu ändern und wieder vorzuschlagen, bis sie schließlich angenommen werden. Ist das einfach? Ganz sicher nicht! Aber wir haben auch nie behauptet, dass wir Ihnen in diesem Buch „Sieben einfache Schritte zum perfekten Chef" verraten würden oder die Anleitung zu „Managen im Schlaf".

AUF DER SUCHE NACH DEN FRAGEN

Alan Webber, Autor und Gründer des von uns überaus geschätzten amerikanischen Wirtschaftsmagazins *Fast Company* schreibt in seinem Blog: „Wenn eine Frage in der Art von ‚Was denkst du, sollte ich tun …?', ‚Hast du eine Lösung für …?' an mich gestellt wird, sind die aus meiner Sicht drei allerbesten Antworten diese hier:

1. ‚Ich weiß es nicht.'
2. ‚Was denkst du?'
3. ‚Ich denke noch darüber nach – ich melde mich bei dir, wenn ich ein bisschen mehr über die Antwort nachgedacht habe.'"

Webber schreibt weiter: „Warum sind das die aus meiner Sicht drei allerbesten Antworten? Weil sie ehrlich, bescheiden und einladend sind. Sie laden zur Diskussion ein, sie schaffen einen Dialog und eröffnen das Gespräch."

Chefs werden ihren Mitarbeitern klarmachen müssen, dass sie keine einfachen und allgemeingültigen Antworten mehr haben. Und das ist eine Botschaft, die nicht leicht zu schlucken ist. Für beide Seiten nicht – für die Chefs nicht, die es traditionell als ihre Aufgabe ansehen, die „richtigen" Antworten zu kennen. Und für die Mitarbeiter nicht, für die es natürlich leichter ist, mal schnell den Boss zu fragen, was denn der „korrekte" Weg oder die „sachgemäße" Entscheidung sei. Das erfordert ein Umdenken bei allen Beteiligten.

Nur derjenige Chef kann das glaubwürdig leisten, der mit den Grenzen seines eigenen Wissens offen umgeht. „Ich weiß es nicht" – an diesen Satz werden wir uns erst noch gewöhnen müssen. Uns ist vollkommen klar, dass die Versuchung groß ist, stets eine flotte Antwort auf den Lippen zu haben. Schließlich würden wir ja auch nicht gefragt werden, wenn unser Gegenüber nicht erwartete, dass wir eine Antwort hätten.

UND NICHT NUR BEI HERRN WUPPKE IM MITARBEITER-VERHÖR.

In dem Moment, in dem wir einfach sagen „Ich weiß es nicht", besteht die Gefahr, dass einige Menschen sich enttäuscht von uns abwenden und aufhören, uns Fragen zu stellen.

Das wird passieren. Aber es ist ein akzeptabler Preis, den wir zu zahlen bereit sein sollten. Er ist deshalb akzeptabel, weil wir zwar einige Fragesteller „verlieren", dafür aber im Gegenzug sehr wertvolle Diskussionen gewinnen, die wir mit fertigen Antworten niemals hätten anstoßen können.

Antworten weisen uns nicht den Weg in die Zukunft. Wer die Zukunft gestalten will, muss lernen, auf vorschnelle allgemeingültige Antworten zu verzichten und stattdessen die richtigen Fragen zu stellen. Und dabei ist das Stellen der richtigen Fragen alles andere als einfach. Warum? Sir Peter Medawar, Zoologe und Nobelpreisträger bringt es brillant auf den Punkt: „Auf uninteressante oder dumme Fragen erhält man uninteressante oder dumme Antworten." Intelligente Fragen stellen – und das auch noch schneller als unsere Wettbewerber. Puh, das kann ziemlich anstrengend sein.

Noch mehr als heute werden in Zukunft Führungskräfte mit „Ich-Stärke" gefragt sein. Damit ist etwas komplett anderes gemeint als das dominante Ego der altbekannten Alphamännchen in den Chefetagen, deren vermeintliche „Ich-Stärke" sich vor allem in einem Satz manifestiert: „Weil ICH das so will."
Der Philosoph Bernhard Waldenfels hat den Begriff der „Ich-Stärke" in einem Interview einmal so erklärt: „Ich-starke Menschen können sehr viel Fremdes aushalten. Dass man es nicht aushalten kann, ist ein Zeichen für Ich-Schwäche. Gewalttätige Menschen sind Ich-schwache Figuren, die Fremdes scheuen. Das Aushaltenkönnen steht für eine Form, die nicht immer die Sicherheit sucht. Und nur durch sie entsteht Neues."

Innere Stärke, die Offenheit für Neues und die Fähigkeit, Ungewissheit auszuhalten, sind untrennbar miteinander verknüpft.

Waldenfels beschreibt hier nicht weniger als das Psychogramm eines Managertypus, der die inneren Voraussetzungen für permanente Innovation mitbringt. „Man kann in keinem Bereich etwas erfinden, wenn man das Fremde nicht zulässt", so der Philosoph weiter. „Das beginnt mit dem Fremden bei mir selbst. Der Überschritt zum Fremden ist die Chance dafür, dass ich mich weiterentwickle. Wenn ich mich vor dem Fremden in mir abschirme, vor den Dingen, die ich nicht gerne an mir mag, stagniere ich. Menschen, die das trotzdem tun, schaffen sich eine künstliche Form der Selbstgewissheit. Aber dadurch ist keine Neuerung möglich."

Die besten Ergebnisse erzielen wir dann, wenn wir uns – nachdem wir die intelligenten Fragen gestellt haben – gemeinsam mit dem Team, mit Kunden sowie interessanten Persönlichkeiten außerhalb der Unternehmensmauern auf die Suche nach den Antworten machen. Dabei gilt das Mantra: Die Suche ist nie vorbei!

Es gibt keine sieben goldenen Schlüssel, wir werden nie ankommen und müssen klug genug sein, das zu verstehen.

10. FÖRDERE REBELLEN UND QUERDENKER! LEGE DEN MAINSTREAM TROCKEN!

Ein neues Auto steht an bei uns. Früher bedeutete sowas eine Rundreise zu den örtlichen Autohäusern. Heute läuft das anders: Wir setzen uns ein paar Abende vor den Rechner und besuchen die Websites der verschiedenen Autohersteller. Mithilfe eines Konfigurators können wir unser Wunschauto bereits am Bildschirm ruck zuck bis ins letzte Detail festlegen. Bei Citroën entdecken wir dann etwas Interessantes: Sobald wir auf ein bestimmtes Modell geklickt haben, das wir konfigurieren möchten, erscheint ein Fenster, in dem wir auswählen müssen: „Normale oder vordefinierte Konfiguration?“ Was „vordefiniert“ bedeutet, steht gleich darunter: „Die Top 5 der am häufigsten konfigurierten Fahrzeuge.“ Da sind fünf Autos bereits fertig zusammengestellt. Die teuerste Variante steht oben, dann wird es absteigend günstiger. Wir könnten jetzt einen der Vorschläge anklicken, dann auf „Konfiguration abschließen“ gehen und hätten gleich ein Auto, das wir so bestellen könnten. Wir können aber auch noch Ausstattungsvarianten hinzufügen. Und siehe da: Klicken wir zum Beispiel auf „Navigationssystem“ bekommen wir per Mouseover sofort mitgeteilt: „Onlinebesucher, die diese Option gewählt haben, wählten auch: Reserverad, Leichtmetallfelgen, Sicherheitspaket.“ Klingt irgendwie nach den Buchempfehlungen auf Amazon. Und funktioniert auch so ähnlich.

WAS DIE MEHRHEIT MACHT, KANN SO FALSCH NICHT SEIN. ODER?

Machen wir uns mal klar, was hier eigentlich passiert: Da geben uns die Hersteller ein Höchstmaß an Gestaltungsmöglichkeiten. So ziemlich jedes Detail der Ausstattung lässt sich frei bestimmen und so unsere ganz individuelle Produktvariante zusammenstellen. Und genau diese schier unendliche Auswahl ist aus Kundensicht eine Medaille mit zwei Seiten: Einerseits ist es eine tolle Sache, weil es ganz einfach möglich ist, eine maßgeschneiderte Anfertigung ganz nach den eigenen Wünschen zu erhalten. Andererseits ist es problematisch, weil die meisten von uns von der Vielzahl der Möglichkeiten ganz einfach überwältigt sind und natürlich auch die Gefahr besteht, dass man mit seiner Entscheidung voll daneben liegt. Was wäre in dieser Situation also naheliegender, als sich eine Art Rückversicherung zu holen, indem man einfach mal schaut, was die meisten anderen Kunden denn so gewählt haben? Was die Mehrheit macht, kann ja so falsch nicht sein. Oder?

HILFT ICH-MACH-WAS-ALLE-MACHEN WIRKLICH WEITER?

Inzwischen haben wir uns für ein neues Auto entschieden – es wurde dann doch „Made in Germany“ statt „Made in France“. Aber die Sache mit dem Konfigurator blieb uns im Gedächtnis. Deshalb haben wir uns mit einer befreundeten Soziologin darüber unterhalten. „Dahinter steckt das Prinzip der sozialen Bewährtheit, auch ‚social proof‘ genannt“, erklärte sie uns. Sinngemäß bedeutet das: „Wenn es alle machen, muss es richtig sein.“

Das Prinzip des „social proof“ kommt in der Wirtschaft immer dann zur vollen Entfaltung, wenn sich alle Wettbewerber herdengleich am Verhalten des Marktführers orientieren. Wir wissen ja nicht, wie es Ihnen geht, aber wenn alle Anbieter in einem Markt wie von einem geheimen Kommando gelenkt im Gleichschritt in eine Richtung marschieren, die der Marktführer vorgibt, fragen wir uns sofort:

Wer sagt denn, dass der Leithammel in die richtige Richtung läuft? Wo steht geschrieben, dass sein Weg nach vorn führt und nicht ins Abseits?

Erinnern wir uns, wie die Musikindustrie auf das Entstehen der Peer-to-Peer-Tauschbörsen für MP3s im Internet reagierte. Erst mal wurden diese beunruhigenden Entwicklungen in den Vorstandsetagen der Branchenführer nicht wirklich ernst genommen. Herdenverhalten wie aus dem Biologie-Lehrbuch: Schaut jeder nur nach dem anderen, werden radikale Veränderungen am Rande des Marktes schnell übersehen. Als dann klar wurde, dass es sich dabei um mehr als einen temporären Trend der Jugendkultur handelt, machte sich die Angst breit, dass dem etablierten Geschäftsmodell der Musikindustrie der Boden unter den Füßen weggezogen würde. Schnell kam deshalb der zweite Schritt: eine unappetitliche Abwehrschlacht. Die Kunden wurden mit kopiergeschützten CDs „beglückt“, die ungefragt Spionagesoftware auf dem Computer der Nutzer installierten. Gegen die Nutzer von Tauschbörsen wurden die ganz großen Kanonen in Stellung gebracht: Sie wurden mit Klagewellen überzogen. Die Größen der Musikindustrie in geschlossener Formation gegen die Achse des Bösen.

Dabei waren die Probleme größtenteils hausgemacht. Die Marktführer hatten die neuen Möglichkeiten elektronischer Vertriebswege verschlafen. Die Tauschbörsen füllten da schnell eine Lücke.

Wirkliche Neuerungen entstehen eben an den Rändern des Marktes.

Die gleiche Geschichte wiederholt sich zu Beginn des neuen Jahrzehnts mit den Überlegungen der Zeitungsverlage, eine Art Kartell zur Durchsetzung von „paid content“ im Internet zu bilden. Statt sich mit den Veränderungen des Medienmarkts zu beschäftigen und neue Geschäftsmodelle zu entwickeln, wollen die Medienkonzerne gemeinsam ihre Macht einsetzen, damit Leser zukünftig für das bezahlen, was bislang umsonst war. Da keiner ausscheren und als Erster Geld verlangen will, diskutiert man allen Ernstes über Kartelle. Doch Kunden in Geiselhaft zu nehmen hat schon in der Vergangenheit nicht funktioniert und wird es in Zukunft erst recht nicht.

Das Grundproblem ist die Denkhaltung in vielen Unternehmen.

Der Herdentrieb steckt im Kopf, nicht in den Füßen.

Unternehmen orientieren sich immer noch viel zu sehr an dem, was die Marktführer der eigenen Branche machen. Um das Gesamtbild noch etwas abzurunden, werden ergänzend die „besten“ Kunden befragt – also diejenigen, die mit dem Status quo zufrieden und zumindest bislang immer wiedergekommen sind. In jede Kundenbefragung ist die Antwort somit schon eingebaut, und die lautet, in gewissem Rahmen: Weiter so! Und wenn Mitarbeiter in die Strategiefindung einbezogen werden, dann sind es die „verdienten“ Mitarbeiter. Menschen, die schon seit vielen Jahren im Unternehmen sind und deren Vorstellungen ziemlich synchron mit denen der Unternehmensspitze sind. So entsteht eine intellektuelle Zwangsjacke, aus der diese Unternehmen nicht mehr herauskommen.

SO ENTSTEHT EINE INTELLEKTUELLE ZWANGSJACKE.

Wenn sich draußen in der Welt entscheidende Dinge verändern, sind solche Unternehmen nicht nur ratlos, wie sie reagieren sollen. Nein, sie bekommen die Veränderungen oft gar nicht mit. Weil sie unter einer Glasglocke sitzen. Ihre Welt ist ein geschlossenes System. Was notierte König Ludwig XVI. von Frankreich am Abend des 14. Juli 1789, dem Tag, an dem das Pariser Volk die Bastille stürmte, in sein Tagebuch? Er schrieb: „Rien.“ Also: „Nichts.“

Das Verhalten mancher Unternehmen angesichts radikaler Veränderungen im Marktumfeld erinnert denn auch nicht ganz zufällig an das Herrschaftsregime des letzten Königs des Ancien Régime. Zunächst wird eine Entwicklung als bedeutungslos für die Zukunft, als Nischenereignis oder Ausnahme von der Regel kleingeredet. *„Pah, das legt sich auch wieder." „Wenn die See rauer wird, dann sollte man Kurs halten und nicht nervös werden." „Und unsere Kunden? Haben die vielleicht gesagt, dass sie ab morgen die Revolution wollen?" „Alles halb so wild."*

Erst wenn die Entwicklung so mächtig geworden ist, dass sie sich absolut nicht mehr leugnen lässt, bricht hektische Betriebsamkeit aus. Nun werden die schweren Abwehrgeschütze aufgefahren und die Entwicklung mit allen Mitteln bekämpft. Erst wenn die Verteidiger des Status quo endgültig gescheitert sind, setzen sie sich mit den Ursachen der Veränderung auseinander – wenn überhaupt. Doch das ist der Zeitpunkt, zu dem die Newcomer in der Branche schon längst erfolgversprechende Antworten in Form neuer Geschäftsmodelle gefunden haben. Häufig sind es die Newcomer, die intelligent bestehende Branchenregeln brechen und wertschöpfende Innovationen entwickeln, weil sie mit unverstelltem Blick ganz neue Fragen stellen und diese durch die Verwendung verschiedener bereits existierender Elemente beantworten.

GERADEAUS GEHT'S UM DIE ECKE

Die umsatzstärksten Kunden, die Marktführer in der eigenen Branche, die mustergültigen Mitarbeiter – sie alle können uns keine Auskunft darüber geben, wie radikal neue und in Zukunft wertschaffende Lösungen aussehen könnten. Wirkliche Neuerungen entstehen niemals im Mainstream, sondern immer am Rand. Dort finden sich soziale Systeme, Organisationen oder einzelne Personen, die in ihren Eigenschaften oder ihrem Handeln von der Norm abweichen. Die Kraft des Abweichenden ist es, die neue Ideen hervorbringt und letztlich in neue Produkte, Dienstleistungen und Geschäftsmodelle übersetzt.

Ohne Abweichungen von der Norm gäbe es keine Neuerungen in der Gesellschaft, in der Wissenschaft, in der Kunst – und eben auch in der Wirtschaft. Abweichungen vom Üblichen sind der Ausgangspunkt für Wachstum und Innovation. Deshalb ist es so wichtig für Unternehmen, Praktiken zu etablieren, die es ihnen ermöglichen, Anregungen und das Gedankengut von Außenseitern systematisch aufzugreifen. Und es handelt sich dabei um viel mehr als um ein kleines Randgebiet des Innovationsmanagements.

Es ist der Kern einer zukunftsorientierten und innovationsfreundlichen Unternehmenskultur.

Nun ist das von der Norm Abweichende bekanntermaßen ein ziemlich weites Feld, in dem sich allerlei Krawallmacher, Dauerdemonstrierer und Ich-bin-dagegen-aus-Prinzip-Typen tummeln. Lasst uns hier ganz einfach die Spinner und Freaks ignorieren. Vergesst die dreisten Aufmerksamkeitsheischer und Möchtegern-Businesspunks. Und Vorsicht auch vor den Dauerdiskutierern, deren langatmig vorgetragene Einwände und Beanstandungen mehr durch Naivität als durch Intelligenz glänzen.

Worum es uns geht sind die Abweichler, deren Ideen tatsächlich die Gestaltung des Neuen vorantreiben und dazu beitragen, dass Unternehmen auch zukünftig erfolgreich im Markt agieren können.

Denn die Zukunft steckt in den Köpfen von Menschen, die nicht so sind wie alle anderen! Deshalb müssen Unternehmen nach „POSITIVEN ABWEICHLERN“ Ausschau halten. Sie müssen sich auf die Suche nach Menschen, Organisationen und sozialen Systemen machen, die gegen die bislang herrschende Norm verstoßen. Diese positiven Abweichler sind es, die das Potenzial haben, zu neuen Schwergewichten heranzuwachsen, da ihre Innovationen die nötige

Sprengkraft haben, um die etablierten Geschäftsmodelle der heutigen Platzhirsche aus den Angeln zu heben.

Das Problem dabei: Wie erkennen Unternehmen diese „positiven Abweichler“? Und wie unterscheiden sie diese von denjenigen, die tatsächlich nur Spinner, Schwätzer, Intelligenzallergiker oder komplett Ahnungslose sind? Bei der Eröffnung der ersten Selbstbedienungsbäckerei dürften die wenigsten geahnt haben, welche Kreise ein solches Konzept ziehen würde. Und über die ersten Navigationssysteme in Autos wurde gelacht. Dass dieses vermeintliche Spielzeug in wenigen Jahren jeder Jugendliche auf seinem Handy und jeder Erwachsene in seinem Auto haben würde, hat wohl kaum jemand vorausgesehen.

Also: Wie können Sie frühzeitig das Potenzial erkennen, das in solchen Ideen steckt? – Es gibt nur einen vernünftigen Rat: Augen auf! Hinsehen! Mit Offenheit. Nicht sofort werten! Nicht sofort urteilen! Zuerst: verstehen wollen! Echtes Interesse! Den Blick dorthin richten, wo nicht mehr Mainstream, sondern Peripherie ist!

DIE SPINNER, SCHWÄTZER, INTELLIGENZ-ALLERGIKER ODER KOMPLETT AHNUNGSLOSEN.

Vor allem: Sich mit Menschen umgeben, die nicht den Mainstream repräsentieren.

Die Zukunft voraussagen kann niemand. Aber wer sich klar gemacht hat, dass Neues von den Rändern kommt und nicht aus der Mitte, der beschäftigt sich täglich mit diesen Rändern. Und potenziert dadurch seine Chancen, die entscheidenden Trendwenden auch mitzubekommen.

Ganz konkret bedeutet das: Die Querdenker, bunten Hunde und fröhlichen Rebellen müssen in den Unternehmen nicht nur unter Artenschutz gestellt werden – sie müssen Gehör finden. Es muss Teil der Unternehmenskultur werden, ihre Äußerungen nicht wegzurationalisieren, sondern auf ihren Input neugierig zu sein. Sie nicht mundtot zu machen, sondern an den Konferenztisch zu holen. Dabei sollten Unternehmen sich vor allem mit drei Gruppen auseinandersetzen, die heute oft ignoriert werden:

Erstens: mit UNZUFRIEDENEN KUNDEN. Sie unter „Beschwerdemanagement" abzufertigen ist, als ob man einen Rohstoff für Innovationen einfach in den Müll kippen würde.

Zweitens: mit NEUEN WETTBEWERBERN am Rande des Marktes. Statt sie erst zu ignorieren und dann zu bekämpfen, sollten Unternehmen auf diese zarten Nischengewächse aktiv zugehen und mit ihnen in einen Dialog treten.

Drittens: mit UNBEQUEMEN MITARBEITERN, die unkonventionelle Ansichten vertreten und deshalb nicht in das übliche Schema der im Corporate Design sozialisierten Mitarbeiter passen. Der tägliche Umgang mit diesen Menschen ist nicht immer einfach, aber innovative Unternehmen haben begriffen, dass sie Rebellen in den eigenen Reihen brauchen wie die Luft zum Atmen. Ohne diese positiven Abweichler erstarren Organisationen in blinder Routine.

Identifizieren Sie diese positiven Abweichler in den eigenen Reihen! Lernen Sie ihren Input sinnvoll und gewinnbringend zu nutzen!

Die zentrale Frage lautet: Wie gelingt es, eine Unternehmenskultur zu schaffen, die willens und in der Lage ist, von diesen drei Gruppen zu lernen und sie nicht als boshafte Verräter des herrschenden Systems zu brandmarken?

Hinter dieser üblichen Abwehrhaltung der Gralshüter des Status quo steckt – na, klar: Angst! Der gegenwärtige Zustand wird immer von denjenigen am eifrigsten verteidigt, die am meisten zu verlieren haben. Es gibt aber eine Therapie: Die Anfangsdosis möglichst klein wählen, vielleicht mit einem querständigen Mitarbeiter oder einem unbequemen Kunden starten, dann schrittweise die Dosis erhöhen. Auf Ihre Gesundheit!

CHANCE 1: UNZUFRIEDENE KUNDEN

Es entbehrt nicht einer gewissen Ironie: Offiziell wird in den Unternehmen nach den Querdenkern, den Unangepassten, den bunten Hunden gerufen: *„Alle neuen Chancen erwachsen aus Abweichungen."* Aber sicher doch! *„Am meisten lernt man von Menschen, die intelligent die Regeln brechen."* Wer wollte daran zweifeln? *„Im Grunde meines Herzens bin ich ein echter Business Rebell."* Na klar! Solche Statements quellen uns überall entgegen wie abgelaufener Joghurt. Gibt ja auch so einen coolen Anstrich: *„Seht her, ich bin der Chef hier in dem Laden und ich schätze das Rebellische und Unbequeme. Denn das bin ich – bisher hat es nur noch keiner bemerkt."* Wer sich in einer solchen Situation an die Liedzeile von Altrocker Udo Lindenberg erinnert fühlt, liegt sicherlich nicht so falsch: „Eigentlich bin ich ganz anders, ich komm' nur viel zu selten dazu."

Aber die Frage muss gestattet sein:
Ist das nur gut fürs Egotuning – oder will man das tatsächlich?

Was wir häufig beobachten: Wenn es um den entscheidenden zweiten Schritt geht, ist es mit dem anfänglichen Elan in Sachen Querdenkertum auch ganz schnell wieder vorbei. Vor die Entscheidung gestellt, sich freiwillig einen ganzen Tag mit rebellischen Kunden um die Ohren zu hauen oder sich zum harmonischen Kamingespräch mit der Stammkundschaft zu treffen, fällt die Entscheidung nur allzu oft zugunsten der letztgenannten Gruppe. Das ist nur menschlich. Aber eines ist klar: Innovative und zukunftsweisende Lösungen kommen nicht von den zufriedenen Kunden. Hätte Thomas Edison eine Fokusgruppe nach ihren Wünschen gefragt, dann hätte sie wahrscheinlich größere Kerzen gefordert. Aber die Glühbirne wäre nicht erfunden worden.

Weiß das auch die Commerzbank? Auf ganzseitigen Anzeigen in der deutschen Wirtschaftspresse kündigte die Bank voller Stolz

„den ersten Kundenbeirat einer deutschen Privatbank" an. „Denn Ihre Meinung ist uns wichtig", hieß es dazu. Eine der größten deutschen Banken trifft sich also ab jetzt zwei Mal pro Jahr mit ihren Kunden.

Wie? Ein Unternehmen spricht regelmäßig mit seinen Kunden? Ist das jetzt ein gigantischer Fortschritt? Eine so grandiose Offenheit, dass man sich gleich selbst feiern muss? Mannomann! Mit den Kunden reden. Das dürfen wir heute doch wohl voraussetzen!

DIE GLÜHBIRNE WÄRE NICHT ERFUNDEN WORDEN.

Dass nun auch der Vorstand einer deutschen Großbank direkte Tuchfühlung mit seinen Kunden sucht, ist löblich. Aber warum nur zwei Mal im Jahr? Und warum nur mit Kunden, deren „Bewerbungsunterlagen" vorher von der Bank „ausgewertet" werden, wie es auf der Website der Commerzbank hieß? Da braucht man nur eins und eins zusammenzuzählen, um sich auszurechnen, dass da am Ende die zufriedenen Kunden sitzen, von denen sicherlich auch der ein oder andere gute Verbesserungsvorschlag kommen wird. Diese Kundengruppe wird aber niemals die Impulse geben können, auf die es entscheidend ankommt. Nämlich: Wie muss das Kerngeschäft des Unternehmens in Zukunft anders funktionieren? IN ZUKUNFT! ANDERS!

Von UNZUFRIEDENEN Kunden können Sie lernen. Oder von NICHT-Kunden. Oder sogar von Leuten, die das Unternehmen bisher immer gehasst haben. Das Internet bietet die Möglichkeit, ihnen auf die Spur zu kommen und mit ihnen Kontakt aufzunehmen.

Außenseiter, Kritiker, ja Gegner können die Augen für Dinge öffnen, für die das Unternehmen völlig blind ist.

Wer von seinen unzufriedenen, vielleicht sogar feindselig eingestellten Kunden lernen will, sollte aber nicht erwarten, dass seine Einladung zum konstruktiven Gedankenaustausch bei einem Tässchen Kaffee überall mit offenen Armen aufgenommen wird. Unter den Kritikern und Gegner wird es eine nicht geringe Zahl von Menschen geben, die sich niemals – unter keinen denkbaren Umständen – mit dem Objekt ihrer innigen Abneigung an einen Tisch setzen würden. Deshalb muss im ersten Schritt die Gruppe der „Gegner“ zunächst sehr genau unter die Lupe genommen werden. Es gilt, die Saboteure von den Provokateuren zu unterscheiden. Warum? Beide sind Rebellen, Störenfriede und Andersdenker, aber es gibt einen grundlegenden Unterschied zwischen ihnen. Die Tätigkeit eines SABOTEURS ist auf Zerstörung angelegt. Sein Motiv ist Vergeltung für empfundenes Unrecht. Das können beispielsweise Kunden sein, die sich von einem Unternehmen so schlecht behandelt fühlen, dass sie als Racheakt großangelegte Online-Hetzkampagnen gegen den „Missetäter“ starten. Diese Kunden zu einem sachlichen Gedankenaustausch an einen Konferenztisch zu bringen, ist ein netter Versuch ohne den Hauch einer Chance.

Auf wen es aus Unternehmenssicht ankommt, sind die PROVOKATEURE. Ihr Handeln ist nicht so sehr von dem Wunsch nach Vergeltung getrieben, als vielmehr durch den inneren Antrieb nach Veränderung und Verbesserung des Status quo. Dazu stellen sie unbequeme Fragen. Sie denken das Undenkbare, entlarven Schlechtleistung und stellen Heuchelei und Widersprüchlichkeit bloß. Die am meisten gefürchtete Frage, die ein Provokateur stellen kann, lautet: „Wenn das alles stimmt, was ihr sagt, warum macht ihr dann nicht schon längst ... ?“ Während der Saboteur mit einer vorgefassten Meinung an eine Sache herangeht, zieht der Provokateur allgemein akzeptierte Wahrheiten in Zweifel.

Der Saboteur ist bewaffnet mit Antworten, der Provokateur mit Fragen.

Diese Gruppe der unbequemen Fragesteller unter den Kunden gilt es zu identifizieren und zu nutzen. Der Trick besteht darin, nicht vom Zentrum, sondern vom Rand zu denken und von dort die wichtigen Impulse aufzufangen. Und diese sind eben nicht bequem, sondern häufig fremdartig, unbequem. Aber genau darin liegt eine enorme Chance. Unternehmen, die so veränderungsfähig sind wie die Veränderung selbst, verstehen es, systematisch und fortlaufend kritische Anregungen und unbequemes Gedankengut von unzufriedenen Kunden aufzugreifen, um sich erfolgreich zu entwickeln.

CHANCE 2: WETTBEWERBER AM RANDE DES MARKTES

„Der beste Fechter der Welt braucht sich vor dem zweitbesten nicht zu fürchten. Der Mensch, vor dem er sich hüten muss, ist vielmehr irgendein stümperhafter Gegner, der noch nie zuvor einen Degen in der Hand gehalten hat. Denn er tut nicht, was er tun müsste, und so ist der Könner auf sein Verhalten unvorbereitet. Er tut, was er nicht tun dürfte, und das trifft den Meister häufig unversehens und erledigt ihn auf der Stelle." – Übertrieben? Keineswegs! Mark Twain lag damit wie so oft goldrichtig. Neue Wettbewerber, die von irgendwoher kommen und scheinbar verrückte Dinge tun, die niemand aus dem Kreis der etablierten Anbieter erwartet, heben die Praxis im angestammten Markt aus den Angeln. Sie verstoßen frech und unbekümmert gegen die herrschende Norm und haben es in der Hand, die Spielregeln einer Branche fundamental zu ändern. Es sind die Regelbrecher, die positiven Abweichler, die „Anormalen", die so neue Chancen erschließen. Und genau hier liegt das Problem der „Etablierten":

In ihren Reihen herrscht die Grundannahme, dass man von Organisationen, die so vollkommen anders als die eigene „ticken", nichts lernen kann. Deshalb werden diese Abweichler nur allzu gern ignoriert oder als irrelevant verworfen.

Genau diese Haltung erlebten wir vor einiger Zeit bei den Führungskräften einer österreichischen Bank, die wir für dieses Prinzip sensibilisieren wollten. Als Beispiel eines positiven Abweichlers aus dem Bankensektor führten wir die Grameen Bank von Nobelpreisträger Mohammad Yunus an. Die 1983 gegründete Bank mit Sitz in Bangladesch vergibt Mikrokredite an

Menschen, die zu arm sind, um klassische Sicherheiten zu bieten. Heute hat sie über sieben Millionen Kreditnehmer, die mit dem geliehenen Geld die Chance bekommen, sich eine Existenz aufzubauen. Im Rahmen ihres Sozialprogramms vergibt das Institut mit heute über 16.000 Mitarbeitern inzwischen sogar zinslose Kredite an Bettler, also die Ärmsten der Armen. Die Quote der nicht zurückgezahlten Kredite des Instituts beträgt übrigens 2 Prozent. Und nein, wir haben hier keine Null vergessen.

Wir sagten den Führungskräften: „In der Idee des Mikrobankings steckt aus unserer Sicht viel Potenzial für euch als österreichische Bank. Es lohnt sich, diese Idee sehr genau anzuschauen." Die Antwort war eindeutig: „Na, da übertreibt's wohl a bisserl. Das ist nur was für Entwicklungsländer. Zudem ist die Geschäftsidee sozial angetrieben, man will die Armut bekämpfen. Alles sehr lobenswert, aber nicht unser Geschäftsmodell." Man sei ja keine Außenstelle der Arbeiterwohlfahrt, sondern auf der Suche nach neuen Ideen, um Geld zu verdienen. Danke und Ende der Diskussion. Okay, haben wir gedacht. Dann eben nicht.

„DA ÜBERTREIBT'S WOHL A BISSERL. DAS IST WAS FÜR ENTWICKLUNGSLÄNDER."

Zwei Wochen später lesen wir im *Handelsblatt* unter der Überschrift „Mikrokredite in Spanien" folgenden Text: „Mikrokredite kennt man vor allem aus Entwicklungsländern, wo als ‚Bank für die Armen' etwa die Grameen Bank aktiv ist. ‚Wir sind die einzige auf Mikrofinanzen spezialisierte Bank in Europa', sagt José Francisco de Conrado, Präsident der Microbank, die zu Spaniens größter Sparkasse La Caixa gehört. Und de Conrado weiter: ‚Es gibt sicherlich einen Markt für mehr Initiativen dieser Art.' " Wie könnte das sein, wenn Mikrobanking rein sozialpolitisch motiviert wäre?

Tatsächlich hat die traditionell dem sozialen Gedanken verpflichtete La Caixa mit Sitz in Barcelona das erklärte Ziel, für benachteiligte Gruppen wie Langzeitarbeitslose, Behinderte und Migranten Lebenschancen zu erhöhen und mehr Selbstständigkeit zu ermöglichen. Menschen, die normalerweise keinen Cent bekommen, erhalten so Kredite. Etwa die Hälfte des Kreditportfolios geht an Familien mit Niedrigverdienern, damit diese vorübergehende Schwierigkeiten

überwinden oder eine wichtige Anschaffung tätigen können.
Die andere Hälfte geht an Firmengründer – Menschen mit wenig Eigenkapital, aber großen Ideen. Pures Gutmenschentum? Nein: Man will damit auch Geld verdienen. Und die Katalanen werden für ihren Mut belohnt: Die Microbank hat im zweiten Jahr nach ihrer Gründung einen Reingewinn von 5,2 Millionen Euro erzielt. Und das bei einer Kreditausfallrate von 2,7 Prozent – deutlich weniger als der Durchschnitt der spanischen Finanzinstitute.

Eine Studie der spanischen Business School ESADE fand übrigens heraus, dass bisher 84 Prozent der durch die Microbank finanzierten Unternehmensprojekte erfolgreich verlaufen. Zudem haben die meisten Firmengründer Arbeitsplätze geschaffen – in einem Land, das mit einer Arbeitslosenquote um die 20 Prozent ringt, kein zu vernachlässigender Aspekt.

Aber nochmals zurück zur Ausgangsfrage: Warum wurde die Idee des Mikrobankings von den österreichischen Bankern sofort und ohne weitere Diskussion als irrelevant verworfen? Ganz einfach: Abweichler passen nicht in unsere üblichen mentalen Kategorien. Sie erfinden Geschäftsmodelle, die anders sind als das, was wir gewohnt sind. Sie sehen Chancen, wo wir bisher nur Risiken gesehen haben. Sie erschließen Kundensegmente, die wir bisher nicht mal ansatzweise als interessant wahrgenommen haben. Deshalb sind Branchenrebellen beunruhigend. Ihre bloße Existenz ist ein Affront gegen die herkömmlichen Vorstellungen. Sie sind – gefährlich!

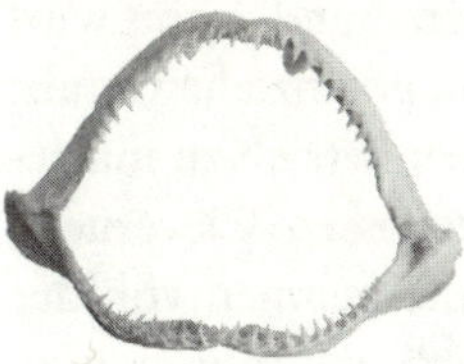

CHANCE 3: MITARBEITER MIT EIGENER MEINUNG

Gunter Dueck, IBM Distinguished Engineer und Querdenker par excellence, erzählt: „Ich höre ein paar Mal im Monat: Ja, *du* kannst das Maul aufreißen, *du* bist ganz oben! – Und ich halte jedes Mal dagegen: Ich bin in den ersten zehn Jahren bei IBM sieben Mal befördert worden, *weil* ich das Maul aufgerissen habe!“

Diese Aussage könnte so manchem Unternehmen zu denken geben. Wir erleben aber immer wieder: Je unbequemer die Ansichten von Mitarbeitern sind, desto schwerer finden diese Mitarbeiter Gehör in einer Organisation. Sie „stören" den friedlichen Betriebsablauf, sie zetteln Diskussion an, sie wagen es, darauf hinzuweisen, dass der Kaiser (sprich der Chef) nackt ist. Das ist unangenehm. Manchmal auch peinlich. Deshalb werden diese Leute schnell als ewige Nörgler ausgegrenzt.

Die Ausgrenzung erfolgt nicht unbedingt offiziell und für alle sofort sichtbar, sondern häufig eher beiläufig – fast schon subtil. Eine kleine Aufmüpfigkeit hier, eine zu laut geäußerte eigene Meinung dort – und schon beginnt der Prozess der Marginalisierung des Unruhestifters. Unaufhaltsam und gründlich. An der Oberfläche wird selbstverständlich Wert auf Meinungsvielfalt und frische unangepasste Ideen gelegt – aber im Herzen der Organisation gilt: Ein guter Mitarbeiter ist der, der sich an die Organisation anpasst. Einer, der nicht stört. Einer, der sich als Rädchen des Systems nahtlos einfügt.

DIE POTENZIELLE GEFAHR WIRD ELIMINIERT, BEVOR SIE DIE MÖGLICHKEIT HAT, DEN BETRIEB ZU INFIZIEREN.

Es ist, als ob ein großes Schild am Werkstor hängen würde: „Abweichler unerwünscht!" Und damit das auch so bleibt, haben Organisationen ein ausgeklügeltes Filtersystem entwickelt. Ein wichtiger Baustein sind die Bewerbungsgespräche. Ein paar – angeblich – verschenkte Jahre, einige zu ehrliche Antworten auf die Fragen des Personalchefs und dann noch einige ungewöhnliche Ansichten zu bestimmten Themen – und schon wird jemand als Abweichler entlarvt. Will heißen: Die potenzielle Gefahr wird eliminiert, bevor sie die Möglichkeit hat, den Betrieb zu infizieren. Das zeugt selbstverständlich von einer gewissen Cleverness, denn dieses Einstellungskriterium entbindet Unternehmen von der lästigen Aufgabe, Abweichler später „on-the-job" neutralisieren zu müssen.

Ist von vornherein klar, dass dieser Menschentypus nicht gefragt ist, hat man sich das schon mal erspart.

Wenn es aber trotz aller Vorsicht dennoch passiert, dass ein Abweichler durch den engmaschigen Filter schlüpft und eingestellt wird, tritt ein zweites Filtersystem in Aktion. Es hat unterschiedliche Erscheinungsformen: Vom Mitarbeiterhandbuch, dem Training für die Neuen bis zu formellen und informellen Mentoren, die einem beibringen, wie „es hier läuft". Entweder passt sich der Neue dann den Gepflogenheiten der Firma an oder er verlässt den Laden wieder.

Das Problem von Unternehmen, deren Kultur angepasstes Verhalten befördert, heißt Gruppenkonformismus. In einer Welt, die sich fortlaufend verändert, kann sich das kein Unternehmen mehr leisten. Führung heißt, Variation und Vielfalt zu nutzen und in neue Chancen zu überführen, anstatt soziale Anpassung zu belohnen.

Denn dort, wo alle gleich denken, denkt keiner sehr viel.

Deshalb sind Menschen so wichtig, die sich nicht nahtlos in den Mainstream einpassen. Mit diesen positiven Abweichlern in den Reihen der Mitarbeiter meinen wir Menschen, die sich erstens gegen jede Art von Bevormundung sträuben. Zweitens unzufrieden mit dem Status quo sind. Drittens sich mit ihren Ideen hin und wieder auch mal gegen die Mehrheitsmeinung in der Organisation stellen.

Wichtig ist auch zu erkennen, dass nicht alle unzufriedenen Mitarbeiter notwendig positive Abweichler sind. Umgekehrt gilt aber, dass so ziemlich alle positiven Abweichler unzufrieden sind!

Wir sehen es immer wieder: Je homogener eine Unternehmenskultur ist, desto schwerer haben es Mitarbeiter mit unangepassten Ideen – wie konstruktiv diese auch immer sein mögen. Das Internet hingegen ist ein Paradies für alle, die sich das Recht auf schräge Ideen nicht nehmen lassen. Dort werden Querdenker als Verfechter basisdemokratischer Werte gefeiert; besonders dann, wenn es ihnen gelingt, dem Mainstream ein Schnippchen zu schlagen.

Meinungsvielfalt zuzulassen ist nicht nur ein Kennzeichen einer gesunden und funktionierenden Gesellschaft – sondern auch einer lebendigen und innovationsgetriebenen Organisation. Aber es ist auch eine ziemlich herausfordernde Aufgabe. Klar ist es für jeden Chef leichter, die angepassten Rädchen im System zu koordinieren. Die Auseinandersetzung mit selbstständig denkenden, kritischen Menschen ist äußerst kräftezehrend und läuft nicht ohne Konflikte ab. Glauben Sie uns, wir sprechen da aus Erfahrung …

Wer will schon Widerstand, Konflikte, permanente Reibung? Und das auch noch freiwillig – als Bestandteil der Unternehmenskultur? Der Umgang damit erfordert Arbeit, Energie, Mut und Ausdauer. Das ist eine Investition, zu der nicht jeder bereit ist. Wir haben immer die Wahl: Wir können uns gegen die Auseinandersetzung mit den Abweichlern entscheiden, indem wir sie ganz einfach aus unserem Umfeld verbannen. Im Gegenzug gewinnen wir Harmonie und ein bisschen Frieden. Und befördern damit eine Denkhaltung, die perfekt durch Sven Regeners Romanheld „Herr Lehmann" repräsentiert wird, der ums Verrecken nicht will, dass sich in seinem Kreuzberger Nischenidyll irgendetwas verändert. Auch nicht durch Nebensächlichkeiten wie den Fall der Mauer und die Wiedervereinigung. Eine solche Welt ist ausgerichtet auf Stabilität. Auf Unveränderlichkeit. Auf die ewige Wiederholung des Gleichen. Alles, was nach Veränderung riecht, ist erstmal suspekt.

Ob es nun Herrn Lehmann und seinen Brüdern und Schwestern im Geiste gefällt oder nicht – der Wandel lässt sich nicht einfach an- oder ausknipsen. Er ist allgegenwärtig und wir haben keine andere Chance als uns der Veränderung zu stellen. Und noch etwas ist klar:

Konflikte sind der Treibstoff jeder Veränderung.

Wenn wir uns dessen bewusst sind, verlieren sie auch ihren Schrecken, der zunächst zu ihrer instinktiven Vermeidung geführt hat. Unternehmen, die so veränderungsfähig wie die Veränderung selbst sind und maximale Innovationsfähigkeit auf allen Ebenen ermöglichen, gehen Konflikten nicht aus dem Weg. Ihre Grundhaltung lautet: Konflikte sind Lehrstoff, der hilft, weitere Auseinandersetzungen, die sicher kommen, besser zu bestehen.

Konflikte sind in einem solchen Umfeld kein Dauerzustand, sehr wohl aber ein temporärer produktiver Zustand.

MAGENBITTERKRITIK

Wer aus Eitelkeit, Bequemlichkeit oder Rechthaberei auf das Potenzial verzichten will, das in den Köpfen der Abweichler steckt, muss wissen, wie viel Kapital er damit vernich tet. Wer hingegen das Potenzial der Unbequemen erkennt hat die Chance, mit ihrer Hilfe radikal neue wertschaffende Lösungen zu entwickeln.

Gunter Dueck sagte uns dazu: „IBM toleriert alles, was unbefangen vernünftig ausschaut, dabei weiß, was es will und dann auch fest zu sich selbst steht. Ich könnte mir vorstellen, dass es überall anderswo auch so funktioniert. Ich vermute aber, dass es mehr mutige Mitarbeiter bei IBM gibt. Gerade unter Ingenieuren und Informatikern gibt es viele, die wie Luther Thesen an Wände nageln. Und ich stehe immer dabei und warne: Mut braucht man dazu! Ja! Aber die Thesen müssen auch gut und schluckbar sein. Beides zusammen ist nicht so einfach, in der Sache nicht – und auch nicht in einer Person."

„TOLLE IDEE, WUPPKE. ABER DAS WIRD NICHT KLAPPEN ..."

Dueck nennt hier zwei interessante Stichworte: Kritik, die erstens „gut" ist und zweitens auch „schluckbar". „Gute" Kritik hat nicht zwangsläufig einen positiven Inhalt. Aber sie ist aufbauend und taktvoll, statt verurteilend und gehässig zu sein. Im Kern folgt „gute" Kritik ihrem ursprünglichen Wortsinn. Sie ist „die Kunst der Beurteilung, des Auseinanderhaltens von Fakten, der Infragestellung" in Bezug auf eine Person oder einen Sachverhalt. In ihr steckt immer das ehrliche Bemühen zum Dialog, zum Diskurs und zur konstruktiven Auseinandersetzung. Durch das Aussprechen der Kritik wird so ein Mehrwert geschaffen, von dem die kritisierte Person oder Sache letztlich profitiert. Das ist die inhaltliche Seite – und dann gibt es noch die Darreichungsform: Kritik, die „schluckbar“ für das Gegenüber ist. „Wenn du glaubst, etwas als Wahrheit erkannt zu haben, so halte es dem anderen hin wie einen Mantel, in den er hineinschlüpfen kann, schlage es ihm aber nicht wie ein nasses Handtuch um die Ohren“, hat der Schweizer Schriftsteller Max Frisch es einmal beschrieben.

Eine Unternehmenskultur, die offen ist für die konstruktive Kritik positiver Abweichler, zeichnet sich aus durch gelebte Werte wie gegenseitiger Respekt, Kooperationsfähigkeit und die Bereitschaft anderen zuzuhören. Und die Bereitschaft nachzudenken. Immer wieder. Dazu müssen Fragen gestellt werden (dürfen). Nicht nur von oben sanktionierte Fragen, sondern auch unbequeme Fragen.

Fragen, zu denen es vielleicht heute noch gar keine Antworten gibt – die aber der Auftakt zu einer fruchtbaren Diskussion sind.

Damit ein solcher Diskurs überhaupt zustande kommt, bedarf es einer ergebnisoffenen Denkhaltung. Außerdem gilt es zu akzeptieren, dass man nicht alles steuern kann. Dass sich die spannendsten Dinge manchmal von selbst entwickeln: Wenn man es zulässt. Das ist die Ebene der Werte. Aber das allein ist nicht ausreichend. Es bedarf auch einer Organisationsstruktur, die Schluss macht mit aufgeblähten Leitungs- und Kontrollgremien, deren Hauptfunktion darin liegt, neue Ideen abzublocken anstatt sie zu fördern. *„Tolle Idee, Wuppke. Aber das wird nicht klappen. Etwas Ähnliches haben wir schon mal ausprobiert. Ich erinnere mich noch – muss so um das Jahr 1967 herum gewesen sein. Hat damals schon nicht funktioniert. Also vergessen Sie's.“* Mit so einer Haltung gelingt es höchstens, den Status quo zu betonieren, aber keinesfalls neue Geschäftschancen zu erschließen. Sie macht Menschen mit ungewöhnlichen Ideen sofort mundtot. Was das Ganze so herausfordernd macht: Eine solche Unternehmenskultur lässt sich nicht beim Unternehmensberater um die

Ecke bestellen. Das funktioniert nur, indem die Menschen in der Organisation selbst die Ärmel hochkrempeln und jeden Tag daran arbeiten.

Vielfalt ist die Grundlage des Lebens. Variantenreichtum, nicht Einheitlichkeit, ist die Grundlage für Erfolg. Damit das kein hohles Gerede bleibt, müssen Führungskräfte eine Ideendemokratie zulassen, die die offene Diskussion über abweichende Meinungen nicht als machtzersetzend scheut, sondern als zukunftsentscheidend sucht.

„Ideendemokratie" ist manchmal anstrengend – wie jede Demokratie. Aber sie bedeutet eben, dass alle Mitarbeiter, auch die bunten Hunde, ihre Gedanken frei äußern dürfen, selbst wenn diese politisch heikel sind. Es gibt hier keine Kontrollgremien, die die Macht hätten, eine Idee von vornherein abzulehnen oder Mitarbeiter mundtot zu machen. Und noch etwas: Es muss für Mitarbeiter die Möglichkeit geben, bei anderen Mitarbeitern um Unterstützung für neue Ideen zu werben, bevor das Management darüber abstimmen kann, ob eine Idee weiter verfolgt wird. Das bedeutet in der Konsequenz eine offene, kontroverse und tabulose Debatte unter allen Mitarbeitern über die Strategie, die Ausrichtung und die Politik des Unternehmens mit dem Ziel, das Unternehmen dauerhaft erfolgreich zu machen.

In einer solchen Unternehmenskultur haben die bunten Hunde einen sehr wichtigen Stellenwert, weil klar ist, dass diese Menschen KEINE ANARCHISTEN sind. Sie werden als LOYALE OPPOSITION geschätzt, die das Unternehmen vor Mittelmäßigkeit, kurzsichtigem Eigennutz und der Anbetung des Vergangenen bewahrt.

Schon Thomas Watson, der legendäre Chef von IBM bis 1956, hat einmal gesagt: „IBM kann ein paar junge Wilde vertragen." Heute dürfen es in jedem Unternehmen ruhig noch ein paar mehr sein.

11.

HINTERFRAGE DOGMEN! ENTDECKE NEUE ANTWORTEN!

Noch fährt unser Auto mit Diesel statt mit Solarenergie. Doch das Gespräch mit Bertrand Piccard bleibt uns im Kopf auf der langen Rückfahrt nach Heidelberg. Wir haben Bertrand bei einer gemeinsamen Veranstaltung im österreichischen Alpbach getroffen. Auf dieses Gespräch über sein aktuelles Projekt hatten wir uns schon lange gefreut. Wir finden, bei Bertrand vereinigen sich neues Denken und Handeln mit einer ungemein sympathischen Wesensart. Der Arzt, Psychologe und Abenteurer stammt aus einer berühmten Familie: Sein Großvater Auguste stieg in den Dreißigerjahren als erster mit einem Ballon in die Stratosphäre auf. Sein Vater Jacques brach später den Weltrekord im Tiefseetauchen. Bertrand gelang 1999 eine Sensation quasi in der Mitte zwischen diesen Extremen – als erster Mensch umkreiste er die Erde in einem Ballon. Damit absolvierte er so ganz nebenbei den längsten Non-Stop-Flug der Luftfahrtgeschichte und stellte insgesamt sieben Weltrekorde auf. Bertrands neuestes Vorhaben ist kein reines Abenteuer, sondern hat einen höchst innovativen Hintergrund, ja es ist mit einem gesellschaftsverändernden Anspruch verknüpft. Mit dem Solarflugzeug „Solar Impulse“ will er die Welt umrunden. Ein gewagtes Unterfangen, zumal der aus Sonnenenergie gewonnene Strom ja auch für die Nachtflüge reichen muss. Aber Bertrand ist sicher, dass er und sein Flugzeug – mit der Spannweite eines Airbus A320 und dem Gewicht eines Kleinwagens – den Rekord schaffen werden.

Und was soll es der Menschheit bringen? Piccard lächelt bei solchen Fragen. „Als Charles Lindberg 1927 den Atlantik überquerte, konnte außer dem Piloten niemand mitfliegen, denn das Flugzeug war fast komplett mit Treibstoff gefüllt“, erklärt er. „Die Leute sagten damals: Na toll, wenn wir über den Großen Teich fliegen wollen, müssen wir alle Piloten werden. Und nur 25 Jahre später saßen dann 250 Passagiere in den Flugzeugen auf der Atlantikroute.“ Genau das ist der Punkt: Eine revolutionäre Idee erkennt man daran, dass ihre Verwirklichung zunächst unmöglich erscheint. Dass ihrem endgültigen Durchbruch erhebliche Widerstände entgegenstehen.

Und um diese Hürden auf dem Weg zum endgültigen Durchbruch zu überwinden, braucht es Mut, visionäres Denken und die Fähigkeit, Dogmen zu hinterfragen und nach neuen Antworten zu suchen.

Bertrand Piccard verfügt über diese Eigenschaften und will mit seinem Rekordflug gleich eine ganze Reihe tradierter Überzeugungen infrage stellen. Wie zum Beispiel: die Umrundung der Welt per Flugzeug, das allein mit der Kraft der Sonne und des Windes angetrieben wird, ist unmöglich. Oder: Energiesparen macht keinen Spaß. Oder: Wir müssen uns massiv einschränken, um die Umwelt zu schützen. Oder: Basisinnovationen im Mobilitätssektor sind derzeit nicht zu erwarten. Oder auch: Es wird noch lange dauern, bis wir Autos, Flugzeuge, Klimaanlagen und Computer mit erneuerbaren Energien betreiben können.

WARUM GEBEN SICH UNTERNEHMEN MIT „BEST PRACTICES“ ZUFRIEDEN?

Lauter Dogmen, die unser Denken und unsere Vorstellungskraft einschränken.

Wir sitzen im Auto, rollen auf der A8 Richtung Westen und unterhalten uns über Visionäre, kreative Aktivisten und echte Vordenker. Neben Betrand Piccard denken wir an den Sänger Bono, der sich für die Bekämpfung von Aids und Armut einsetzt. Oder den MIT-Professor Nicholas Negroponte, der mit seinem Projekt „One Laptop per Child“ ganz praktisch zur Überwindung der Wissenskluft zwischen Industriestaaten und Entwicklungsländern beiträgt. Uns kommt der Musiker und Ökonom José Antonio Abreu in den Sinn, der mit seinem Musiknetzwerk „El Sistema“ hunderttausenden Kindern in Venezuela die Möglichkeit eröffnet hat, der Armut zu entkommen.

Oder Sylvia Earle, eine Tiefseeforscherin vom Kaliber eines Jacques Cousteau, die etliche Tauchrekorde aufgestellt, bahnbrechende Expeditionen in die Unterwasserwelt unternommen und zahlreiche Forschungs-U-Boote mitentwickelt hat. Sie setzt ihre wirksame Mischung aus Charme und Vehemenz für den Schutz der Ozeane vor chemischer Vergiftung und Überfischung ein. Oder auch Rüdiger Nehberg. Vor gut zehn Jahren gründete der Survival-Pionier und Bestsellerautor die Menschenrechtsorganisation TARGET, die seitdem beachtliche Erfolge im Kampf gegen die genitale Verstümmelung von Mädchen in Afrika erzielen konnte.

Alle diese Menschen zeichnen sich dadurch aus, dass sie mit Nachdruck an Lösungen für hartnäckige und unglaublich herausfordernde Probleme arbeiten.

An Lösungen, die alles andere als einfach oder offensichtlich sind und grundsätzlich jenseits des Gewohnten liegen.

Anders ausgedrückt: Wer wir sind, hängt davon ab, welche herausfordernden Probleme wir zu überwinden versuchen und welche

Ziele wir haben. Menschen wie Nehberg, Earle, Piccard oder Negroponte machen das mehr als deutlich. Fakt ist: das leidenschaftliche Bemühen um die Lösung außergewöhnlicher Probleme schafft das Potenzial für außergewöhnliche Leistungen.

Was wir uns immer wieder fragen: Wie sieht es eigentlich in einem typischen Unternehmen aus? Was sind die monumentalen Herausforderungen, die die Menschen in diesen Organisationen fesseln? Was sind die würdigen und gewichtigen Probleme, die die Organisationen zum Wohle der Menschen zu lösen versuchen? Gibt es in einem typischen Unternehmen Projekte mit solchen Zielsetzungen? Und wenn nicht, warum eigentlich nicht?

Warum geben sich so viele Unternehmen mit „Best Practices" zufrieden, statt mutige und radikal andere „New Practices" zu entwickeln?

WENN DIE QUELLE VERSIEGT

„In der Vergangenheit haben Wirtschaft und Industrie das genaue Gegenteil von dem getan, was Forscher und Abenteurer tun", sagt Bertrand Piccard. „Man hat nicht in die Zukunft gesehen, sondern nur Dinge reproduziert – die gleichen Denkmuster, die gleichen Verhaltensweisen und die gleichen Fehler. Forscher und Abenteurer zu sein bedeutet, das Unbekannte zu entdecken und dabei Unsicherheiten zu akzeptieren, weil das die Kreativität stimuliert und neue Arten zu denken und zu arbeiten möglich macht. Genau diesen Abenteuergeist braucht die Industrie jetzt, um alles infrage zu stellen und neue Antworten zu finden."

Innovation beginnt dort, wo wir den Status quo hinterfragen und nicht mehr als gegeben hinnehmen. Wer „New Practices" entwickeln will, muss sich erst von alten Dogmen befreien. Sie sind wie der Ballast, den man abwerfen muss, um die Richtung zu wechseln. Dieses Prinzip kennt jeder Ballonfahrer. Ein Ballon hat keine Steuerung; er geht immer mit dem Wind. Aber der Ballonfahrer kann die Höhe

beeinflussen. Und das tut er, indem er Ballast abwirft! So steigt der Ballon und gerät in größerer Höhe in eine andere Windströmung, die seine Richtung verändert. Und genau das gleiche Vorgehen gilt auch für Organisationen und Individuen. Auch sie können Ballast abwerfen, dadurch an Höhe gewinnen und ihre Richtung ändern.

Ihr Ballast besteht nicht aus Sandsäcken, sondern aus Gewohnheiten, Dogmen, Regeln, Riten, Traditionen, Tabus und nie hinterfragten Überzeugungen, deren Wahrheitsanspruch als unumstößlich gilt.

Wir alle sind Geiseln unserer unreflektierten Überzeugungen. Da bildet kein Mensch eine Ausnahme. Aber wir können uns bewusst dafür entscheiden, unsere Glaubenssätze immer wieder zu hinterfragen und kritisch zu reflektieren. Tun wir das nicht, setzen wir heilige Kühe in die Welt. Sie haben die unangenehme Eigenschaft, irgendwann so übermächtig zu werden, dass sie selbst im Angesicht fundamentaler Veränderungen im Marktumfeld noch in der gewohnten Prozession durch die Straßen geführt werden.

Kritiker, die darauf hinweisen, dass es höchste Zeit ist, etwas zu ändern, werden in vielen Unternehmen vom Immunsystem abgestoßen. In diesen Unternehmen bildet die Unternehmenskultur institutionelle Antikörper aus, die den Unternehmensorganismus abschirmen. Alle Chancen, die durch kritische und unkonventionelle Mitarbeiter hervorgebracht werden könnten, werden sofort wie ein Virus bekämpft. Die Wirkstoffkombination zur Abwehr der Eindringlinge setzt sich zusammen aus einem engen Regelwerk aus Standards, Normen und Prozessen, die zwingend vorgeschrieben sind. Innerhalb dieser „festen Ordnung" wird das Denken schnell dogmatisch und bewegt sich nicht mehr über den Tellerrand hinaus. Was innerhalb dieser Welt passiert, ist ziemlich vorhersehbar. Die Handlungen des Unternehmens folgen vertrauten Mustern und bewährten Erfolgskonzepten. Das alles beherrschende Motto lautet: Weiter so wie bisher! Und wenn der raue Wind des Wettbewerbs ins

Gesicht weht, erhöht man eben die Schlagzahl. Aber dieses Vorgehen löst leider nicht das zugrunde liegende Problem: Wenn man in die falsche Richtung rudert, nützt es nichts, die Schlagzahl zu erhöhen – man muss den Kurs wechseln.

Aus der jüngsten deutschen Unternehmensgeschichte stammt ein besonders trauriges Beispiel für diesen Mechanismus. Es heißt Quelle. Im allerletzten Quelle-Katalog, der nur noch mit bayerischer Staatshilfe überhaupt gedruckt werden konnte, gab es eine ganze Doppelseite mit Kuckucks- und Pendeluhren. Ja, Sie haben richtig gelesen. KUCKUCKSUHREN. Ein Uhrentyp, der sich perfekt in eine urgemütliche Wohnwelt mit röhrenden-Hirschen-im-Goldrahmen und Sofakissen-mit-Knick-in-der-Mitte einfügt. Okay, okay. Diese Uhren leisten auch einen gewichtigen volkswirtschaftlichen Beitrag. Nicht nur Bier und Autos, sondern auch Kuckucksuhren gehören zu den schönen Seiten der deutschen Exportwirtschaft. Ein echter Verkaufsschlager, der sich in trauter Gemeinschaft mit einem Miniaturmodell des Schlosses Neuschwanstein, einigen teutonischen Bierseideln und einem Dutzend Hummelfiguren in den Koffern japanischer Reisegruppen wiederfindet. Da fragt man sich doch glatt: Bestellen die Japaner jetzt auch bei Quelle?

Aber jetzt mal ernsthaft: Dieses längst aus der Mode gekommene Produkt steht vielleicht stellvertretend für all den Ballast, den Quelle nicht abwerfen konnte oder wollte. Der Katalog mit seinem antiquierten Sortiment war eine heilige Kuh, den man quasi zum deutschen Kulturgut verklärte. Und während Otto rechtzeitig in den Onlinehandel einstieg, stützte man sich bei Quelle noch zu lange auf seine Fachgeschäfte, die schon vor Jahren alles andere als zukunftsweisend waren. So gerieten die Realitäten immer mehr aus dem Blick.

JA, SIE HABEN RICHTIG GELESEN: KUCKUCKSUHREN!

Das Tragische daran ist: Quelle musste nicht deshalb dichtmachen, weil der Versandhandel ein sterbendes Geschäftsmodell ist. Otto – mit Katalog – und Amazon – ohne Katalog – zeigen uns, dass dieses Geschäftsmodell nach wie vor sehr erfolgreich betrieben werden kann. Das Aus von Quelle hatte andere Ursachen: Viel zu lange hat man an tradierten Strukturen, Programmen, Rollen und Routinen festgehalten.

Als klar wurde, dass man dringend gegensteuern musste, um die Talfahrt zu bremsen, versuchte man es zunächst mit höheren Rabatten und noch mehr Werbung.

Als das nicht wirklich half, mussten größere Geschütze her: „strategische Neuausrichtung" hieß das im Managersprech. So neu waren die Ideen dann aber nicht, im Gegenteil: Quelle sollte jetzt erst recht das bleiben, was er immer war – der „Familienversender". Die jüngere Generation dagegen sollte vom Tochterunternehmen Neckermann beglückt werden. Und das dann eben auch online, wenn es unbedingt sein musste. Man steckte große Summen in die Eigenentwicklung einer Webplattform, wie sie Amazon & Co. schon seit Jahren besaßen. Auch das half nicht.

Neckermann wurde in einer Nacht-und-Nebel-Aktion an einen Finanzinvestor verkauft. Thomas Middelhoff, der damalige Chef des Mutterkonzerns mit dem Plastiknamen „Arcandor", machte das seinen Anlegern und der Öffentlichkeit als den ebenso genialen wie rettenden Schachzug schmackhaft. „Strategische Neuausrichtung" hin oder her. Später interessierte sich die Staatsanwaltschaft für den Deal. Und Quelle ging es dadurch wieder mal nicht besser als vorher. Middelhoff kündigte in seinen letzten Tagen bei Arcandor noch den bevorstehenden „Turnaround" für das „Sorgenkind" Quelle an, verschwieg aber, wie der zu bewerkstelligen sein sollte. Nachdem der Konzernchef dann aufgegeben hatte, wurde es für Quelle immer enger. Allein im Jahr davor hatte das Unternehmen etwa eine dreiviertel Milliarde Euro Verlust ausgewiesen. Das endgültige Ende kam ein halbes Jahr später. Der Ballast, den man partout nicht abwerfen wollte, zog Quelle in die Tiefe der Pleite. Doch wer früher stirbt, ist länger tot: Die Otto Group kaufte die Rechte an der Marke „Quelle" und will sie weiterführen – in Russland.

PER AUTOPILOT VOR DIE WAND

Im Prinzip haben die meisten Unternehmen verstanden, dass sie alte Zöpfe abschneiden müssen. Wir sind nicht die ersten, die darüber schreiben, und in der Theorie stimmt praktisch jeder Manager dem zu.

Das Problem ist aber, dass es mit dem Ballast in Unternehmen ungefähr so ist wie mit Eisbergen – der größte Teil liegt unter der Wasseroberfläche.

Das allermeiste von dem, was geändert werden müsste, fällt nicht sofort ins Auge.

Ein weiteres Hindernis, das dem chancengetriebenen Wandel entgegensteht: Unsere Neigung, an Bewährtem festzuhalten. Studien der Harvard-Psychologin Ellen Langer belegen, dass wir aufgrund der Funktionsweise unseres Gehirns dazu neigen, frühere Verhaltensweisen zu wiederholen. Langers Experimente haben gezeigt, dass eine Person, die einmal gelernt hat, dass ein bestimmtes Verhalten funktioniert, dieses Verhalten unwillkürlich wiederholt, ohne es jemals zu hinterfragen.

WO VORSCHLÄGE ZU „VORGÄNGEN“ WERDEN, KREISEN ORGANISATIONEN UM SICH SELBST.

Dabei hat die Natur sich etwas gedacht. Diese Fähigkeit, sogenannte Automatismen zu entwickeln, ist einer der Hauptgründe für das breitgefächerte Verhaltensrepertoire des Menschen. Nur weil wir vieles automatisch machen, können wir so viele unterschiedliche Dinge gleichzeitig tun. Müssten wir jedes Mal neu überlegen, wie man Auto fährt, könnten wir am Steuer weder Musik hören noch telefonieren noch uns mit dem Beifahrer unterhalten. Aber dieser Segen ist gleichzeitig Fluch. Denn die Automatismen haben die Neigung, auch dann einfach weiterzulaufen, wenn sie längst mehr Schaden anrichten als

Nutzen stiften. Um noch mal das Autofahren als Beispiel zu nehmen: Wir haben in der Fahrschule gelernt, dass Gasgeben Vortrieb bedeutet. Aber wenn das Auto im Schnee feststeckt, graben wir uns immer tiefer ein, je mehr Gas wir geben. Aussteigen und schieben ist dann angesagt. Und das läuft eben nicht automatisch ab.

All die Dinge, die es einem kleinen Unternehmen ermöglichen, Kunden zu finden, zu wachsen, Kapital aufzubauen und irgendwann ein großer Konzern zu werden – also Skaleneffekte, Lerneffekte oder akkumulierte Expertise – sind Resultate vielfacher Wiederholung und daraus resultierender Erfahrung. Eine ganze Weile funktioniert alles wie am Schnürchen. Wenn sich Märkte und damit verbundene Erfolgsmodelle grundlegend ändern, verringern sich aber die Erträge aus der Wiederholung drastisch. Dumm nur, dass sich alte Gewohnheiten jetzt nur schwer ablegen lassen, insbesondere dann, wenn sie in sämtlichen Managementprozessen ihren Niederschlag gefunden haben.

Diese vergangenheitsbewahrenden Verhaltensmuster zeigen sich immer dann, wenn:

- Bei der Auswahl und Einstellung neuer Mitarbeiter die Erfahrung in der Funktion und in der Branche überbewertet und die Bedeutung von Lebenserfahrung unterbewertet wird.
- Planungsprozesse unreflektiert branchenübliche Definitionen von Kundensegmenten, Produktkategorien und Märkten übernehmen.
- Entscheidungsgremien mehrheitlich mit „Bewahrern" bestückt sind, die sich neuen Ideen und Sichtweisen gegenüber wenig aufgeschlossen zeigen.

Um möglichen Missverständnissen vorzubeugen: Die „Urgesteine" im Unternehmen, deren Bedeutung wir in Kapitel 5 ausführlich beschrieben haben, spielen eine wichtige Rolle. Aber es ist eben nur eine Rolle von mehreren gleich wichtigen.

Wenn die „Bewahrer" das Maß der Dinge sind, werden ihre Gewohnheiten über kurz oder lang zu Dogmen, die nicht mehr hinterfragt werden dürfen.

Eine ungesunde Mehrheit an „Bewahrern" stellt fast immer auch extrem konservative Planungs- und Budgetierungskriterien auf, die geradezu dazu geschaffen scheinen, neuen und eher unkonventionellen Projektideen den Garaus zu machen. „Es darf nichts kosten und muss leicht umsetzbar sein. Ach ja, und die Umsetzung muss schnell gehen und sofort Früchte tragen." Wenn quasi garantierte Erfolge gefordert werden, selbst wenn die eingesetzten Ressourcen eher bescheiden sind, wird alles, was in Richtung Experiment oder „Fast Prototyping" geht, praktisch undurchführbar. Ganz zu schweigen von der wertvollen Zeit, die verlorengeht, wenn jede neue Idee und jedes neue Projekt sich erst einmal auf den Weg durch alle Hierarchieebenen machen müssen. Wo jeder Vorschlag zum „Vorgang" wird, kreist die Organisation irgendwann nur noch um sich selbst. Sie klebt dann oft an ihrem einzigen dominanten Geschäftsmodell und fährt einfach so lange geradeaus weiter, bis irgendwann die Wand kommt.

HALTET DEN BUCHDRUCK AUF!

Johannes Trithemius war Abt im bedeutenden Kloster Sponheim und damit gewissermaßen mittelalterlicher „Top-Manager". Im Jahr 1492, also rund 50 Jahre nachdem Johannes Gutenberg die erste Bibel gedruckt hatte, verfasste der Gelehrte ein leidenschaftliches Traktat „De laude scriptorum manualium" – „Zum Lob der (Hand-)Schreiber". In diesem verteidigte er die Zunft der Schreiber, von denen die Klöster Heerscharen beschäftigten, gegen den Buchdruck.

Das Werk des Sponheimer Abtes kann geradezu als Programmschrift der klösterlichen Schreibkultur des ausgehenden Mittelalters gelten.

Nun wäre die Schrift von Johannes Trithemius nichts weiter als ein nur allzu typischer Versuch, das Alte um jeden Preis zu bewahren – gäbe es da nicht ein klitzekleines Detail: Was konnte man im Jahr 1492 tun, um einer Abhandlung möglichst weite Verbreitung zu garantieren? Klar, sie drucken lassen – und genau das hat Johannes Trithemius auch getan. „De laude scriptorum manualium“ wurde nicht von fleißigen klerikalen Schreibern kopiert – nein, es wurde mit beweglichen Metall-Lettern in einer Druckerpresse vervielfältigt, um möglichst viele Kopien schnell und preiswert unter die Leute zu bringen. Dazu waren die klerikalen Schreiber einfach nicht geeignet.

Der Inhalt des Traktats preist die Zunft der Schreiber, doch um diesen Gedanken zu verbreiten, braucht es die Druckpresse, die aber gleichzeitig verdammt wird!

Die Situation in so manchem Unternehmen ist ganz ähnlich. Viele Unternehmensgründer beginnen als weltoffene Innovatoren. Doch der Erfolg verwandelt sie in Eiferer, die erst ihre Überzeugungen in Dogmen gießen und dann den wahren Glauben des Unternehmens unter Androhung von Höllenstrafen gegen Ketzer verteidigen.

Deshalb halten wir es für eine der größten Herausforderungen für Organisationen heute, dafür zu sorgen, dass längst veraltete Glaubensgrundsätze und Überzeugungen die strategische Erneuerung nicht blockieren.

Zum Glück gibt es hier Möglichkeiten und Wege. Man muss sich nur bewusst für sie entscheiden. Dann lassen sich der Sog alter mentaler Modelle und der Einfluss der Vergangenheit reduzieren.

Ganzheitliche Leistungsindikatoren sind schon mal ein großer Schritt nach vorn. Sie versuchen abzubilden, was Mitarbeiter wirklich und auf lange Sicht zum Erfolg des Unternehmens beitragen. Die heute dominierenden Leistungsbeurteilungssysteme geben allzu häufig ein verzerrtes Bild. In der Regel werden bestimmte Ziele, beispielsweise kurzfristige Gewinnvorgaben zu erreichen, zu stark betont, während andere wichtige Ziele, etwa Wachstumschancen zu erkennen und zu fördern, häufig zu kurz kommen. Oftmals werden zwar subtile, aber wichtige Faktoren zur Stärkung des Wettbewerbserfolgs, wie zum Beispiel von Kunden aktiv mitgestaltete Innovationen, vollkommen missachtet.

Um diese Einschränkungen zu überwinden, müssen Unternehmen Bewertungssysteme entwickeln, die alles in den Blick nehmen, was jeder Einzelne zum Erfolg des Ganzen beiträgt. Ein weiterer wichtiger Punkt, um Neuerungen zu forcieren: Führungskräfte, die es als ihre Aufgabe ansehen, für Unruhe und Bewegung zu sorgen.

Manager werden zu Veränderungsmaklern, die aktiv dazu beitragen, überholte alte Wahrheiten ad acta zu legen und die Mitarbeiter respektive die gesamte Organisation dahin zu bringen, sich aus Prinzip für Veränderungen zu begeistern, also Innovationen vorzuschlagen, zu testen, zu verwerfen, zu ändern und wieder vorzuschlagen – bis sie schließlich angenommen werden.

Unter den Führungskräften dürfen sich deshalb nicht nur „Wert-Schöpfer" mit Macherattitüde befinden, sondern es müssen auch „schöpferische Zerstörer" in den oberen Etagen sitzen, die gezielt Ungleichgewichte erzeugen und für Innovationen nutzen.

Vielfalt in allen Bereichen ist dazu unabdingbar. Führungskräfte müssen sie immer wieder aktiv fördern und unterstützen. Denn Vielfalt ist eine Voraussetzung für langfristigen unternehmerischen Erfolg. Organisationen, die die Vielfalt von Erfahrungen, Werten und Fähigkeiten nicht begrüßen, entgeht eine Vielzahl von Ideen, Optionen und Experimenten und somit die Grundlage für eine strategische Erneuerung.

Künftige Managementsysteme müssen daher Vielfalt, Widerspruch und Verschiedenheit genauso in den Mittelpunkt stellen wie Konformität, Konsens und Kohäsion.

LERN-EINHEITEN

Zwei amerikanische Unternehmen, wie sie unterschiedlicher nicht sein könnten, praktizieren das seit einiger Zeit gemeinsam: Google und Procter & Gamble. Der Internetriese und der weltgrößte Konsumgüterhersteller haben erkannt, dass es für Mitarbeiter ausgesprochen wertvoll ist, ihre Kenntnisse und Erfahrungen immer wieder zu erweitern. Und natürlich sind diese durchgelüfteten Mitarbeiter auch wertvoll für den jeweiligen Arbeitgeber. Deshalb haben Google und Procter & Gamble vor einiger Zeit eine Aktion ins Leben gerufen, die so einfach wie genial, so unkompliziert wie revolutionär, so schlicht wie effektvoll ist: Sie tauschen Mitarbeiter aus. Manchmal auch ganze Mitarbeiterteams. Das Ganze immer für eine begrenzte Zeit und mit dem erklärten Ziel, wechselseitig voneinander zu lernen.

Was den Mitarbeiteraustausch so spannend macht: Beide Unternehmen könnten unterschiedlicher kaum sein: Produkte, Geschäftsmodelle, Unternehmenskultur – alles anders. Das eine Unternehmen ist gut ein Jahrzehnt alt, das andere mehr als anderthalb Jahrhunderte. Das eine Unternehmen besitzt außer den beiden Marken Google und YouTube keine weiteren bekannten Marken, das andere Dutzende: Ariel, Pampers, Wella, Pringles, Lenor, Gilette, Duracell, Blendax, Braun, Wick und so weiter und so weiter. Und genau das macht diese Tauschaktion so interessant: Die Unterschiede! Hier beschäftigen sich Mitarbeiter aus verschiedenen Welten mit komplett anderen Herangehensweisen.

In der Theorie sprechen viele Manager von Offenheit, Transparenz und Lernen – in der Praxis haben immer noch die wenigsten den Mut, sich für andere zu öffnen oder umgekehrt von anderen zu lernen. Google und Procter & Gamble sind hier echte Vorreiter. Jedenfalls haben wir gewisse Schwierigkeiten uns vorzustellen, dass in Deutschland SAP und die Allianz mal für ein paar Wochen ihre Vertriebsteams austauschen. Dabei sind die Risiken eines solchen Mitarbeitertauschs eigentlich überschaubar: Im schlimmsten Fall kündigt mal ein Mitarbeiter, weil ihm die andere Firma besser gefällt. Und auch die Kosten halten sich in Grenzen. Nur die Erweiterung des Horizonts in den Köpfen der Mitarbeiter ist unermesslich.

Cisco hat es mit seiner „Emerging Technology Group“ vorgemacht: Wenn trotz aller Maßnahmen der Sog alter mentaler Modelle und der Einfluss der Vergangenheit übermächtig sind, kann die Lösung auch darin liegen, einfach ein neues Unternehmen oder wenigstens einen neuen Geschäftsbereich zu gründen. Und im zweiten Fall möglichst alles daran zu setzen, dass die Mitarbeiter der neuen Unit den Firmenkodex der Mutter weitestgehend ignorieren.

SO EINFACH WIE GENIAL, SO UNKOMPLIZIERT WIE REVOLUTIONÄR, SO SCHLICHT WIE EFFEKTVOLL.

Tatsächlich haben sich eine ganze Reihe von Unternehmen von etablierten Technologien, Geschäftsmodellen und „Best Practices" befreit, indem sie neue Sparten oder unabhängige neue Unternehmen gründeten oder unkonventionelle Joint-Ventures eingingen. Es lässt sich leichter erreichen, wenn ein neuer Geschäftsbereich fern vom Machtzentrum des Unternehmens aufgesetzt wird, damit die Verteidiger des Firmenkodex dem neuen Bereich nicht so leicht alte Praktiken aufzwingen können. Der kann dann einfach einen anderen Stil pflegen. So hat etwa Ciscos „Emerging Technology Group" sogar eine eigene Facebook-Seite.

HIMMELFAHRTSKOMMANDO

„Moonraker" hieß nicht nur einer der schlechtesten James-Bond-Filme, sondern auch ein Projekt, mit dem Volkswagen nach Jahren rückläufiger Umsätze auf dem US-amerikanischen Markt wieder Fahrt aufnehmen wollte. Der damalige VW-Chef Bernd Pischetsrieder hatte dazu einen jungen Manager von BMW zu den Wolfsburgern mitgebracht, der das niedersächsische Unternehmen ein wenig aufmischen sollte. Für „Moonraker" hatte ihm der Vorstandschef praktisch freie Hand gewährt – und das nutzte er auch.

So wurden knapp zwei Dutzend Wolfsburger nach Kalifornien ausgeflogen und bildeten dort ein kreatives Team, eine bunt gemixte Truppe mit den unterschiedlichsten beruflichen Erfahrungen, die als Trendscouts mit Guerilla-Methoden den wirklichen Bedürfnissen jüngerer amerikanischer Autokäufer auf die Spur kommen sollte. In seinem Buch „Morgen komm ich später rein" beschreibt Marcus Albers, wie man sich den Arbeitsalltag der Mitglieder dieses Teams vorstellen muss: „In Los Angeles bezogen sie eine großräumige Villa in Malibu, tauschten graue Anzüge gegen bunte Poloshirts und Shorts und schraubten erst mal gemeinsam bei Ikea besorgte Schreibtische zusammen. Von nun an unterhielten sich die 23 Scouts beim Frühstück in der Gemeinschaftsküche, im Großraumbüro oder nach dem Abendessen über Ideen und praktische Recherche-Ansätze, über amerikanische Kultur und Mobilitätskonzepte. Sie konferierten spontan in einer Sofaecke, auf der Terrasse, bei Starbucks oder am Strand." Und sie fuhren viel Auto. Aber nicht nur Volkswagen, sondern auch BMW oder Mercedes. Sie reisten kreuz und quer durch die USA, sprachen mit Leuten, setzten sich spontan in deren Autos und beobachteten, wo sie ihre Sonnenbrillen ablegten und wie sie ihre Einkäufe im Kofferraum verstauten. Alles wurde akribisch festgehalten, auch in Videos, um es später genau auszuwerten.

In Wolfsburg gärte es unterdessen. Auf den Fluren der Konzernzentrale wurde über „Moonraker" getuschelt. Nicht über Sinn und Zweck der Aktion. Nicht über die Methoden. Nicht über die Ergebnisse der Feldforschung. Nein, darüber, dass hier 23 Kollegen in einer Villa am Strand wohnen „durften" und auf Firmenkosten eine „Abenteuerreise" durch die USA unternahmen. Während man selbst in einem Backsteinbau am Mittellandkanal saß. In einem engen Büro ohne Klimaanlage den ganzen Tag am Bildschirm. Schnell war sich eine mächtige Seilschaft unter den Mitarbeitern einig, dass solche „Mondreisen" sofort unterbunden gehören. Nicht, weil der Ansatz falsch wäre. Sondern weil man selbst nicht dabei sein durfte, mit anderen Worten: aus purem Neid. Kurz darauf wurde das Experiment beendet. Die Beharrungskräfte einer Firmenkultur wie der von VW sind einfach übermächtig. Sie machen jedes unkonventionelle Projekt früher oder später wieder platt. Deshalb blieb auch den meisten der 23 Teilnehmer des Experiments,

einschließlich des verantwortlichen Managers, keine andere Wahl als sich wieder in die alten Konzernstrukturen einzufügen oder aber den Konzern zu verlassen.

Betrachtet man das „Moonraker"-Experiment einmal nicht aus der Wolfsburger Neidperspektive, dann fällt auf, dass seine Teilnehmer auch vieles weggelassen haben, was im Konzern als unverzichtbar galt. Businesskleidung zum Beispiel. Oder Einzelbüros. Oder endlose Meetings. Diese hoch innovativen Mitarbeiter wussten, dass Erfolg häufig auch bedeutet: vermeintlich unverzichtbare Dinge einfach weglassen! Reduzieren, statt immerzu Neues hinzufügen. Sich konzentrieren, statt permanent expandieren. Gleichgültig, ob als Individuum oder als Organisation. Wir neigen dazu, wenn wir über Innovationen reden, immer etwas hinzuaddieren zu wollen, einen Mehrwert, einen Zusatznutzen, eine neue Anwendungsmöglichkeit. Durchschlagende Erfolge kommen aber immer wieder auch durch das Gegenteil: dass man Dinge weglässt, die allgemein üblich waren, und reduziert, was als Mindeststandard galt.

IN WOLFSBURG GÄRTE ES UNTERDESSEN.

DER DYNAMISCHE KERN

Ikea zum Beispiel hat seinen Welterfolg drauf gegründet, Beratung und Service beim Möbelkauf drastisch zu reduzieren. Lieferung und Aufbau der Möbel hat Ingvar Kamprad sogar ganz weggelassen. Horst Deichmann hat in seinen Schuhgeschäften die Selbstbedienung eingeführt. Starbucks hat ebenfalls die Bedienung weggelassen (und vergisst leider manchmal auch das Geschirrabräumen). Kieser Training verzichtet auf Cardio-Geräte, Freihantelbereiche, Kurse, Solarien, Getränkeausschank und noch einiges mehr. Bei Vapiano gibt es keine Kellner, keine Tischdecken und keine Hauptgerichte außer Pasta, Pizza oder Salat. Bei Media Markt gibt es nicht nur keine Deko-Elemente, sondern nicht mal Deckenplatten. dm-Drogeriemarkt verkauft keine Zigaretten und keinen Alkohol.

Bei Air Berlin gibt es keine Business Class. Die Liste ließe sich noch lange fortsetzen. Wie sagte der Philosoph Martin Heidegger: „Der Verzicht nimmt nicht. Der Verzicht gibt."

Was allein zählt, ist die Veränderung. Nur Tote bleiben liegen. Leben hingegen bedeutet Wandel, Dynamik, Wachstum, Überraschung, Enttäuschung, Hoffnung – und in alledem dann auch: Erfüllung.

Die amerikanische Autorin Virginia Postrel teilt in ihrem großartigen Buch „The Future and Its Enemies" die Menschen in „Statiker" und „Dynamiker" ein. Statiker hängen einem Weltbild an, in dem Veränderung im Kern eine Bedrohung darstellt. Dynamiker hingegen glauben an die Kraft menschlichen Handelns. Sie vertrauen auf die unbegrenzten Möglichkeiten von Versuch, Irrtum und Lernen. Sie setzen auf den evolutiven Prozess der Veränderung.

Postrel schreibt: „Wie wir über die Zukunft denken, sagt uns, wo wir als Individuen und als Zivilisation stehen: Suchen wir nach Statik – einer regulierten, fest gestalteten Welt? Oder fördern wir Dynamik – eine Welt voller Schöpfung, Entdeckungen und Wettbewerb? Schätzen wir Stabilität und Kontrolle? Oder Evolution und Lernen? Sind wir überzeugt, dass Fortschritt einen zentral gesteuerten Plan benötigt? Oder sehen wir Entwicklung und Fortschritt als einen dezentralen evolutionären Prozess? Betrachten wir Fehler als dauerhafte Desaster? Oder als korrigierbare Nebenprodukte von Experimenten? Sehnen wir uns nach Berechenbarkeit? Oder lieben wir Überraschungen? Die beiden Pole von Statik und Dynamik bestimmen zunehmend unsere politische, geistige und kulturelle Landkarte."

Statiker oder Dynamiker. Auf welcher Seite wollen Sie stehen?

DAS LETZTE WORT

Jeden Tag begegnen wir Menschen, die sich entschieden haben. Für Dynamik. Gegen Statik. Menschen, die nicht mehr länger namenlose Rädchen im Getriebe des Systems sind, sondern ihrer eigenen Landkarte folgen. Menschen, die eine nachhaltig spürbare Veränderung in den Unternehmen bewirken. Indem sie ihr Talent, ihre Inspiration und ihre Ideen entfalten. Und ihr lebendiges Potenzial entfesseln.

Sie sind unsere Helden.

Anja Förster & Peter Kreuz

QUELLEN

BÜCHER

Albers, Markus: *Morgen komm ich später rein*, Campus, 2008
Burkan, Wayne: *Wide angle vision*, Wiley, 1996
Friebe, Holm und Ramge, Thomas: *Marke Eigenbau*, Campus, 2008
Godin, Seth: *Tribes*, Portfolio, 2008
Goldsmith, Marshall und Reiter, Mark: *Was Sie hierher gebracht hat, wird Sie nicht weiterbringen*, Riemann, 2007
Gutsche, Jeremy: *Exploiting chaos*, Gotham Books, 2009
Halal, William E.: *The new management*, Berrett-Koehler, 1996
Hamel, Gary: *Das Ende des Managements*, Econ, 2007
Hamel, Gary: *Das revolutionäre Unternehmen*, Econ, 2001
Handy, Charles: *Die Fortschrittsfalle*, Goldmann, 1998
Ihlau, Olaf: *Weltmacht Indien. Die neue Herausforderung des Westens*, Siedler, 2006
Jarvis, Jeff: *Was würde Google tun?*, Heyne, 2009
Johansson, Frans: *The medici effect*, Harvard Business School Press, 2004
Klenk, Volker; Hanke, Daniel: *Corporate Transparency*, Frankfurter Allgemeine Buch, 2009
Levine, Rick; Locke, Christopher; Searls, Doc und Weinberger, David: *Das Cluetrain Manifest*, Econ, 2000
Malone, Michael S.: *The future arrived yesterday*, Crown Business, 2009
Malone, Thomas W.: *The future of work*, Harvard Business School Press, 2003
Mathews, Ryan und Wacker, Watts: *The deviant's advantage*, Crown Business, 2002
Osho: *Freiheit*, Allegria, 2008
Pflüger, Gernot: *Erfolg ohne Chef*, Econ, 2009
Postrel, Virginia: *The future and its enemies*, Touchstone, 1998
Prahalad, C.K. und Ramaswamy, Venkat: *Die Zukunft des Wettbewerbs*, Linde, 2004
Ressler, Cali und Thompson, Jody: *Bessere Ergebnisse durch selbstbestimmtes Arbeiten*, Campus, 2009
Ridderstråle, Jonas und Nordström, Kjell A.: *Funky Business forever*, Redline Wirtschaft, 2007
Robinson, Ken: *The element*, Allen Lane, 2009
Schneider, Martin: *Teflon, Post-it und Viagra*, Wiley-VCH, 2002
Shirky, Clay: *Here comes everybody*, Allen Lane, 2008
Tapscott, Don: *Grown up digital*, McGraw Hill, 2009

Tapscott, Don und Williams, Anthony D.: *Wikinomics*, Hanser, 2007
Vaynerchuk, Gary: *Crush It!*, Harper Collins, 2009
Webber, Alan M.: *Rules of thumb*, Harper Business, 2009

MAGAZIN/ZEITUNG

Albers, Markus: „Die Eingeborenen", *brand eins*, 04/2010
Buxton, Bill: „Innovation Calls For I-Shaped People", *Business Week*, 13.07.2009
Byron, Ellen: „A New Odd Couple: Google, P&G Swap Workers to Spur Innovation", *The Wall Street Journal*, 19.11.2008
Capozzi, Marla M. und Simpson, Josselyn: „Cultivating innovation: An interview with the CEO of a leading Italian design firm", *McKinsey Quarterly*, 02/2009
Chambers, John: „Ich mag Kontrolle", *Wirtschaftswoche*, 25.01.2010
Crescenti, Marcelo: „Meine Quelle: Niedergang eines Handelsriesen", *Der Handel*, 20.12.2009
Dvorak, Phred: „Best Buy Taps ‚Prediction Market'", *The Wall Street Journal*, 16.10.2008
Fischer, Gabriele: „Wer hat Angst vor Kreativen?", *brand eins*, 05/2007
Hafner, Katie: „Chocolate in Beta Testing, Offered by a Wired Founder", *New York Times*, 10.12.2007
Heinrich, Steffen und Kohlbacher, Florian: „Keine Zukunft für den Salaryman?", *Japanmarkt*, 03/2008
Heß, Doris: „Prognosebörse: Die Weisheit der Masse", *Handelsblatt*, 04.11.2009
Hoffman, Donna L.: „Managing beyond Web 2.0", *McKinsey Quarterly*, 07/2009
Irle, Mathias: „Die Geburtshelfer", *brand eins*, 08/2006
Irle, Mathias: „Mutige arbeiten Teilzeit", *brand eins*, 09/2009
Johansson, Frans: „Ignite an Explosion of Ideas: Submarines and Tubular Bells Produce More Innovative Ideas", *Harvard Business Review*, 01.10.2006
Kharif, Olga: „The Next $1 Billion Business Idea", *Business Week*, 14.10.2008
Klein, Karen E.: „A Gear Retailer Makes User-Generated Content Pay", *Business Week*, 01.09.2009
König, Andreas, Enders, Albrecht und Hungenberg, Harald: „Anleitung zur Zerstörung", *Financial Times Deutschland*, 05.01.2009

Kremp, Matthias: „Recherche mit Google Earth", *Spiegel Online*, 25.05.2009
Laudenbach, Peter: „Die Freiheit und ihr Preis", *brand eins*, 01/2009
Lobo, Sascha: „Vom Wert der Vielen im Internet", *Wirtschaftswoche*, 27.02.2010
Lotter, Wolf: „Fehlanzeige", *brand eins*, 08/2007
Magenheim-Hörmann, Thomas: „Niedergang eines Nachkriegsmythos", *Stuttgarter Zeitung*, 20.10.2009
Mai, Jochen und Steinkirchner, Peter: „Der Konsument ist eine Katze", *Wirtschaftswoche*, 17.10.2009
Maier, Angela: „Siemens luchst Philips Topmanagerin ab", *Financial Times Deutschland*, 12.11.2008
Maeck Stefanie und Sommer, Christiane: „Das Unkalkulierbare zulassen", *brand eins*, 04/2009
Müller, Bernd: „Tipps von den Tüftlern", *Wirtschaftswoche*, 10.11.2008
o.V.: „Wikipedia schlägt Brockhaus", *manager magazin*, 05.12.2007
o.V.: „Profits with Purpose: Seventh Generation", *Fast Company*, Issue December 2007/January 2008
o.V.: „Tatas in search of next ‚Nano'", *Business Standard*, 25.06.2009
Palmeri, Christopher: „Zappos Retails Its Culture", *Business Week*, 30.12.2009
Rao, Hayagreeva, Sutton, Robert und Webb, Allen P.: „Innovation lessons from Pixar: An interview with Oscar-winning director Brad Bird", *McKinsey Quarterly*, 04/2008
Robischon, Noah: „The Dyson Air Multiplier Doesn't Suck, It Blows", *Fast Company*, 14.10.2009
Scanlon, Jessie: „Tata Group's Innovation Competition", *Business Week*, 17.06. 2009
Schleidt, Daniel: „Kommunikation 2.0", Innovations Manager, 04/2008
Schuldt-Baumgart, Nicola: „Das Büro der Zukunft", *Neue Zürcher Zeitung*, 01.11.2006
Tapscott, Don und Williams, Anthonoy D.: „Innovation in the Age of Mass Collaboration", *Business Week*, 01.02.2007
Thompson, Clive: „The See-Through CEO", *Wired*, Issue 15.04, März 2007
Tischler, Linda: „He Struck Gold on the Net (Really)", *Fast Company*, 31.05.2002, Issue 59/Mai 2002
Toscano Sequeira, Julie: „Take a Chance on Experimenting", *Business Week*, 21.09.2009
Willenbrock, Harald: „Bitte Fehler machen!", *brand eins*, 10/2008
Wong, Venessa: „Best in Show: Nike's Scrappy Trash Talk Shoes", *Business Week*, 29.07.2009

INTERNET

Anderson, Chris: „In Praise of Radical Transparency“, 26.11.2006 *http://www.longtail.com/the_long_tail/2006/11/in_praise_of_ra.html*

Caulkin, Simon: „Renegades in chief“, Management 2.0 Labnotes, Issue 11, 15.03.2009 *http://www.managementlab.org/files/site/publications/labnotes/mlab-labnotes-011.pdf*

Hamel, Gary: „Moonshots for Managers“, 18.02.2009 *http://Internets.wsj.com/management/2009/02/18/moonshots-for-managers/*

Hamel, Gary: „Management Moonshots Part II“, 02.03.2009 *http://Internets.wsj.com/management/2009/03/02/management-moonshots-part-ii/*

Hamel, Gary: „Management Moonshots Part III“, 11.03.2009 *http://Internets.wsj.com/management/2009/03/11/management-moonshots-part-iii/*

Hamel, Gary: „The Facebook Generation vs. the Fortune 500“, 24.03.2009 *http://blogs.wsj.com/digits/2009/03/25/the-facebook-generation-vs-the-fortune-500/tab/article/*

Hamel, Gary: „How to Tell If You're a Natural Leader“, 06.05.2009 *http://Internets.wsj.com/management/2009/05/06/how-to-tell-if-youre-a-natural-leader/*

Hamel, Gary: „Nine Ways to Identify Natural Leaders“, 14.05.2009 *http://Internets.wsj.com/management/2009/05/14/nine-ways-to-identify-natural-leaders/*

Hamel, Gary: „Empowering Natural Leaders in ‚Facebook Generation‘ Ways“, 18.05.2009 *http://Internets.wsj.com/management/2009/05/18/empowering-natural-leaders-in-facebook-generation-ways/tab/article/*

Hamel, Gary: „Unshackling Employees“, 07.08.2009 *http://Internets.wsj.com/management/2009/08/07/unshackling-employees/*

Holzhauer, Brigitte: „Ich bin ein Prosumer“, Change X, 15.04.2009 *http://www.changex.de/Article/article_3201*

Hyatt, Michael: „Book Notes: Crush It! by Gary Vaynerchuk“, 01.03.2010 *http://michaelhyatt.com/2010/03/book-notes-crush-it-by-gary-vaynerchuk.html*

Ihlenfeld, Jens: „24 Netzbetreiber gegen Apple“, 15.02.2010 *http://www.golem.de/1002/73123.html*

Pietzonka, Steffen: „‚Open Innovation‘ als Methode zur Erweiterung des unternehmensinternen Innovationsprozesses“, o. D. *http://www.innovations-wissen.de/fileadmin/spp_downloads/Presseartikel/Beitrag_Pietzonka.pdf*

o.V.: „Heilbronn: Telekom-Mitarbeiter eingesperrt – Paar verurteilt", 19.05.2009 *http://www.swr.de/nachrichten/bw/-/id=1622/nid=1622/did=5493448/1at5i7m/index.html*
o.V.: „Volkssport ‚Ego-Googeln': Jeder Dritte sucht sich selbst", heise online, 14.10.2008 *http://www.heise.de/newsticker/meldung/Volkssport-Ego-Googeln-Jeder-Dritte-sucht-sich-selbst-211168.html*
o.V.: „Gleichgewicht, Wohlstand und Evolution", McKinsey Global Institute, *http://www.mckinsey.de/html/publikationen/mck_global_institute/2007/interview_beinhocker.asp*
o.V.: „Wirtschaft Indiens", Wikipedia, *http://de.wikipedia.org/wiki/Wirtschaft_Indiens*
Röthlingshöfer, Bernd: „Wie Ikea den Billy-Geburtstag feiert", 15.10.2009 *http://berndroethlingshoefer.typepad.com/smc/2009/10/wie-ikea-den-billygeburtstag-feiert-mit-marketeasing.html*
Seith, Anne: „Codename ‚Moonraker'", Spiegel Online, 13.01.2006 *http://www.spiegel.de/wirtschaft/0,1518,394873,00.html*
Wippermann, Peter: „Der Quellcode der Netzwerkökonomie: Connectivity + Collaboration + Coopetition + Co-Creation", *http://www.trendbuero.de/index.php?f_articleId=3414*

PERSÖNLICHE INTERVIEWS

Dueck, Gunter; Münster, 27.10.2009
Haghirian, Parissa; Tokio, 03.10.2006
Hollender, Jeffrey; New York, 09.06.2010
Kaiserswerth, Matthias; Rüschlikon, 03.09.2008
Lindstrom, Martin; Zürich, 18.03.2009
Pflüger, Gernot; Offenbach, 12.01.2010
Piccard, Bertrand; Alpbach, 10.10.2008
Pracht, Beate; Eikelmann, Andrea; Gelsenkirchen, 05.12.2009
Robinson, Sir Ken; London, 18.05.2009
Rossetto, Louis; Berlin, 11.05.2010
Wülker, Nils; Mannheim, 15.03.2010

BILDNACHWEIS

S. 12: affiliatesummit, http://www.flickr.com/photos/affsum/3232283558
S. 14: iStockphoto
S. 16: iStockphoto
S. 18: iStockphoto
S. 19: iStockphoto
S. 21: iStockphoto
S. 22: iStockphoto
S. 23: iStockphoto
S. 25: iStockphoto
S. 32: Anja Förster/Peter Kreuz
S. 33: iStockphoto
S. 34: iStockphoto
S. 35: Anja Förster/Peter Kreuz
S. 37: iStockphoto
S. 38: iStockphoto
S. 39: Anja Förster/Peter Kreuz
S. 40: iStockphoto
S. 41: iStockphoto
S. 44: iStockphoto
S. 45 oben: iStockphoto
S. 45 unten: iStockphoto
S. 47: iStockphoto
S. 48: TheAlieness GiselaGiardino[23], http://www.flickr.com/photos/gi/135087626/
S. 50: iStockphoto
S. 53: iStockphoto
S. 54: Anja Förster/Peter Kreuz
S. 56 oben: iStockphoto
S. 56 links: iStockphoto
S. 57: Anja Förster/Peter Kreuz
S. 58: iStockphoto
S. 59: Anja Förster/Peter Kreuz
S. 60: iStockphoto
S. 61: iStockphoto
S. 62: iStockphoto
S. 63: iStockphoto
S. 64: iStockphoto
S. 68: Anja Förster/Peter Kreuz
S. 71: iStockphoto
S. 72: iStockphoto
S. 74: Anja Förster/Peter Kreuz
S. 75: Anja Förster/Peter Kreuz
S. 76: iStockphoto
S. 77: iStockphoto
S. 78 Mitte: iStockphoto
S. 78 unten: iStockphoto
S. 81: moeffju, http://www.flickr.com/photos/moeffju/3684446288/
S. 83 oben: iStockphoto
S. 83 unten: Anja Förster / Peter Kreuz
S. 86: iStockphoto
S. 87: iStockphoto
S. 88: Anja Förster / Peter Kreuz
S. 91: iStockphoto
S. 93: iStockphoto
S. 94: iStockphoto
S. 96: iStockphoto
S. 100: iStockphoto
S. 102: iStockphoto
S. 103: iStockphoto
S. 105: iStockphoto
S. 107: iStockphoto
S. 111 oben: iStockphoto
S. 111 unten: iStockphoto
S. 114: iStockphoto
S. 115: iStockphoto
S. 118: iStockphoto
S. 119: Anja Förster/Peter Kreuz
S. 120: iStockphoto
S. 121: iStockphoto
S. 124: iStockphoto
S. 129: iStockphoto
S. 130: iStockphoto

S. 133: iStockphoto
S. 134: iStockphoto
S. 135: iStockphoto
S. 136: iStockphoto
S. 137: iStockphoto
S. 139: Anja Förster/Peter Kreuz
S. 140: iStockphoto
S. 141: iStockphoto
S. 142 oben: iStockphoto
S. 142 Mitte: iStockphoto
S. 145: charlie llewellin, http://www.flickr.com/photos/charliellewellin/3413568618/
S. 148: iStockphoto
S. 152: iStockphoto
S. 154: iStockphoto
S. 156: Anja Förster/Peter Kreuz
S. 158: smudger888, http://www.flickr.com/photos/smudger888/270133990
S. 159 oben: iStockphoto
S. 159 Mitte: iStockphoto
S. 161: iStockphoto
S. 162: iStockphoto
S. 164: iStockphoto
S. 166: iStockphoto
S. 168: iStockphoto
S. 169: Anja Förster/Peter Kreuz
S. 170: iStockphoto
S. 171: iStockphoto
S. 172: iStockphoto
S. 174: iStockphoto
S. 175: Anja Förster/Peter Kreuz
S. 177: immugmania, http://www.flickr.com/photos/22722296@N06/2187086138
S. 178: iStockphoto
S. 180: iStockphoto
S. 183: iStockphoto
S. 185 oben: iStockphoto
S. 185 unten: Anja Förster/Peter Kreuz
S. 186: iStockphoto
S. 188: iStockphoto
S. 190: iStockphoto
S. 191: iStockphoto
S. 193: iStockphoto
S. 194: iStockphoto
S. 196: Anja Förster/Peter Kreuz
S. 198: iStockphoto
S. 199: iStockphoto
S. 201: iStockphoto
S. 202: iStockphoto
S. 204: iStockphoto
S. 207 oben: iStockphoto
S. 207 unten: World Economic Forum, http://www.flickr.com/photos/worldeconomicforum/3488876338
S. 209: iStockphoto
S. 211: iStockphoto
S. 213: http://commons.wikimedia.org/wiki/File:Jaegerndorfer_Magenbitter_002.JPG
S. 214: iStockphoto
S. 216: World Economic Forum, http://www.flickr.com/photos/worldeconomicforum/4317682647/
S. 218: Vectorportal, http://www.flickr.com/photos/33678919@N07/4130838887
S. 220: iStockphoto
S. 221: iStockphoto
S. 223: iStockphoto
S. 225: http://de.wikipedia.org/w/index.php?title=Datei:Trithemiusmoredetail.jpg&filetimestamp=20090804152148
S. 228: iStockphoto
S. 230: iStockphoto

REGISTER

SACHBEGRIFFE

PERSONEN

FIRMEN